Kerschberger, Platzer, Weidlich · Transparente Wärmedämmung

# Transparente Wärmedämmung

## Produkte, Projekte, Planungshinweise

von

### Alfred Kerschberger
R+K Forschung, Planung, Beratung, Projektsteuerung, Stuttgart

### Werner Platzer
Fraunhofer-Institut für Solare Energiesysteme, Freiburg

### Bodo Weidlich
ASSMANN Beraten + Planen GmbH, Dortmund

Mitarbeit:
Christof Brach-Annies, Patrick Trontin, Christian Kleinebrahm,
ASSMANN Beraten + Planen GmbH, Stuttgart, Dortmund

Diese Publikation sowie viele der hier beschriebenen Projekte wurden gefördert
durch das Bundesministerium für Bildung, Wissenschaft, Forschung und Technologie (BMBF),

vertreten durch den Projektträger Biologie, Energie, Ökologie (BEO),
Forschungszentrum Jülich GmbH

## BAUVERLAG · WIESBADEN UND BERLIN

Die Deutsche Bibliothek - CIP-Einheitsaufnahme

**Kerschberger, Alfred:**
Transparente Wärmedämmung : Produkte, Projekte, Planungshinweise
; Bericht zum BMBF-Vorhaben 0335004 R / Bearb.: Alfred
Kerschberger ; Werner Platzer ; Bodo Weidlich. Mitarb.: Christof
Brach-Annies ... - Wiesbaden ; Berlin : Bauverl., 1997

Redaktionsschluß: März 1997

Titelbild:
Niedrigenergiehäuser in Domat/Ems
Architekt: D. Schwarz

Bericht zum BMBF-Vorhaben
0335004 R, März 1997



© 1998 Bauverlag GmbH · Wiesbaden und Berlin
Softcover reprint of the hardcover 1st edition 1998

ISBN 978-3-663-05806-9     ISBN 978-3-663-05805-2 (eBook)
DOI 10.1007/978-3-663-05805-2

# Inhalt

# 1. Einleitung

Weltweit wird heute jährlich eine Energiemenge verbraucht, die 8200 Millionen Tonnen Erdöl entspricht. Trotz der Stagnation des Energieverbrauchs in den hochindustrialisierten Ländern nimmt der Weltenergieverbrauch kontinuierlich zu, einerseits aufgrund des Bevölkerungswachstums, andererseits aufgrund der zunehmenden Industrialisierung in den Schwellen- und Entwicklungsländern. Dennoch macht sich heute kaum jemand Sorgen um die Reichweite der hauptsächlich genutzten fossilen Energieträger. Die Tatsache, daß die gesicherten Energievorräte aufgrund verbesserter Explorationstechniken in den letzten Jahren schneller steigen als der Verbrauch, führt dazu, daß sie aus heutiger Sicht länger vorhalten als beispielsweise vor 20 Jahren.

Andere Probleme des Energieverbrauchs sind inzwischen wichtiger geworden: Durch die Verbrennung fossiler Energieträger nimmt der $CO_2$-Gehalt der Atmosphäre beständig zu. Seit der industriellen Revolution stieg die atmosphärische CO-Konzentration von 280 auf 353 ppmv (parts per million by volume).

Werden die heutigen $CO_2$-Emissionen beibehalten, so verdoppelt sich die $CO_2$-Konzentration in der Erdatmosphäre bis zum Jahre 2030, bis 2100 wird sie sich verdreifacht haben. Die Temperatur steigt von 1990 bis zum Jahr 2100 um ca. 3 °C. Durch diesen Temperaturanstieg wandern die Klimazonen um mehrere 100 km in Richtung der Pole, was zur Vernichtung großer Ökosysteme führt und das Artensterben beschleunigt. Auch die Weltgetreideproduktion wird nachhaltig in Mitleidenschaft gezogen. Als Folge davon erhöht sich die Zahl der Hungertoten drastisch. Durch den Meeresspiegelanstieg werden ca. 60 Mio. Quadratkilometer fruchtbares Ackerland zusätzlich zum Verlust an Städten und Infrastruktur vernichtet. Sollte sogar der Eisschild der Antarktis schmelzen, so wird in wenigen Jahrhunderten ein Anstieg des Meeresspiegels um 5 m prognostiziert. Durch die Zunahme extremer Wettersituationen wie Stürme und Trockenheiten werden immense Schäden verursacht.

Deutschland mit einem Endenergieverbrauch von ca. 320 Mio. t SKE ist heute mit ca. 4 % am weltweiten $CO_2$-Ausstoß beteiligt. Mit der Koalitionsvereinbarung von 1990 hat die Bundesregierung sich zum Ziel gesetzt, bis zum Jahr 2005 die $CO_2$-Emissionen in der BRD um 25 % (entsprechend ca. 250 Mio. t) zu senken. Hierzu soll der Bereich Gebäudeheizung mit etwa 100 Mio. t beitragen.

Abbildung 1-1 zeigt die Aufteilung des gesamten Endenergiebedarfs in die verschiedenen Nutzungsbereiche für die alten Bundesländer. Da Gebäude neben den Berei-

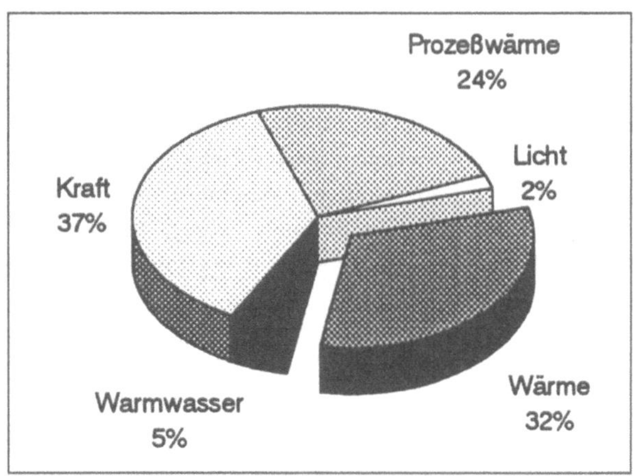


*Abbildung 1-1: Nutzungsbereiche der in der BRD eingesetzten Endenergie*

chen Raumwärme, Warmwasser und Licht auch an den Bereichen Kraft und im industriellen Sektor zum Teil auch am Prozeßwärmeverbrauch beteiligt sind, beanspruchen sie rund 45 % des derzeitigen Endenergieverbrauchs der Bundesrepublik Deutschland. Für die Erzeugung von Heizwärme werden etwa 30 % benötigt, also der weitaus größte Teil des Energieverbrauchs von Gebäuden.

Der durchschnittliche Netto-Heizenergieverbrauch, gemittelt über den gesamten Wohnungsbaubestand Westdeutschlands, beträgt ca. 160 kWh pro Quadratmeter Wohnfläche und Jahr. Nimmt man den Wohnungsbestand der neuen Bundesländer hinzu, dürfte er sich bei 180 bis 220 kWh pro m² und Jahr einpendeln. Für Bürobauten, die häufig mehr Kühlenergie als Heizenergie benötigen, gelten Spannweiten von 100 bis 200 kWh/m²a für Wärme und 60 bis 200 kWh/m²a für Strom.

Besonders im Bereich Wärmebereitstellung, aber auch bei der Stromerzeugung wird dieser Energieverbrauch heute zum weitaus überwiegenden Teil durch fossile Energieträger, verbunden mit entsprechenden $CO_2$-Emissionen, gedeckt. Der Bereich der Raumwärme könnte aufgrund seines niedrigen Temperaturniveaus relativ leicht aus Sonnenlicht gewonnen werden.

Eine der wenigen Solargewinntechnologien mit Aussicht auf Wirtschaftlichkeit ist die transparente Wärmedämmung (TWD). Mit »passiven« oder »hybriden« TWD-Systemen wird das Sonnenlicht dort in Wärme umgewandelt, wo diese gebraucht wird, nämlich innerhalb der thermischen Hülle eines Gebäudes. Sämtliche Vorrichtungen wie Leitungssysteme etc. zum Ferntransport von Energie (wie sie z. B. bei der Option eines solaren Wasserstoff-Energiesystems notwendig sind) können entfallen. Ebenso wird keine Transportenergie benötigt.

Seit Beginn der achtziger Jahre wird im Bereich TWD geforscht und entwickelt. Mittlerweile stehen hocheffektive TWD-Materialien bereit. Ca. 100 TWD-Gebäude wurden bisher errichtet. Sie zeigen die Effizienz, aber auch die Probleme der neuen Technik. Leider ist der Kreis der »TWD-Kenner« auf die unmittelbar mit dem Thema beschäftigten Büros und Institute beschränkt; zuwenig Aufmerksamkeit wurde bisher der Verbreitung der Thematik geschenkt. Veröffentlichungen beschränken sich meist auf einen repräsentativen, aber wenig tiefgehenden Überblick oder auf eng umgrenzte, wissenschaftlich orientierte Teilaspekte.

Ein erster Versuch, die transparente Wärmedämmung in den Gesamtzusammenhang des Planens und Bauens zu stellen, wurde 1989 mit der durch das Bundesministerium für Forschung und Technologie geförderten Systemstudie Lichtdurchlässige Wärmedämmung unternommen [1-1].

Zwischenzeitlich ist die Entwicklung vorangeschritten. Nicht nur im bauphysikalischen und energetischen Bereich, auch in konstruktiver und gestalterischer Hinsicht wird der Integrationswille in das Gesamtgebäude immer deutlicher erkennbar. Beherrscht wird die Problematik von TWD-Anwendungen aber nach wie vor nur von einer geringen Anzahl von Spezialisten.

Obwohl TWD mittlerweile vielen umweltbewußten Planern, Bauherren, Wettbewerbsauslobern etc. als Begriff bekannt ist, zeigt sich häufig, daß überzogene oder falsche Vorstellungen und Erwartungen gehegt werden.

Um diese Vorstellungen zu korrigieren und ein breites Verständnis der Zusammenhänge zu wecken, ist es an der Zeit, die transparente Wärmedämmung nun für die breite Fachöffentlichkeit als Buchpublikation greifbar, verständlich und vor allem aktuell aufzuarbeiten.

Gleichzeitig besteht die Notwendigkeit und Chance, die mit Redaktionsschluß Ende 1988 beendete »Systemstudie Lichtdurchlässige Wärmedämmung« fortzuführen und auch der engeren Fachwelt aktualisierte Ergebnisse, Erkenntnisse und Entwicklungen im Gesamtkontext einer Systemstudie anzubieten.

Die Bearbeitung dieses Werkes wurde gefördert vom Bundesministerium für Bildung, Wissenschaft, Forschung und Technologie (BMBF), vertreten durch den Projektträger Biologie, Energie, Ökologie (BEO), Forschungszentrum Jülich GmbH. Dafür danken die Autoren. Ebenso bedanken wir uns bei TWD-Herstellern, Verarbeitern, Planern und Bauherren, die uns mit Informationen und Fotomaterial versorgten und das Zustandekommen dieses Buches in einer derartigen Ausführlichkeit ermöglichten.

### Literatur

[1-1] Weidlich, B.; Kerschberger, A.; Lohr, A.; Alexa, B.: Systemstudie Lichtdurchlässige Wärmedämmung; Berlin, Köln 1989, erstellt im Auftrag des Fraunhofer-Instituts für Solare Energiesysteme, Freiburg.

# 2. Grundsätzliches zur transparenten Wärmedämmung

## 2.1 Begriffsbestimmung »Transparente Wärmedämmung«

Unter transparenter Wärmedämmung verstehen wir ein Material oder ein aus mehreren Komponenten zusammengesetztes Bauteil, das einerseits den Wärmeverlust von innen nach außen verringert, also als Wärmedämmung wirkt, und andererseits das Sonnenlicht nach innen durchtreten läßt, wo es in Wärme umgewandelt wird und einen Beitrag zur Raumheizung liefert.

»Transparent« bedeutet im allgemeinen Sprachgebrauch »klar durchsichtig«, in der Solarenergienutzung wird der Begriff transparent jedoch häufig auch für durchscheinende, nicht klar durchsichtige Bauteile verwendet. Damit soll ausgedrückt werden, daß derartige Elemente nicht nur für sichtbares Licht, sondern auch für nicht sichtbare Wellenlängen des Solarspektrums durchlässig sind. Ein TWD-Bauteil muß also nicht notwendigerweise klar durchsichtig sein.

Als Maßzahl der Wärmedämmung wird der k-Wert benutzt. Für die Strahlungsdurchlässigkeit hat sich der Gesamtenergiedurchlaßgrad (g-Wert) für diffuse Strahlung eingebürgert, da die Solarstrahlung abhängig von Tages- und Jahreszeit in unterschiedlichen Winkeln auf die transparente Hüllfläche auftrifft. Der diffuse g-Wert beschreibt den mittleren Energiedurchlaß deshalb besser als der g-Wert für senkrecht auftreffende Direktstrahlung, welcher üblicherweise zur Charakterisierung von Verglasungen verwendet wird.

Ab welchen g- und k-Grenzwerten ein Material als transparente Wärmedämmung bezeichnet werden kann, ist bisher nicht verbindlich festgelegt. Im Rahmen dieses Werkes wollen wir ein Material oder Bauteil als TWD bezeichnen, wenn es bei einem k-Wert von unter 1,3 W/m²K einen diffusen g-Wert von mindestens 0,4 erreicht. Diese Grenzwerte gelten jeweils einschließlich Abdeckscheiben oder sonstigen Witterungsschutzschichten. Damit scheiden sowohl wenig effiziente Verglasungen aus (z. B. Einfachverglasung, Isolierverglasung) wie auch gut wärmedämmende Schichten mit geringem Strahlungsdurchlaß (z. B. Glasfasermatten).

## 2.2 Funktionsprinzipien

Im Laufe der Entwicklung von TWD-Anwendungen haben sich drei funktionale Grundtypen herauskristallisiert, die nach der Nutzungsweise der Solarenergie unterschieden werden:

### 2.2.1 Direktgewinnsystem

Die transparente Wärmedämmung wird als Hüllelement ohne dahinterliegende Massivwand eingesetzt. Sie ähnelt dadurch einem (nicht klar durchsichtigen) Fenster oder einer Glasfassade. Das Sonnenlicht tritt durch die transparente Wärmedämmung direkt in den Raum ein und wird an den inneren Raumoberflächen in Wärme umgewandelt. Die Raumtemperatur verändert sich zeitlich fast parallel mit der Temperatur der Raumoberflächen.

Weil die solare Strahlungsenergie innerhalb der genutzten Zone in Wärme umgewandelt wird, entstehen kaum Speicherverluste. Der einfache Systemaufbau bewirkt relativ niedrige Investitionskosten und einen geringen Regelaufwand.

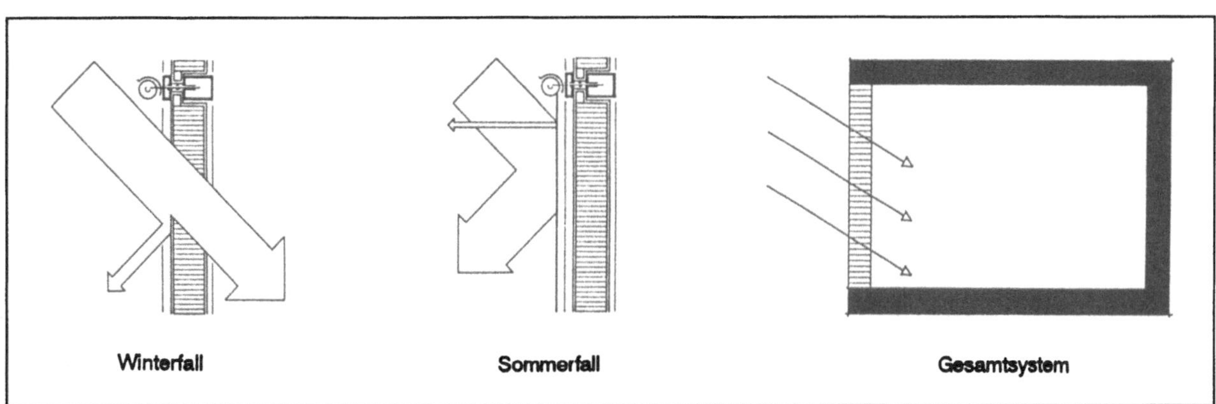


*Abbildung 2-1: Funktionsprinzip eines Direktgewinnsystems*

Nachteilig kann sich die geringe Phasenverschiebung zwischen Einstrahlung und Innentemperatur auswirken, die ungewollte Raumüberwärmungen begünstigt. Direktgewinnsysteme lassen sich nur über eine Verschattung regeln, die Wärmeabgabe der Speichermassen an den Raum ist nicht beeinflußbar. Heizsysteme mit geringer Trägheit sind notwendig, um eine gute Ausnutzung der Solargewinne sicherzustellen.

Direktgewinnsysteme eignen sich gut als Ergänzung zu indirekten Gewinnsystemen mit Phasenverschiebung. Ihre Vorteile spielen sie bei Nutzungen aus, wo das Wärmebedarfsprofil zeitkonform mit der Einstrahlung ist, z. B. bei Bürogebäuden. Dort können TWD-Direktgewinnsysteme aufgrund ihrer lichtstreuenden Eigenschaften auch deutliche Belichtungsverbesserungen und Beleuchtungskosteneinsparungen erbringen.

### 2.2.2 Solarwand

Bei Solarwandsystemen wird die solare Einstrahlung an der Außenseite der massiven Außenwand in Wärme umgewandelt. Bedingt durch die Isolationswirkung des TWD-Materials fließt die Energie durch den Wandquerschnitt zur raumseitigen Wandoberfläche und wird dort an die Luft abgegeben. Die Innentemperatur schwankt phasenverschoben zur Einstrahlung. Die Phasenverschiebung ist über Material und Dicke der Speicherwand beeinflußbar.

Vorteile von Solarwandsystemen sind ihr einfacher Systemaufbau, die phasenverschobene Raumerwärmung und die gegenüber Direktgewinnsystemen geringeren Temperaturschwankungen im Raum.

Nachteilig wirken sich die im Vergleich zum Direktgewinn erhöhten Wärmeverluste nach außen aus. Der Wärmeeintrag kann nur über Verschattungen geregelt werden. Ist die Einstrahlung erst vom Speicherbauteil absorbiert, läßt sich die Wärmeabgabe an den Raum nicht mehr beeinflussen.

Solarwandsysteme eignen sich gut als Ergänzung zu Direktgewinnsystemen, da durch eine Kombination beider Systemausbildungen eine zeitliche Streckung der Solargewinne über den Tagesverlauf stattfindet. Vor allem bei Nutzungen mit eher kontinuierlichem Wärmebedarf (z. B. Wohnungen) bringen derartige Systemkombinationen Vorteile.

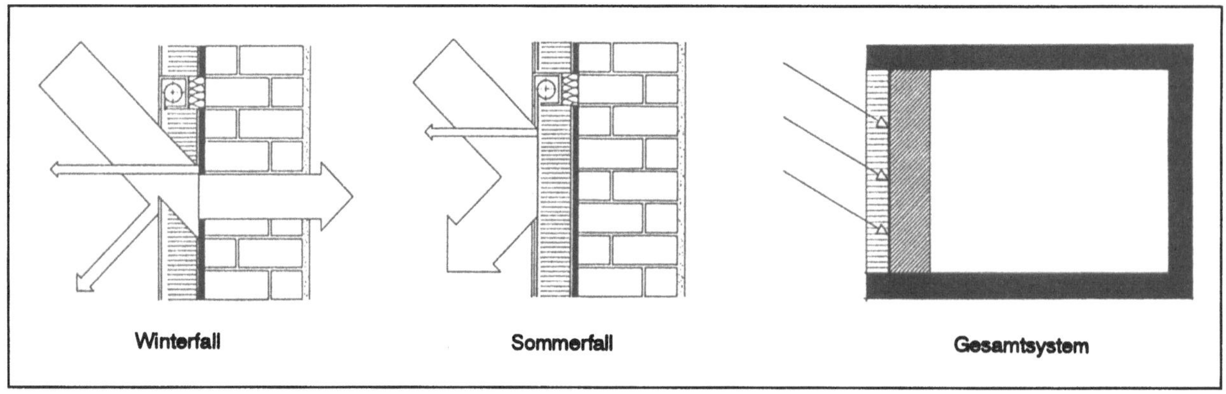


*Abbildung 2-2: Funktionsprinzip eines Solarwandsystems*

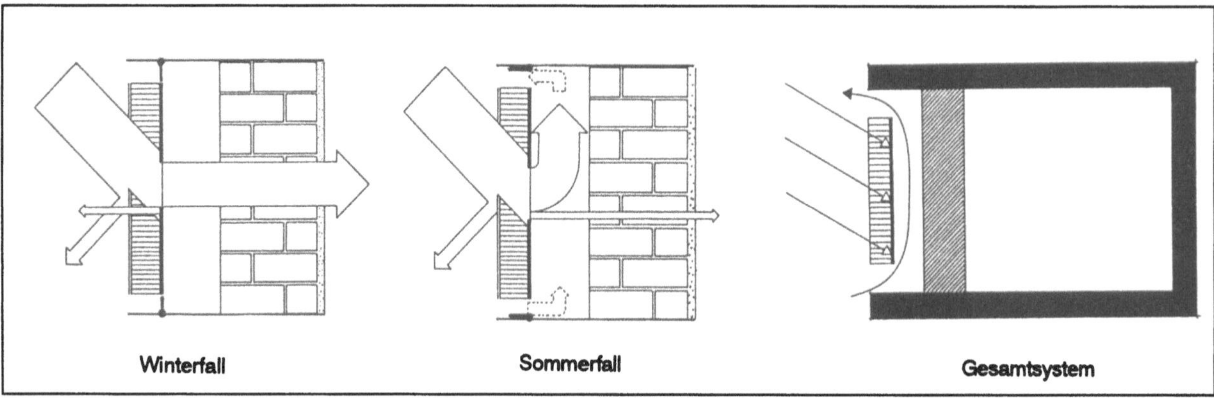


*Abbildung 2-3: Funktionsprinzip eines konvektiv entwärmten Solarwandsystems*

Eine Abwandlung des klassischen Solarwandprinzips stellt das konvektiv entwärmte TWD-Solarwandsystem dar. Der Absorber liegt als schwarzes Blech oder Platte auf der Rückseite der TWD-Schicht. Zwischen Absorberblech und Wand gibt es einen Luftspalt. Die Wärme wird über Strahlung und Konvektion vom Absorber zur Wand übertragen. Der Hauptvorteil dieser Systemausbildung liegt darin, daß auf eine Verschattung verzichtet werden kann. Im Sommerfall werden am unteren und oberen Ende des TWD-Bauelementes Klappen nach außen geöffnet, so daß der Luftspalt zwischen Absorberblech und Speicherwand mit kühler Außenluft durchströmt wird.

Solarwandsysteme mit Luftspalt und Klappen nach innen, sogenannte konvektiv unterstützte Systeme wurden zwar untersucht, konnten sich jedoch bisher nicht durchsetzen, da der konstruktive Mehraufwand und der Betriebsstromverbrauch für Ventilatoren die geringe Wirkungsgradverbesserung nicht rechtfertigte [2-1].

### 2.2.3 Thermisch abgekoppelte Systeme

Bei thermisch abgekoppelten Systemen wird die solare Einstrahlung an einer vom Raum isolierten Absorberfläche in Wärme umgewandelt. Die Solarwärme wird durch ein Kanalsystem entweder direkt in den Raum oder in einen Wärmespeicher geleitet, der Bestandteil der Gebäudekonstruktion sein kann (z. B. Hohldecke oder zweischalige Wand), der aber auch zur Anlagentechnik gehören kann (z. B. Geröllspeicher oder Wasserspeicher). Als Wärmeträger wird meist Luft oder Wasser benutzt. Die Wärmeabgabe an den Raum läßt sich bei thermisch isolierten Speichern unabhängig von der Absorber- bzw. Speichertemperatur regeln.

Vorteile von abgekoppelten Systemen sind ihre gute Regelungsfähigkeit, die Kombinationsmöglichkeiten mit Warmluft- bzw. Warmwasserheizungen und die geringen, nächtlichen Wärmeverluste aufgrund der Wärmedämmung zwischen Absorber und Innenraum. Weil ein Wärmetransportsystem vorhanden ist, lassen sich auch nordorientierte Räume ohne großen Mehraufwand mit solarer Wärme versorgen.

Gegen abgekoppelte Systeme sprechen der hohe, bauliche Gesamtaufwand, die Empfindlichkeit gegenüber Defekten (z. B. Undichtigkeiten) und die hohen Temperaturen im Absorberbereich.

Thermisch abgekoppelte Systeme eignen sich für Nutzungen mit großen Phasenverschiebungen zwischen Einstrahlung und Wärmebedarf und für Gebäude, wo separate Wärmespeicher sowieso schon vorhanden sind oder einfach in die Gebäudekonstruktion integriert werden können. Wasserkollektoren können außer zur Heizung auch zur Brauchwassererwärmung benutzt werden, Luftkollektoren können auch zur Frischluftvorwärmung eingesetzt werden.

### 2.3 Grundsätzliche Möglichkeiten, Grenzen, Probleme

Gegenüber üblichen, opaken Dämmsystemen sind mit transparenter Wärmedämmung jährliche Heizenergieeinsparungen von durchschnittlich 50 bis 150 kWh pro m² TWD-Fläche erreichbar. Direktgewinnsysteme, die zur Verbesserung der Tageslicht-Ausleuchtung eingesetzt werden, erbringen außerdem Beleuchtungsstrom-Einsparungen, die allerdings nur mit Messungen oder aufwendigen Simulationsrechnungen quantifizierbar sind. Untersuchungen an einem 12 m tiefen, beidseitig belichteten Bürogebäude ergaben beispielsweise Stromeinsparungen von ca. 50 kWh/m² TWD-Fläche und Jahr, wenn die massive Außenwand in Teilbereichen durch TWD-Direktgewinnsysteme ersetzt wird [2-2].

Bei Neubauten, die konsequent energiesparend geplant sind, d. h. Minimierung der Energieverluste durch kompakte Gebäudegeometrie, hocheffizienten Wärmeschutz

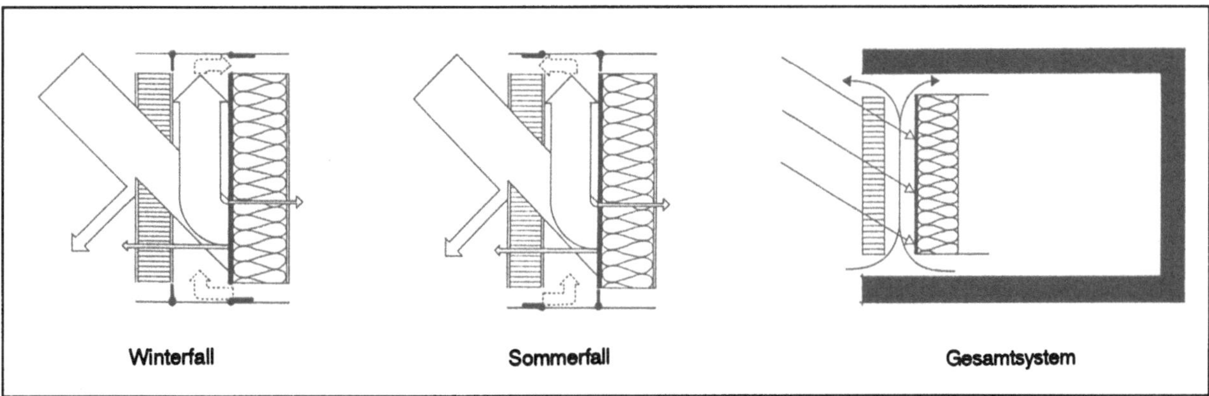



*Abbildung 2-4: Funktionsprinzip eines thermisch abgekoppelten Systems mit direkter Zirkulation ohne separaten Wärmespeicher*

und Lüftungswärmerückgewinnung (LWR), kann der Heizenergieverbrauch bei entsprechender, solareffizienter Anordnung von Fenstern und transparenter Wärmedämmung auf Werte nahe Null gedrückt werden.

Im Gebäudebestand gestaltet sich der Einsatz von LWR-Anlagen meist problematisch, aufgrund undichter Fenster, Nutzergewohnheiten und niedriger Deckenhöhen, die flache Kanäle mit kleinen Querschnitten und hohe Ventilatorleistungen nötig machen. TWD kann hier als Alternative zur LWR eingesetzt werden, um nach guter Wärmedämmung des Gebäudes auch Teile des Lüftungswärmebedarfs über Solargewinne abzudecken.

Einer verbreiteten Anwendung von TWD-Systemen stehen heute noch mehrere Hemmnisse entgegen:

– Die Kosten konventioneller TWD-Fassaden in Pfosten-Riegelkonstruktion sind mit über 800 DM/m² noch zu hoch. Neue, einfachere Systeme erlauben jedoch bereits die Realisierung wirtschaftlich konkurrenzfähiger Anwendungen.
– Vor allem Kunststoff-TWD-Materialien und filigrane Holzfassaden bringen Brandschutzprobleme mit sich.

– Bauaufsichtliche Zulassungen oder Einordnungen von TWD-Systemen fehlen bisher.
– Mangelnde Erfahrungen und mangelnde Kenntnisse über Konstruktionsvarianten, Einsatzmöglichkeiten und Restriktionen halten viele Planer und Bauherren vom TWD-Einsatz ab.

## Literatur

[2-1] Kerschberger, A.: Transparente Wärmedämmung optimal eingesetzt. Der Crew Training Complex der DLR in Köln-Porz. Schlußbericht Teil 2 zum BMBF-Demonstrationsbauvorhaben BEO 0335003U. Dortmund, Stuttgart: ASSMANN Beraten + Planen GmbH, Juni 1995

[2-2] Kerschberger, A.: Solares Bauen mit transparenter Wärmedämmung. Systeme, Wirtschaftlichkeit, Perspektiven. Wiesbaden, Berlin: Bauverlag, 1996

# 3. Beispielhafte Projekte

## 3.1 Wohnhaus mit Einliegerwohnung: Haus Kilian in Stuttgart

### Lage und Nutzung

Auf einem nur 14 m breiten Hanggrundstück errichtete der Stuttgarter Architekturprofessor Kilian sein Wohnhaus mit Einliegerwohnung [3-1]. Von vorneherein bestand die Zielsetzung, das Gebäude energetisch und tageslichttechnisch zu optimieren. Die nach Südosten abfallende Hangsituation bot dazu beste Voraussetzungen. Ungewöhnlich bei der Planung eines Einfamilienhauses: Es wurden umfassende dynamische Simulationen zur Ermittlung des Temperaturverhaltens, des Wärmeverbrauchs und der Tageslichtsituation durchgeführt.

Alle Wohnräume sind nach Südwesten orientiert, Küche, Bäder, Treppe und Nebenräume liegen auf der Nordostseite. Die Zweiteilung des Grundrisses drückt sich klar in der Gebäudegestalt aus. Nach Süden öffnet sich der Baukörper zur Sonne, nach Norden dominieren geschlossene Fassaden mit minimierten Fensterflächen. Erd-, Ober- und Dachgeschoß bilden eine großzügige Wohneinheit, während sich im Hanggeschoß eine zusätzliche Einliegerwohnung befindet.

### Konstruktion

Der Rohbau des Hauses wurde in schwerer, wärmespeichernder Bauweise errichtet. 17,5 cm dicke Kalksandsteinwände bilden zusammen mit zwei zentral angeordneten Betonstützen und Beton-Massivdecken die Speichermassen. Die Südwestfassade der Wohnräume zeigt sich von außen als durchgehende Glasfassade, hier wechseln sich raumhohe Fensterelemente und TWD-Paneele mit dahinterliegender Massivspeicherwand ab.

An den geschlossenen Fassadenbereichen im nordöstlichen Baukörper wurde ein 12 cm dickes, mineralisches Wärmedämmverbundsystem angebracht. Die Dachkonstruktion besteht aus Holzsparren mit 18 cm Wärmedämmung in Sparrenebene und Dachdeckung aus Trapezblech. Für die Außenfenster kamen Wärmeschutzverglasungen mit einem k-Wert von 1,3 W/m²K zum Einsatz. Eine Besonderheit des Gebäudes stellen die aus 34 mm dicken Verbundgläsern bestehenden Balkongrundplatten dar. Die darunterliegenden Wohnräume bleiben dadurch hell und lichtdurchflutet.

**Datenblatt Haus Kilian, Stuttgart**
Einfamilienhaus mit Einliegerwohnung

| | |
|---|---|
| *Fertigstellung:*<br>1995 | *TWD-Systeme:*<br>31 m² Solarwand südwestorientiert, 3 m² Direktgewinn südostorientiert |
| *Gebäudestandort:*<br>Lindpaintnerstraße, Stuttgart | |
| *Architektur:*<br>Kilian + Hagmann, Stuttgart | *Aufbau Solarwandsystem:*<br>Einscheibensicherheitsglas 6 mm<br>Kammerplisseestore<br>PMMA-Kapillarplatte 80 mm<br>Einscheibensicherheitsglas 6 mm<br>Luftspalt 15 mm/Holzrahmen<br>Schwarzer Absorberanstrich auf KSV-Wand 17,5 cm |
| *Haustechnik:*<br>Ingenieurbüro Scheer, Stuttgart | |
| *Thermische und lichttechnische Simulation:*<br>Fraunhofer-Institut für Solare Energiesysteme, Freiburg | |
| *Wohnfläche:*<br>520 m² | *Rahmenanteil Solarwandsystem:*<br>11 Prozent |
| *Oberflächen-/Volumenverhältnis:*<br>0,68 | *k-Wert Solarwandsystem:*<br>Verschattung geöffnet:<br>0,68 W/m²K<br>Verschattung geschlossen:<br>0,51 W/m²K |
| *Anzahl Wohnungen:*<br>2, Haus auch teilbar in 3 Wohnungen | |
| *Bauteilkennwerte:*<br>*Außenwand:*<br>Kalksandstein, Wärmedämmverbundsystem, k-Wert: 0,3 W/m²K | *g-diffus-Wert Solarwandsystem:*<br>57 % |
| *Außenfenster:*<br>Wärmeschutzverglasung, k-Wert 1,3 W/m²K | *Energieeinsparung Solarwand gegenüber benachbarter, opak gedämmter Wand (k = 0,3 W/m²K):*<br>ca. 60 kWh/m²a (bezogen auf TWD-Fläche) |
| *Dach:*<br>Steildach, Trapezblechdeckung, Wärmedämmung zwischen Sparren, k-Wert 0,28 W/m²K | *Kosten Solarwandsystem:*<br>ca. 1400 DM/m² |
| *Bodenfläche:*<br>k-Wert 0,29 W/m²K | *Differenzkosten Solarwandsystem gegenüber opak gedämmter Wand (k = 0,3 W/m²K:*<br>ca. 1200 DM/m² |
| *Heizung:*<br>Fußbodenheizung mit Gasbrennwertkessel, 19 kW | *Heizenergieverbrauch des Gebäudes berechnet:*<br>59 kWh/m²a (bezogen auf Wohnfläche) |
| *Lüftung:*<br>Natürliche Lüftung | |
| *Brauchwassererwärmung:*<br>7 m² Solarkollektoren auf Südwestdach, Nachheizung über Brennwertkessel | *Heizenergieverbrauch des Gebäudes gemessen:*<br>60 . . . 65 kWh/m²a (Tendenzaussage) |

### Energiekonzept

Das Haus Kilian kann als klassisches, passives Solarhaus bezeichnet werden. Der Einsatz von Wärmeschutzverglasungen und die Minimierung von nordorientierten Fensterflächen führt zusammen mit der hochwertigen Dach- und Fassadendämmung zu einem durchschnittlichen k-Wert der Gebäudehülle von unter 0,3 W/m²K (unter Ansatz äquivalenter Fenster-k-Werte) und damit zu geringen Transmissionswärmeverlusten. TWD-Elemente und Fensterflächen an der Südost- und Südwestfassade sorgen für hohe solare Strahlungsgewinne. Die massive Bauweise der Tragstruktur ermöglicht eine gute Ausnutzung der gewonnenen Sonnenwärme. Die maximale Absorbertemperatur liegt aus Sicherheitsgründen bei 70 °C. Wird dieser Temperaturwert überschritten, dann fährt die Verschattung der TWD-Flächen automatisch herunter. Simulationsrechnungen ergaben eine Zeitdauer von 4–6 Stun-

*Abbildung 3-1: Blick von Nordwesten auf die südwestlich orientierte TWD-Fassade. Fenster und TWD-Module wechseln sich ab.*

den, bis die Wärmewelle die Wand durchquert hat, und typische, innere Wandoberflächentemperaturen von 27–30 °C. Für den Heizenergieverbrauch werden Werte um 50–60 kWh/m²a erwartet. Erste Meßwerte bestätigen diese Größenordnung.

Die transparente Wärmedämmung wird als Solarwandsystem eingesetzt. Auf der Südwestfassade wechseln sich 31 m² TWD-Module vor der massiven Außenwand mit 30 m² Fensterfläche ab. Die TWD-Flächen wurden in Holzmodulbauweise mit TWD aus PMMA-Kapillarmaterial konstruiert und besitzen innenliegende Verschattungen aus Kammerplissestores, die in geschlossenem Zustand auch den Wärmeschutz verbessern. Laut Simulation liegt die Bilanz des Wärmeeintrages über die Heizperiode bei ca. 120 kWh pro m² TWD-Fläche. Davon lassen sich rund 50 % zur Heizenergieeinsparung nutzen. Die restlichen 50 % ermöglichen angenehmere, höhere Raumtemperaturen oder erhöhte Luftwechselraten ohne Komfortverluste, machen sich jedoch nicht als Heizenergieeinsparung bemerkbar. Als besonders positiv wird vom Nutzer hervorgehoben, daß die warme TWD-Außenwand eine hohe Behaglichkeit erzeugt und ein Leben mit den klimatischen Verhältnissen ermöglicht bzw. erfordert.

Die Investitionsmehrkosten der TWD von ca. 1200 DM/m² (gegenüber dem ansonsten realisierten Mineralfaser-Wärmedämmverbundsystem) lassen eine positive Wirtschaftlichkeitsaussage nicht zu. Die transparente Wärmedämmung ist hier – ähnlich wie die gläsernen Balkonplatten – aus dem Wunsch des Bauherrn heraus realisiert worden, besondere Lösungen unter optimaler Ausnutzung natürlicher Effekte zu finden.

Haustechnik

Als Wärmeerzeuger für die Beheizung dient ein Gasbrennwertkessel mit einer Leistung von 19 kW. Verteilt

*Abbildung 3-**2**:*
*Innenraum mit Blick nach*
*Südosten. Durch die gläsernen*
*Balkonplatten gelangt viel*
*Licht in den darunterliegenden*
*Eßbereich. Im Brüstungs-*
*bereich neben dem Küchen-*
*tresen wurde ein TWD-Direkt-*
*gewinnelement eingesetzt.*

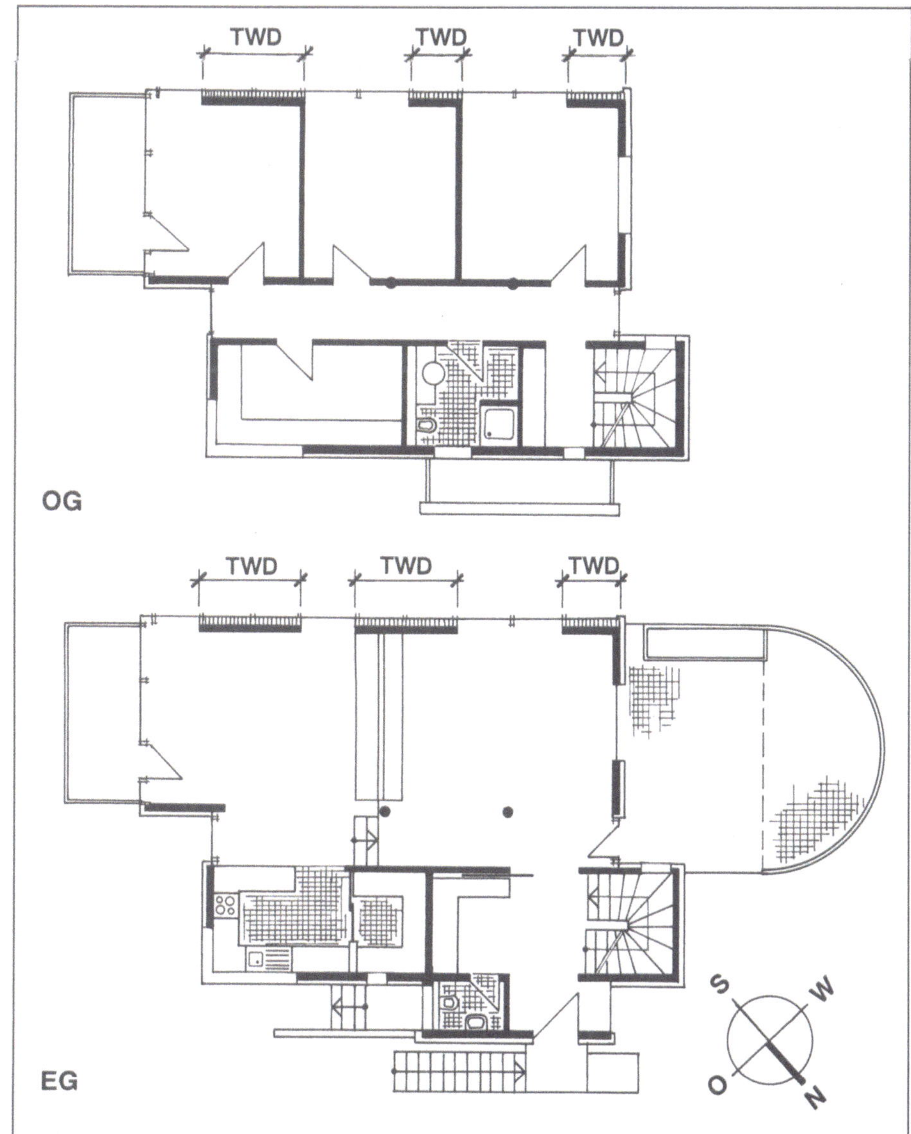

*Abbildung 3-**3**:*
*Erdgeschoß- und Ober-*
*geschoßgrundriß Haus Kilian.*
*Die Grundrißzonierung wird*
*erkennbar: Warme Räume*
*liegen nach Südwesten,*
*kühlere Räume nach*
*Nordosten.*

wird die Wärme über eine Fußbodenheizung im Anhy-dritestrich. Solarkollektoren auf dem Südwestdach über-nehmen im Sommerhalbjahr die Brauchwassererwär-mung, im Winter heizt der Brennwertkessel nach. Auf ei-ne mechanische Be- und Entlüftung mit Wärmerückge-winnung wurde aus Kostengründen verzichtet.

Bewertung

Architektonisch steht das Haus Kilian als gelungenes Bei-spiel für das moderne Ein- und Zweifamilienhaus, wel-ches Systeme zur Nutzung regenerativer Energien nicht mehr adaptiert, sondern wie selbstverständlich integriert. Die Funktionalität des Gebäudes bildet sich im Baukör-per und in den Oberflächenmaterialien nach außen ab. Tragende und nichttragende Strukturen sind klar erkenn-bar, ebenso wie die energiegewinnenden und energiebe-wahrenden Flächen. Reflektionen in den Verglasungen, den Verschattungsanlagen und den Metalloberflächen verändern das Haus über die Tages- und Jahreszeiten.

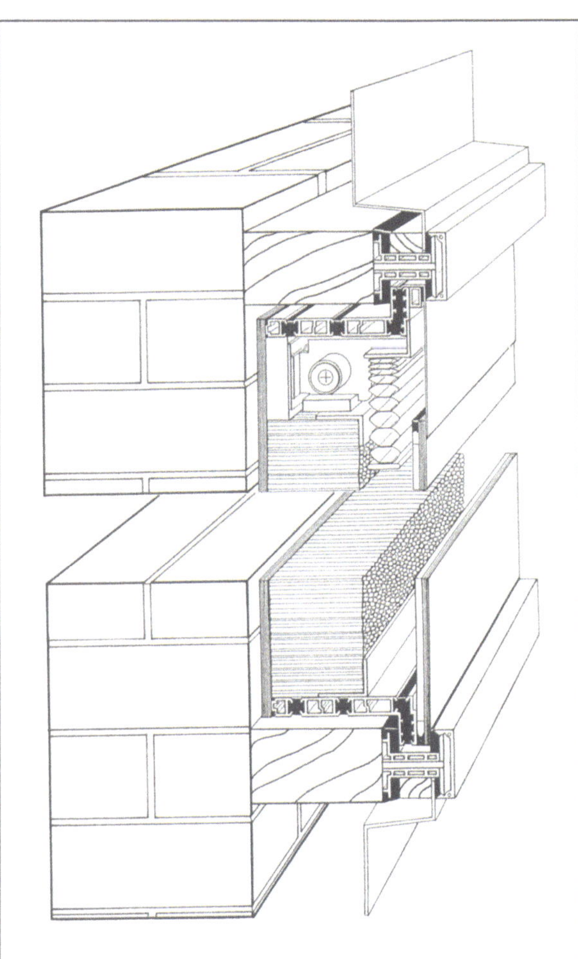

Abbildung 3-**5**: Systemskizze der TWD-Fassade mit integrierter Kammerplissee-Verschattung

Abbildung 3-**4**: Die gläsernen Balkone wurden an Zugstäben abgehängt. Die Balkonplatte besteht aus keramikbeschichteten, 34 mm dicken Verbundsicherheitsgläsern.

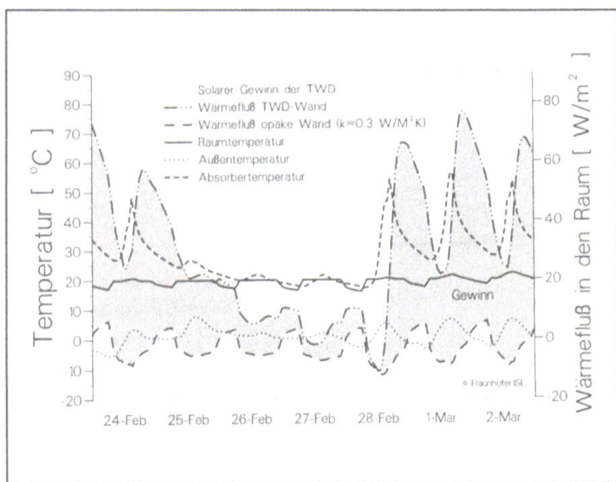


Abbildung 3-**6**: Ergebnisgraphik der Simulationsrechnungen. Die grau angelegte Fläche zeigt den Wärmeflußunterschied zwischen transparent und opak gedämmter Wand, also den Energiegewinn der TWD-Fassade.

## 3.2  Sanierung und Erweiterung eines Zweifamilienhauses mit Wohn- und Büronutzung: Haus Hausladen in Kirchheim bei München

### Lage und Nutzung

Im östlichen Umfeld von München liegt das 1965 errichtete Zweifamilienhaus, welches im Erdgeschoß eine Wohnung mit Doppelgarage und im Ober- und Dachgeschoß das haustechnische Ingenieurbüro des Bauherrn beherbergt [3-2]. Die Doppelgarage wurde 1994 ausgebaut und bis zum First des Gebäudes aufgestockt. Die Gebäudeerweiterung dient der Büronutzung, erstreckt sich über drei Geschosse und wird über eine einläufige, innenliegende Treppe erschlossen. Der Haupteingang des Büros liegt im ersten Obergeschoß, zugänglich durch eine Außentreppe. In der ehemaligen Garage befinden sich die CAD-Arbeitsplätze des Büros. Das Erdgeschoß des Hauptgebäudes wird heute weiterhin als Wohnung genutzt. Ein Carport gegenüber dem Gartenhof dient als neuer Unterstellplatz für Autos.

### Konstruktion

Die vorhandene Außenwand aus verputzten Lochziegeln wurde rundum mit einer außenliegenden Wärmedämmung versehen. An der südorientierten Längsfassade kamen 35 m² TWD-Module zum Einsatz. Die restlichen Wandflächen erhielten eine neue Außenhaut aus zementgebundenen Spanplatten, die auf eine Holzunterkonstruktion montiert wurden. In den Zwischenraum wurde eine 12 cm dicke Dämmung aus Zelluloseflocken eingeblasen. Vor die vorhandenen Holzverbundfenster setzte man nach außen öffnende, wärmeschutzverglaste Vorfenster, deren Oberkante höher liegt, als die der alten Fenster, um zusätzliche Verschattungen zu minimieren. Der Wärmeschutz der Wand konnte durch die Maßnahmen von 1,1 auf 0,3 W/m²K verbessert werden, der Fenster-k-Wert sank von 3,0 auf 1,0 W/m²K. Auf der Südseite wurden die Altfenster ausgebaut, so daß sich hier ein k-Wert von 1,4 W/m²K ergibt. Im Zuge eines Dachgeschoßausbaus wurde das Dach bereits 1986 mit 14 cm Wärmedämmung zwischen Sparren gedämmt, eine Verbesserung schien deshalb nicht notwendig.

Der Anbau auf der ehemaligen Doppelgarage wurde als Leichtkonstruktion zwischen den tragenden Wandscheiben des vorhandenen Giebels und der neuen Giebelwand errichtet. Im Fassadenbereich kamen Wärmeschutzverglasungen und wärmegedämmte Paneele zum Einsatz. Ein 45 m² großes TWD-Lichtdach sorgt für sehr gute Tageslichtverhältnisse. Die neue Giebelwand erhielt eine vorgehängte Bekleidung mit Holzverschalung. Als Wärmedämmung wurden ebenfalls Zelluloseflocken eingesetzt.

**Datenblatt Haus Hausladen, Kirchheim**
Zweifamilienhaus mit gemischter Wohn- und Büronutzung (Sanierung und Erweiterung eines bestehenden Gebäudes aus dem Jahr 1965)

*Fertigstellung:*
1995

*Gebäudestandort:*
Hausen, Kirchheim bei München

*Bauherr:*
Prof. Dr.-Ing. G. Hausladen

*Konzeption und Architektur:*
Architekturbüro Lichtblau, München

*Auslegungsberechnungen, Messungen:*
Ingenieurbüro für Haustechnik und Bauphysik, Prof. Hausladen, Kirchheim

*Wohnfläche und Büronutzfläche:*
385 m²

*Oberflächen-/Volumenverhältnis:*
0,58

*Nutzungseinheiten:*
1 Wohnung im EG, Büro im OG und DG

*Bauteilkennwerte:*
*Außenwand:*
30 cm Ziegelmauerwerk, 12 cm Zellulosedämmung zwischen Holzunterkonstruktion, Bekleidung aus zementgebundener Spanplatte, k-Wert 0,3 W/m²K

*Außenfenster Süd:*
Wärmeschutzverglasung, k-Wert 1,4 W/m²K

*Außenfenster Nord:*
Doppelvergasung in Holzverbundfenster (Bestand), davor Holzvorsatzfenster mit Wärmeschutzverglasung, k-Wert 1,0 W/m²K

*Dach:*
Steildach, Ziegeldeckung, Wärmedämmung zwischen Sparren, k-Wert 0,35 W/m²K

*Kellerdecke:*
Betondecke mit Estrich über Wärmedämmung, k-Wert 0,8 W/m²K

*Heizung:*
Öl-Niedertemperaturkessel, Radiatoren, automatische Einzelraumregelung im Bürobereich

*Lüftung:*
Natürliche Lüftung, im Anbau Hubdach zur sommerlichen Lüftung und Entwärmung

*Brauchwassererwärmung:*
Über Heizkessel

*TWD-Systeme:*
35 m² Solarwand südorientiert, 45 m² als TWD-Lichtdach süd- und nordorientiert, 30 Grad Dachneigung

*Aufbau Solarwandsystem:*
Einscheibensicherheitsglas 6 mm

Kammerplisseestore bzw. Luftraum 40 mm
PMMA-Kapillarplatte 90 mm
Einscheibensicherheitsglas 6 mm
Randverbund aus Birkenschichtholz mit Stufenfalzausbildung
Luftspalt 15 mm
Schwarzer Absorberanstrich auf vorhandener, verputzter Ziegelaußenwand

*Rahmenanteil Solarwandsystem:*
7 Prozent

*k-Wert Solarwandsystem:*
Plisseestore geöffnet: 0,5 W/m²K
Plisseestore geschlossen: 0,4 W/m²K

*g-diffus Wert:*
57 %

*Energieeinsparung Solarwand gegenüber benachbarter, opak gedämmter Wand (k = 0,3 W/m²K):*
ca. 100 kWh/m²a (bezogen auf TWD-Fläche)

*Kosten Solarwandsystem:*
1100 DM/m² (mit Schichtholzunterkonstruktion)

*Differenzkosten Solarwandsystem gegenüber opak gedämmter Wand (k = 0,3 W/m²K):*
800 DM/m²

*Aufbau TWD-Lichtdach:*
Einscheibensicherheitsglas 8 mm
Luftspalt 10 mm
PMMA-Kapillarplatte 62 mm
Einscheibensicherheitsglas 8 mm
Randverbund aus Birkenschichtholz mit Stufenfalzausbildung

*Rahmenanteil TWD-Lichtdach:*
7 Prozent

*k-Wert TWD-Lichtdach:*
0,95 W/m²K

*g-diffus Wert:*
60 %

*Energieeinsparung TWD-Lichtdach:*
nicht quantifizierte Heizenergie- und Beleuchtungsstromeinsparungen, nach Norden wurde ein äquivalenter k-Wert von +- 0 W/m²K errechnet.

*Kosten Lichtdach:*
640 DM/m² (nur TWD-Paneele mit Unterkonstruktion, ohne Hubdach)

*Kosten Hubdach zur sommerlichen Entwärmung:*
12.000 DM (10 m² Dachfläche)

*Heizenergieverbrauch des Gebäudes berechnet:*
50 kWh/m²a (bezogen auf Wohn- und Büronutzfläche)

Energiekonzept

Das Energiekonzept beruht im wesentlichen auf zwei Prinzipien. Einerseits werden die Transmissions- und Lüftungswärmeverluste durch die Verbesserung der Gebäudehülle minimiert, andererseits bringen die TWD-Flächen erhöhte Solargewinne. An der südorientierten Fassade des Hauptgebäudes ergänzen sich solare Direktgewinne durch die Fenster und zeitlich verzögerte Wärmegewinne durch die TWD-Solarwandelemente. Die geschoßhohen TWD-Elemente sind in Holzmodulbauweise ausgeführt. Integrierte Kammerplisseestores dienen zur Verschattung und Verbesserung des nächtlichen Wärmeschutzes. Als eigentliches TWD-Material werden PMMA-Kapillaren eingesetzt. Der Holzrahmen der TWD-Module besteht aus Schichtholz und ist als Stufenfalz zur einfachen Integration in die Holzunterkonstruktion ausgebildet. Um die Absorberfunktion zu verbessern, erhielt der vorhandene Außenputz einen schwarzen Anstrich. Der Wärmeschutz der Außenwand hat sich im TWD-Bereich von 1,1 auf 0,5 W/m²K (geschlossene Verschattung: 0,4 W/m²K) verbessert.

Beim TWD-Lichtdach des Anbaus kamen, ähnlich wie bei der TWD-Südfassade, vorgefertigte, beidseitig verglaste Elemente mit Schichtholzrahmen zum Einsatz, die in eine Pfetten-Sparren-Konstruktion eingelegt und mit Preßleisten aus zementgebundener Spanplatte befestigt wurden. Direktes Sonnenlicht wird durch das Kapillarmaterial diffus in den Raum verteilt. Das darunterliegende Sekretariat und der Besprechungsraum müssen nur zu Nachtzeiten künstlich beleuchtet werden. Einen Sonnenschutz im eigentlichen Sinn sucht man vergebens. Gegen Überhitzung hilft das im Firstbereich eingebaute Hubdach, welches um 25 cm angehoben werden kann. Angetrieben wird es durch 4 Gleichstrommotoren. Die Steuerung erfolgt manuell sowie über Wind- und Regenwächter. Das Lichtdach erreicht auch auf der 30 Grad geneigten Nordseite eine ausgeglichene Energiebilanz, d. h. einen äquivalenten k-Wert von ± 0 W/m²K.

*Abbildung 3-**7**: Bestandssituation vor der Sanierung*

*Abbildung 3-**8**:*
*Ansicht nach der Sanierung*
*mit Gebäudeerweiterung auf*
*der vorherigen Doppelgarage*
*und wärmetechnischer*
*Sanierung des Altbaus*

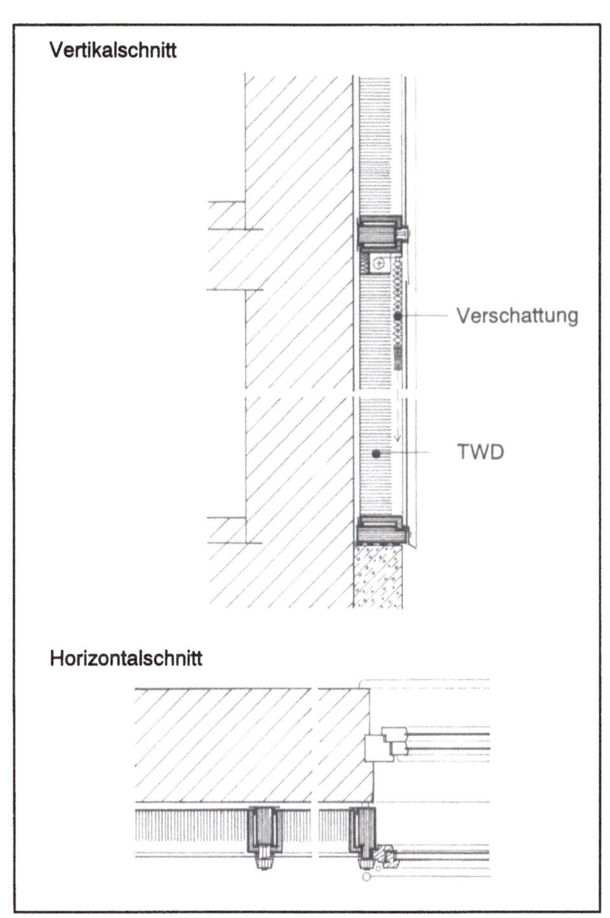


*Abbildung 3-9: Konstruktionsskizze der TWD-Fassade*

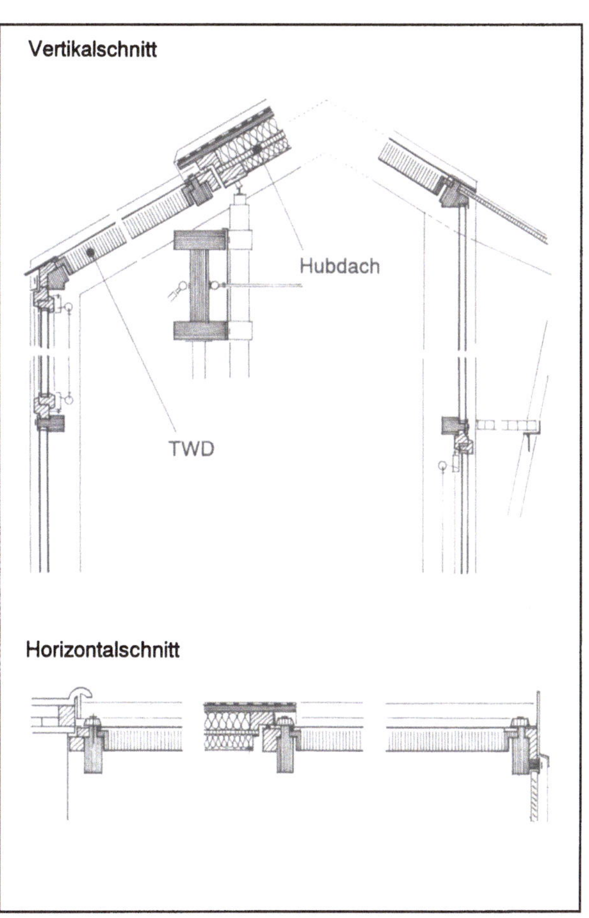


*Abbildung 3-11: Konstruktion des TWD-Lichtdachs im neu errichteten Anbau*

*Abbildung 3-10: TWD-Fassade und nach außen zu öffnende, neue Zusatzfenster*

*Abbildung 3-12: Lichtdach von innen*

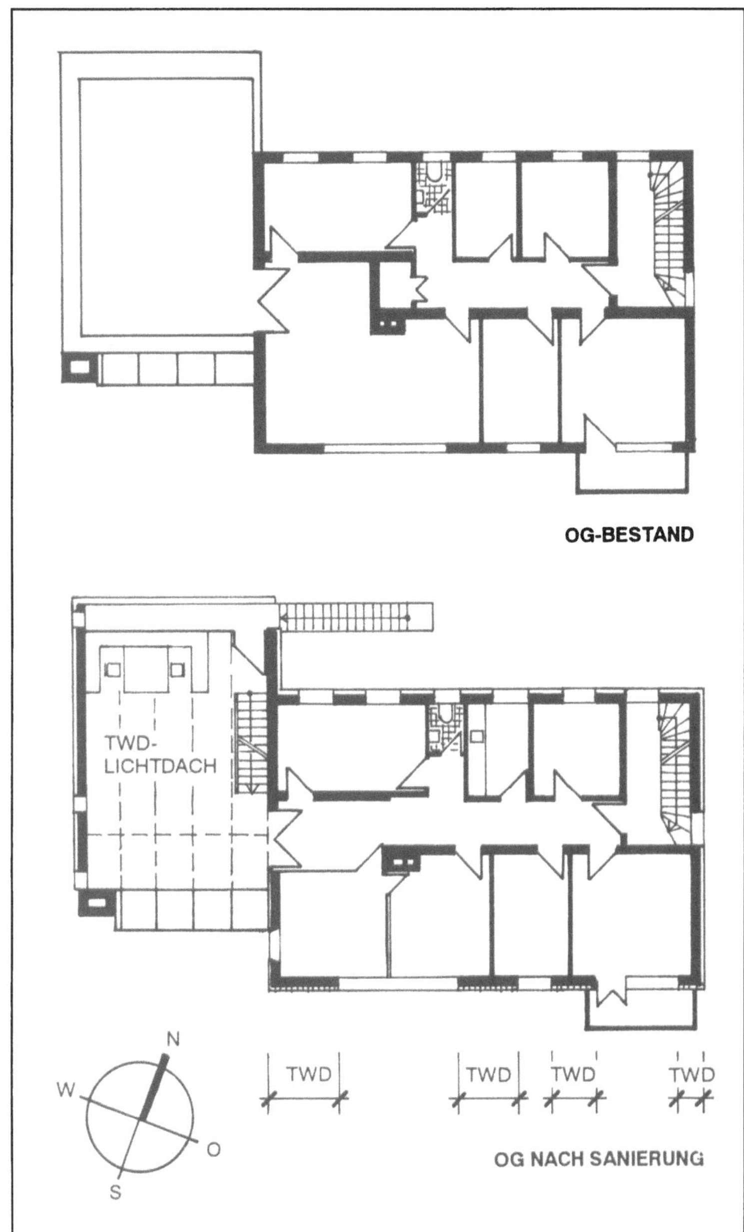



*Abbildung 3-**13**: Obergeschoß-Grundriß vor und nach Sanierung*

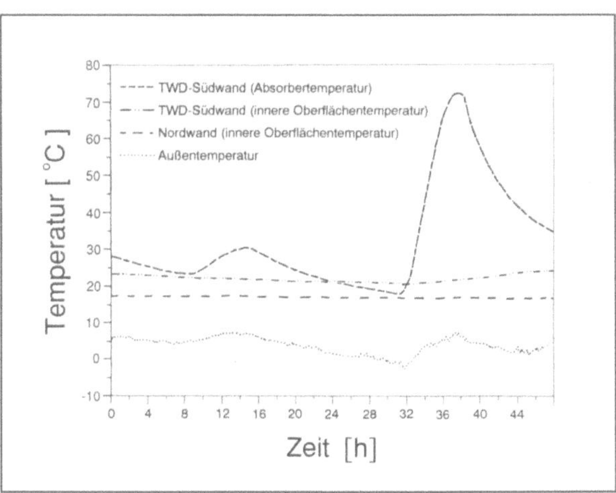



*Abbildung 3-**14**: Gemessene Temperaturen für mehrere Tage im Februar 1995*

Aufgrund der aufwendigen Schichtholz-Unterkonstruktion und der Einzelanfertigung der TWD-Module mit integrierter Verschattung ergaben sich Gesamtpreise für das Solarwandsystem von ca. 1100,- DM/m². Die TWD-Dachpaneele ohne Verschattung kosteten dagegen nur 640,– DM/m². Allerdings sind die Kosten des Hubdaches, welches eine Verschattungsanlage ersetzt, darin nicht enthalten. Wie im Haus Kilian gilt auch hier, daß diese TWD-Anwendung trotz noch nicht gegebener Wirtschaftlichkeit realisiert wurde. Auch hier signalisiert die TWD-Fassade das ökologische Bewußtsein und die technische Kompetenz des Ingenieurbüros des Bauherrn.

## Haustechnik

Die Heizung erfolgt über einen bereits 1986 installierten Niedertemperatur-Ölkessel. Heizkörper mit Thermostatventilen geben die Wärme an den Raum ab. Wegen der teilweise intermittierenden Nutzung wurde im Bürobereich zusätzlich eine automatische Einzelraum-Temperaturregelung vorgesehen. Der Ölverbrauch konnte von ursprünglich 400 kWh/m²a auf ca. 50 kWh/m²a reduziert werden (prognostizierter Wert). Gelüftet wird über Fensteröffnen. Eine lüftungstechnische Besonderheit findet sich im dreigeschossigen Anbau: Im Winter sorgt ein thermostatgesteuertes Gebläse für die Erwärmung des Erdgeschosses durch Absaugen solarer Überschüsse unter dem Dachfirst.

## Bewertung

Das Projekt stellt ein bemerkenswertes Beispiel für die energetische, funktionale und gestalterische Verbesserung der Einheitsarchitektur aus den 50er und 60er Jahren dar. Durch die neue Außenhaut, vor allem aber auch durch den großzügig verglasten Erweiterungsbau, hat sich die äußere Erscheinung des Gebäudes grundlegend geändert. Die geschoßhohen TWD-Elemente der Südfassade stehen zu den schmalen, deckenbündig abschließenden Vorfenstern in spannender Kontrastwirkung, aufgrund einheitlicher Grundproportionen ergibt sich dennoch ein durchgehender Fassadenrhythmus. Eine sensible Farbgebung ergänzt und akzentuiert naturbelassene Materialien wie Schichtholzprofile und Aluminiumleisten.

## 3.3 Sanierung einer Gründerzeitvilla mit Büronutzung: Villa Tannheim, Freiburg

### Lage und Nutzung

In Freiburg, nur einen Steinwurf vom Institut für Solare Energiesysteme entfernt, liegt die Villa Tannheim, ein Wohngebäude aus der Gründerzeit, das bis in die 90er Jahre von der französischen Armee genutzt wurde. 1995 nahm die Hauptgeschäftsstelle der Internationalen Solarenergie-Gesellschaft (ISES) ihren Sitz in Freiburg und bezog das Haus. Aus diesem Anlaß fand vorab eine umfangreiche energetische Sanierung statt. Das Gebäude umfaßt drei Geschosse und ist voll unterkellert. Im Erdgeschoß und Obergeschoß befinden sich Büroräume der ISES, im Dachgeschoß wurden Gästezimmer eingerichtet. Die Räume im Keller (Demonstrationsraum, Bar, etc.) werden nur zeitweilig genutzt und daher nicht durchgehend beheizt.

Da der First in Ost-West-Richtung verläuft, ergeben sich große Dachflächen mit Südorientierung. Der Eingangsbereich und das Treppenhaus befinden sich auf der Ostseite des Gebäudes. Die Nordseite weist zur Straße hin. Insbesondere die Ost- und Südfassade sind durch die bestehende Bepflanzung weitgehend verschattet.

### Konstruktion

Die massiven Außenwände bestehen aus 30–40 cm dickem Ziegelmauerwerk. Sie wurden bis zum Kellersockelpunkt mit einem 8 cm dicken Wärmedämmverbundsystem auf Polystyrol-Basis gedämmt. Die Natursteinornamentierungen des Gebäudes drohten dadurch unter den Dämmplatten zu verschwinden. Sie wurden mittels Dekoprofilen, die zu 96 % aus recyceltem Altglas bestehen, nachgebildet. Das Erscheinungsbild der Villa konnte so bewahrt werden.

Das Dach, das mit ungefähr einem Drittel der Hüllfläche des beheizten Gebäudeteils beträchtlich zu den Transmissionswärmeverlusten beiträgt, wie auch der Dachboden, wurden mit hochwertigem Zellulosedämmstoff aus wiederverwertetem Zeitungspapier gedämmt. Die Einfachfenster des Gebäudes wurden durch hochwertige Superverglasungen, bestehend aus einer Dreifachverglasung mit zwei low-e Beschichtungen und Edelgasfüllung, ersetzt. Die Verglasung besitzt im ungestörten Bereich einen k-Wert von 0,4 W/m²K.

### Energiekonzept

Ziel der Umrüstung war die energetische Sanierung der Villa im Sinne des neuen Hausherrn. Der Altbau mit sehr hohem Energieverbrauch von etwa 230 kWh pro m² Wohnfläche und Jahr sollte in ein modernes Niedrig-

energiehaus mit einem Heizwärmeverbrauch von 70 kWh/m²a verwandelt werden. Neue, energiegerechte Lösungsansätze im Bereich der Altbausanierung unter Einsatz solarer Energiesysteme sollten demonstriert werden. Die Umrüstung war eine Herausforderung für die Planer, da das Erscheinungsbild der unter Denkmalschutz stehenden Villa trotz der komplett neuen Außenhaut nicht verändert werden sollte.

Da die kleine und zergliederte Südfassade mit ihrer starken Verschattung für transparente Wärmedämmung nicht geeignet war, wurde die Westfassade großflächig mit 52 m² transparentem Wärmedämmverbundsystem

---

**Datenblatt »Villa Tannheim«, Freiburg**

Sitz der Hauptgeschäftsstelle der Internationalen Solarenergie-Gesellschaft (ISES)

*Gebäudestandort:*
Wiesentalstraße, Freiburg

*Umrüstung:*
1994/1995

*Projektleitung:*
Fraunhofer-Institut für Solare Energiesysteme ISE, Freiburg

*Finanzierung:*
Deutsche Bundesstiftung Umwelt (DBU), Freiburger Wirtschaftsförderung, Fraunhofer Gesellschaft, Fraunhofer ISE, Hersteller der eingesetzten Systeme als Sponsoren

*Thermische Simulation:*
Fraunhofer-Institut für Solare Energiesysteme ISE

*Wohn- und Nutzfläche ohne Keller:*
492 m²

*Oberflächen-/Volumenverhältnis:*
0,6

*Bauteilkennwerte:*
*Außenwand:*
30–40 cm Ziegelmauerwerk, 8 cm Polystyrol Dämmung, k-Wert: = 0,37 W/m²K

*Außenfenster:*
Superverglasung Iplus3X, k = 0,4 W/m²K im ungestörten Bereich

*Dach:*
Steildach mit ISOFLOC Dämmung, k-Wert: 0,30 W/m²K

*Kellerboden:*
5 cm Dämmung mit Perliteschüttung, k-Wert:1,6 W/m²K

*Heizung:*
Gasbrennwerttherme mit 750-Liter Pufferspeicher

*Lüftung:*
Natürliche Lüftung

*Brauchwassererwärmung:*
Über Pufferspeicher Solare Unterstützung durch 7,5 m² Kollektor auf dem Süddach

*TWD-Systeme:*
52 m² transparentes Wärmedämm-Verbundsystem (TWDVS) auf der Westfassade

*Aufbau TWDVS:*
Transparenter Putz, etwa 4 mm
Transparente Armierung: Glasvlies
PC-Kapillarplatte 10 cm
Schwarzer Absorber, gleichzeitig auch Kleber
Mauerwerk: 30–40 cm Ziegelmauerwerk
Keine Verschattung
Vorgefertigte Elemente, maximale Größe: 1,20 m x 2,00 m
Opake Dämmung zwischen den Elementen: 10 cm Polystrol

*k-Wert Solarwandsystem:*
0,57 W/m²K

*g-diffus Wert:*
45 %

*Energieeinsparung Solarwand gegenüber benachbarter, opak gedämmter Wand mit k = 0,37 W/m²K:*
30 kWh/m²a (bezogen auf TWD-Fläche)

*Kosten TWDVS:*
350 DM/m²

*Differenzkosten gegenüber opaker Dämmung:*
200 DM/m²

*Heizenergieverbrauch des Gebäudes vor Sanierung (berechnet):*
225 kWh/m²a (bezogen auf Wohnfläche)

*Heizenergieverbrauch des Gebäudes nach Sanierung (berechnet):*
71 kWh/m²a (bezogen auf Wohnfläche)

*Heizenergieverbrauch des Gebäudes nach Sanierung (gemessen):*
68 kWh/m²a (bezogen auf Wohnfläche)

*Abbildung 3-15:*
*Ansicht der Westfassade mit*
*gestalterisch integrierten*
*transparenten Wärmedämm-*
*Verbundsystemflächen*

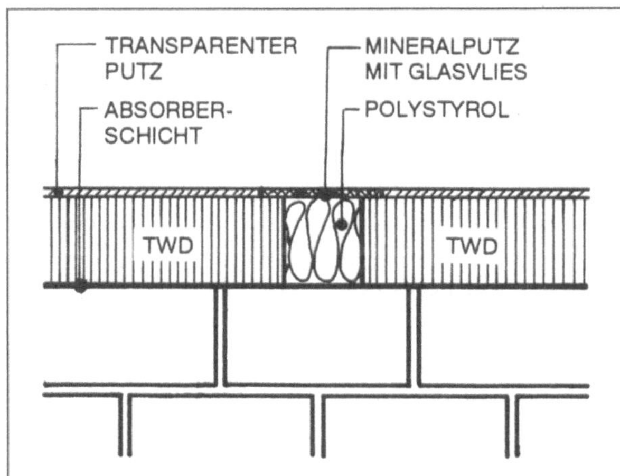



*Abbildung 3-16: Konstruktionsdetail des transparenten Wärme-dämmverbundsystems*

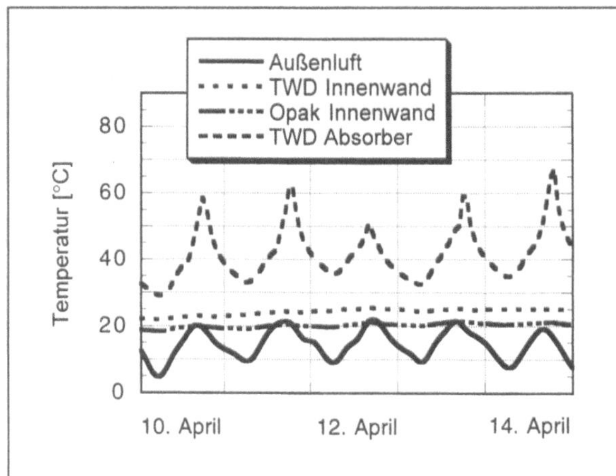



*Abbildung 3-17: Ergebnisgraphik der Simulationsrechnungen. Die Temperaturerhöhung der Speicherwand-Innenoberfläche gegenüber der opak gedämmten Wand ist deutlich erkennbar.*

(TWDVS) belegt. Die Westseite bot die Möglichkeit einer ansprechenden Integration des Systems mit Anpassung der Elemente an die Gebäudeform. Laut Simulation betragen die energetischen Gewinne 50 kWh pro Quadratmeter TWDVS und Jahr und bewirken eine Reduktion des Heizwärmebedarfs von 6,5 %.

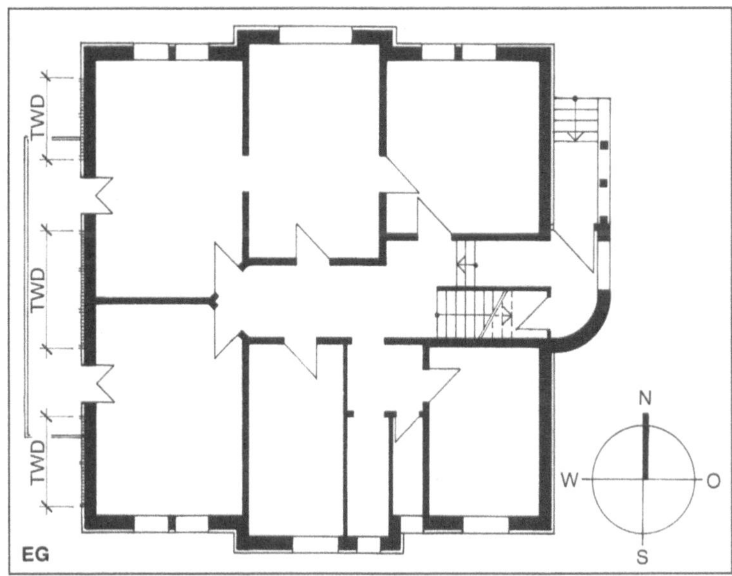



*Abbildung 3-18: Erdgeschoßgrundriß der Villa Tannheim*

Haustechnik

Um das energiesparende Gesamtkonzept abzurunden, wurde die Heizanlage durch eine moderne Gasbrennwerttherme mit 750-Liter-Pufferspeicher ersetzt. Die Warmwasserversorgung erfolgt aus demselben Pufferspeicher. Die Heizungsanlage wird durch eine in das Süddach integrierte Kollektoranlage mit einer Fläche von 7,5 m² unterstützt.

Bewertung

Die dynamische Gebäudesimulation zeigt, daß das energetische Ziel der Sanierungsmaßnahmen erreicht wird, und der Heizwärmebedarf sich um mehr als zwei Drittel verringert. Die Auswertung der Verbrauchsmeßdaten wird weitere wichtige Informationen liefern. Die Villa ist zur Zeit ein Referenzobjekt und soll zur höheren Akzeptanz moderner Solarsysteme bei Architekten beitragen. Moderne Technologien aus dem Bereich der Solarenergienutzung werden hier im Falle einer besonders anspruchsvollen Altbausanierung getestet.

### 3.4   Reihenhäuser mit Einliegerwohnung: Solarhäuser »Auf der Staig«, Donaueschingen

#### Lage und Nutzung

Im Rahmen einer Umweltinitiative der Stadt Donaueschingen entstand mit Förderung des Landes Baden-Württemberg die Ökosiedlung »Auf der Staig«. Der Bebauungsplan für das nach Norden abfallende Hanggelände berücksichtigt bereits ökologische Zielvorgaben. In

#### Datenblatt Reihenhäuser Auf der Staig, Donaueschingen
Reihen-Einfamilienhauszeile, teilweise mit Einliegerwohnung

| | |
|---|---|
| ***Fertigstellung:***<br>*1994* | ***Aufbau Solarwandsystem, von außen nach innen:***<br>*Einscheibensicherheitsglas 8 mm*<br>*Kammerplisseestore*<br>*Einscheibensicherheitsglas 8 mm*<br>*PMMA-Kapillarplatte 80 mm*<br>*Einscheibensicherheitsglas 8 mm*<br>*Luftspalt*<br>*Schwarzer Absorberanstrich auf*<br>*KSV-Wand 24 cm* |
| ***Gebäudestandort:***<br>*Ökosiedlung Auf der Staig,*<br>*Donaueschingen* | |
| ***Projektträger:***<br>*Kraftwerke Laufenburg, Donaueschingen* | ***Rahmenanteil Solarwandsystem:***<br>*ca. 13 Prozent* |
| ***Architektur:***<br>*Büro Ludszuweit und Hölzenbein, Donaueschingen* | ***k-Wert Solarwandsystem:***<br>*Verschattung geöffnet:*<br>*0,69 W/m²K*<br>*Verschattung geschlossen:*<br>*0,57 W/m²K* |
| ***Thermische Simulation:***<br>*Fraunhofer-Institut für Solare Energiesysteme, Freiburg* | |
| ***Meßauswertungen:***<br>*Fachhochschule für Technik, Stuttgart* | ***g-diffus-Wert Solarwandsystem:***<br>*53 %* |
| ***Wohnfläche:***<br>*6 x 155 m² = 930 m²* | ***Energieeinsparung Solarwand gegenüber benachbarter, opak gedämmter Wand (k = 0,19 W/m²K),:***<br>*70 . . . 90 kWh/m²a*<br>*(Abschätzung, bezogen auf TWD-Fläche)* |
| ***Oberflächen-/Volumenverhältnis:***<br>*0,51* | |
| ***Anzahl Wohnungen:***<br>*6 Einfamilien-Reihenhäuser,*<br>*2 Einliegerwohnungen, 1 Büro* | ***Kosten Solarwandsystem:***<br>*ca. 1250 DM/m²* |
| ***Bauteilkennwerte:***<br>***Außenwand:***<br>*Kalksandstein, vorgehängte hinterlüftete Fassade, k-Wert:*<br>*0,19 W/m²K* | ***Differenzkosten Solarwandsystem gegenüber opak gedämmter Wand (k = 0,19 W/m²K):***<br>*ca. 900 DM/m² (Schätzung)* |
| ***Außenfenster:***<br>*Wärmeschutzverglasung,*<br>*k-Wert 1,3 W/m²K* | ***Weitere passive Solarsysteme:***<br>*Südorientierter, zentraler Wintergarten in jedem Haus* |
| ***Dach:***<br>*Steildach, Ziegeldeckung, Wärmedämmung zwischen und über Sparren, k-Wert*<br>*0,14 W/m²K* | ***Heizenergieverbrauch des Gebäudes berechnet:***<br>*47 kWh/m²a (bezogen auf Wohnfläche)* |
| ***Bodenfläche:***<br>*k-Wert 0,26 W/m²K* | ***Heizenergieverbrauch des Gebäudes gemessen:***<br>*40 kWh/m²a (Erster Beobachtungszeitraum)*<br>*Unter 40 kWh/m²a (Tendenzaussage für längeren Beobachtungszeitraum)* |
| ***Heizung:***<br>*Zentralheizung mit Gasbrennwertkessel, 34 kW* | |
| ***Lüftung:***<br>*Mechanische Be- und Entlüftung mit Lüftungswärmerückgewinnung, wahlweise natürliche Lüftung* | ***Sonstiges:***<br>*– Einsatz natürlicher und naturnaher Materialien*<br>*– Regenwassernutzung*<br>*– Wasserspararmaturen*<br>*– Getrennte Müllerfassung* |
| ***Brauchwassererwärmung:***<br>*16 m² Solarkollektoren auf Süddach, Nachheizung über Brennwertkessel* | |
| ***TWD-Systeme:***<br>*6 x 20 m² = 120 m² Solarwand, südorientiert* | |

drei unterschiedlichen Teilbereichen dieser Siedlung wurden Hausgruppen mit jeweils spezifischen Konzepten realisiert: Erdhügel-Häuser, Holzblock-Häuser und Niedrigenergie-Reihenhäuser mit TWD-Fassaden. Die sechs zweigeschossigen TWD-Reihenhäuser sind in konsequenter Nord-Süd-Ausrichtung zu einer Kette aufgereiht [3-3]. Dadurch verringert sich die Außenoberfläche und die Südseite wird verschattungsfrei für Solarsysteme nutzbar. Die Gesamtanlage wird durch einen zentralen Zugangsweg von Süden her erschlossen. Alle Eingänge liegen auf der Nordseite. Durch die Hangsituation entsteht eine halbgeschossige Erschließung. Das Untergeschoß kann zur Eingangsseite als Einliegerwohnung (Eckhäuser) oder Büro genutzt werden. Weit vorgelagerte Carports bilden einen Sichtschutz zwischen Erschließungsstraße und privaten Gärten.

Im Unterschied zu üblichen Reihenhauskonzepten wurden eher breite Grundrißzuschnitte gewählt. Die dadurch entstehende lange, solarexponierte Südfassade ist komplett als Sonnenfalle konzipiert und besteht aus TWD-Solarwandsystemen mit einem zentralen Wintergarten für jedes Haus. Der Wintergarten geht über beide Etagen und besitzt ein Glasdach. Die Wohnräume sind zum Wintergarten orientiert, so daß sich eine Art Atriumsituation ergibt. Wintergarten und dahinterliegende Treppe gliedern den Grundriß in jeweils vier gleichwertige Teilbereiche. Nur Küche und Bad sind aufgrund der Leitungsführung räumlich fixiert. Die anderen Bereiche können entsprechend den individuellen Bedürfnissen organisiert und genutzt werden. Etwas ungewöhnlich ist die weitgehende Belichtung der südorientierten Räume über den Wintergarten. Nur ein schmales Fenster neben der TWD-Speicherwand ermöglicht den direkten Sichtbezug nach draußen.

#### Konstruktion

Die Gebäude wurden in schwerer Bauweise errichtet. Sämtliche Außenwände bestehen aus Kalksandsteinmauerwerk, die Geschoßdecken sind in Stahlbeton ausgeführt. Nach Norden, Osten und Westen erhielt die massive Außenwand eine vorgehängte, hinterlüftete Fassade mit einer Bekleidung aus zementgebundenen Spanplatten. Die Südseite wurde im massiven Bereich komplett mit einer TWD-Fassade versehen. Durch ihre filigrane Ausbildung und die andere Teilung hebt sich die Stahlkonstruktion des eingezogenen Wintergartens von der TWD-Fassade ab. Fenster und Wintergarten wurden mit Wärmeschutzverglasungen mit einem k-Wert von 1,3 W/m²K ausgestattet. Die Dachkonstruktion besteht aus einem Holztragwerk. Durch die hocheffiziente Dämmung konnte der Dach-k-Wert auf 0,14 W/m²K gesenkt werden.

*Abbildung 3-**19***: *Südfassade der Reihenhäuser mit zentralem, zweigeschossigen Wintergarten und beidseitig flankierender TWD-Solarwand*

*Abbildung 3-**20***: *Blick auf einen Wintergarten. Zunächst schließt links und rechts das schmale Südfenster der südorientierten Wohnräume an. Daran grenzen die großflächigen Module der TWD-Fassade.*

*Abbildung 3-21: Nordseite mit vorgehängter, hinterlüfteter Fassade. Die Bekleidung besteht aus lackierten, zementgebunden Spanplatten zwischen Holzrahmen.*

*Abbildung 3-22: Blick vom Innenraum zur Rückfront des Wintergartens*

## Energiekonzept

Das Energiekonzept der Wohnanlage besteht aus sorgfältig aufeinander abgestimmten Einzelkomponenten. Durch die hochgedämmte Gebäudehülle und den kompakten Baukörper werden äußerst geringe Transmissionswärmeverluste erreicht. Eine mechanische Lüftungsanlage mit Wärmerückgewinnung reduziert die Lüftungswärmeverluste. Der eingezogene Wintergarten und die TWD-Solarwand ermöglichen hohe Solargewinne, die sich – tageszeitlich versetzt – ergänzen. Der Wintergarten ist weder beheizt noch verschattet. Im Sommer sorgen die kaminartige Ausformung und zwei große Öffnungsflügel im Dach für eine natürliche Klimatisierung.

Die TWD-Fassade liegt jeweils links und rechts vom mittig angeordneten Wintergarten. Jedes Haus besitzt 20 m² transparente Wärmedämmung, die Gesamtfläche beträgt also 120 m². Als Fassadenkonstruktion wird ein Aluminium-Pfosten-Riegel-System eingesetzt, in das die TWD-Stufenfalzpaneele mit thermisch getrenntem Aluminium-Randverbund eingebaut sind. Verschattet wird, wie im Haus Hausladen, mit paneelintegrierten Kammerplisseestores, die auch zur nächtlichen Wärmeschutzverbesserung eingesetzt werden können. Die Verschattungssteuerung erfolgt automatisch, geschoßweise für jedes Haus. Um den Druckausgleich bei Erwärmung der Paneele zu ermöglichen, sind Ventilationsöffnungen mit Filterpatronen in den Rahmenprofilen angeordnet. Die Kosten für die TWD-Fassade lagen aufgrund der komplexen Fassadenkonstruktion recht hoch, es werden 1250,– DM/m² angegeben. Auch hier finden wir also wieder keine betriebswirtschaftlich nachzuweisende Wirtschaftlichkeit, sondern begreifen TWD als demonstratives Element, das die konzeptionelle und entwerferische Thematik »Solararchitektur« unterstreicht.

## Haustechnik

Für die Beheizung aller sechs Gebäude wird eine nur 34 kW leistende Gas-Brennwertanlage eingesetzt, die zentral zwischen den beiden Dreierblocks im Dachraum angeordnet ist. Geringe Wassermengen im Verteilsystem und eine optimierte Zirkulation verbessern die Jahresenergiebilanz.

Eine 16 m² große Flachkollektoranlage auf dem Dach über der Heizzentrale übernimmt die Vorwärmung des Brauchwarmwassers. Der solare Deckungsgrad liegt bei 60 %. Die Nachwärmung erfolgt konventionell durch den Heizkessel.

Gelüftet wird wahlweise über freie Lüftung oder – bei tiefen Außentemperaturen – über eine mechanische Lüftungsanlage mit Wärmerückgewinnung.

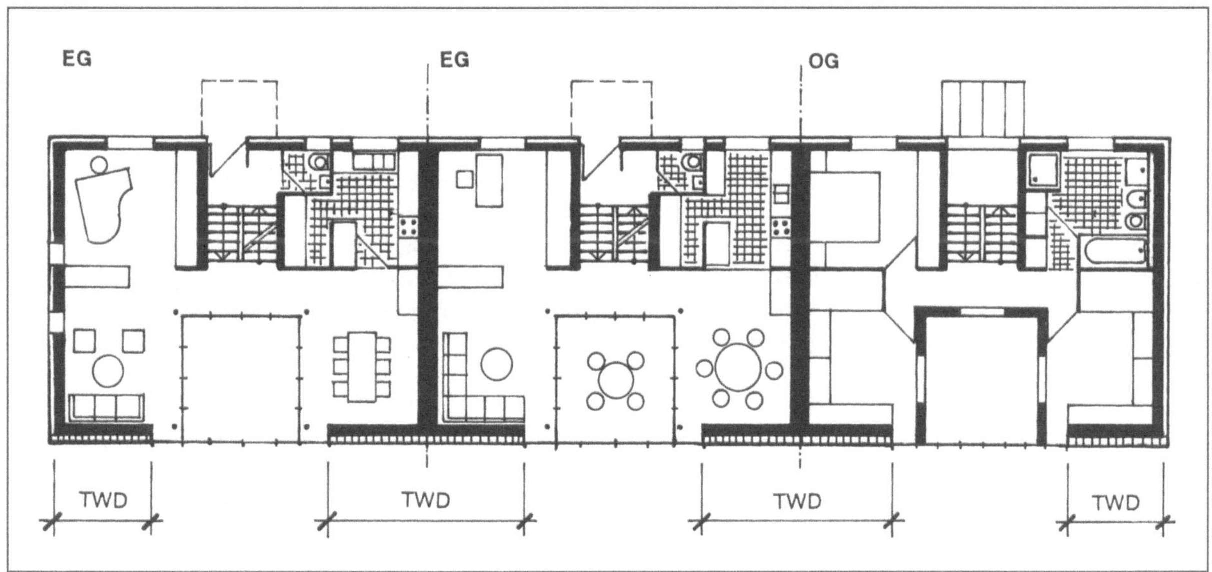

*Abbildung 3-23: EG- und OG-Grundriß einer Hälfte der sechs Reihenhäuser umfassenden Hauszeile*

Die Summe aller baukonstruktiven und haustechnischen Maßnahmen ergibt ein schlüssiges energetisches Gesamtkonzept, das sehr niedrige Verbrauchswerte erwarten läßt. Erste Meßauswertungen ergaben einen spezifischen Heizenergiebedarf von 40 kWh/m²a. Es zeichnet sich ab, daß dieser Wert über längere Meßzeiträume sogar noch unterschritten wird.

## Bewertung

Durch den freien, symmetrischen Grundriß der Gebäude ergeben sich individuelle Nutzungsmöglichkeiten. Der Einsatz solarer Energiegewinnsysteme in einem abgestimmten Gesamtkonzept ermöglicht eine hohe Effektivität bei insgesamt akzeptablen Mehrkosten. Das äußere Erscheinungsbild der Hauszeile wird im Norden von den Holzrahmen der Dämmhaut mit ihrer Ausfachung aus graublauen Bekleidungsplatten geprägt. Die Südfassade mit ihrem gestalterisch gelungenen Wechsel zwischen großformatiger TWD-Fassade und feinprofilierter Wintergarten-Verglasung wirkt technisch orientiert und repräsentativ. Sie zeigt, was sie ist, eine Maschine zur Energiesammlung, ein solares Kraftwerk. Alles in allem ist es den Architekten gelungen, ihre Ziele und Vorstellungen in energetischer und ökologischer Hinsicht nicht nur umzusetzen, sondern auch visuell kraftvoll zu vermitteln.

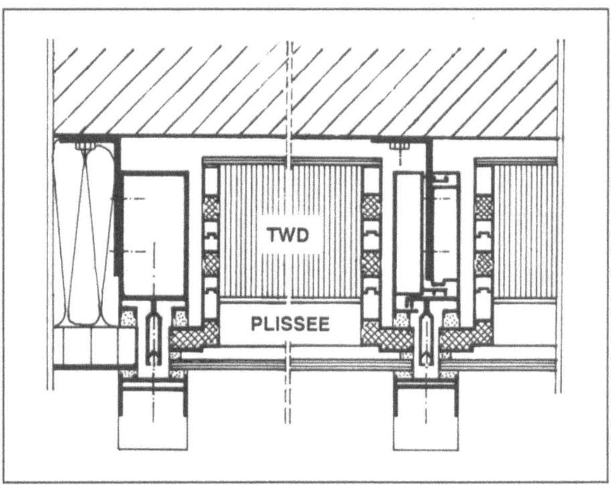



*Abbildung 3-24: Horizontalschnitt durch die TWD-Fassade mit Verschattung durch Kammerplissee-Stores*

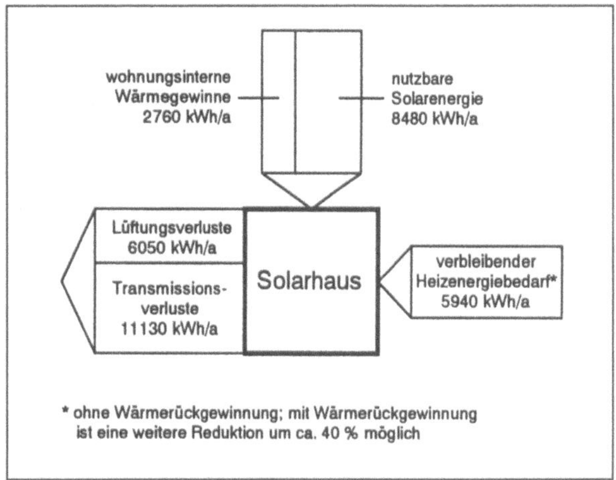



*Abbildung 3-25: Energieflußdiagramm eines Mittelhauses (berechnete Werte)*

## 3.5  Schule, Werkstätten: Gewerbeschule Karlsruhe-Durlach

### Lage und Nutzung

Der Neubau der Gewerbeschule Karlsruhe-Durlach liegt am Ortsrand von Durlach und sollte ursprünglich an die vorhandene Nachbarbebauung anschließen [3-4]. Als man bei den Erdarbeiten auf die Ruine einer römischen »villa rustica« stieß, wurden die Bauarbeiten zunächst eingestellt. Aufgrund seiner Bedeutung sollte der archäo-

logische Fund erhalten bleiben und man entschied sich, den Schulneubau um 40 Meter nach Osten zu verschieben. Das Abrücken von der Nachbarbebauung bringt eine Solitärwirkung des Baukörpers mit sich. Wer sich von der Schnellstraße nähert, nimmt zunächst zwei scheinbar schwebende, aufgesetzte Riegel wahr, die sich im rechten Winkel fast bis zum Straßenraum vorschieben. Die Giebel und inneren Längsseiten der Riegel sind mit Holzlamellen verkleidet, welche der Fassade einen halbtransparenten Charakter verleihen. Durch den Sonnenschutz aus Aluminiumjalousien wird diese Lamellenstruktur noch akzentuiert. Die beiden Riegel liegen auf einem breit gelagerten, quadratischen Sockelgeschoß, das Werkstätten und Übungsräume beherbergt. Drei quadratische Atriumhöfe sorgen für gute Belichtung. Über diesem »Werkstattsockel« erheben sich die beiden parallelen Gebäuderiegel. In der Eingangsebene, die man von der Straße her über einen stählernen Steg betritt, sind die Verwaltung, Bibliothek sowie Konferenz- und Magazinräume untergebracht. In den etwas auskragenden Obergeschossen befinden sich die Klassenräume. Das Zentrum des Hauses ist die dreigeschossige, rundum verglaste Halle zwischen den Riegeln. Das zweigeteilte Erdgeschoß und die beiden aufgesetzten Klassentrakte werden durch Stege und Brücken miteinander verbunden. Sie spannen als leichte, fragile Bänder über den Luftraum der Halle.

### Konstruktion

Als Konsequenz des additiven Entwurfsprinzips ändert sich die Materialität des Gebäudes mit jedem Geschoß. In den ebenerdig gelegenen Werkstätten unterhalb des Eingangsniveaus herrscht roher Sichtbeton vor, der eine etwas ruppige Atmosphäre schafft. Die Klassentrakte hingegen sind als reine Stahlbauten konzipiert, eingefaßt mit Holz und Glas. Für alle Verglasungen wurde Wärmeschutzglas mit k = 1,8 W/m²K eingesetzt.

### Energiekonzept

Aus energietechnischer Sicht handelt es sich bei der Gewerbeschule Karlsruhe-Durlach um ein konventionelles Projekt mit durchschnittlichem bis gutem Wärmeschutzstandard, üblicher Heizungsanlage und – aus Nutzungsgünden – teilweise hohen Luftwechseln. Eine Besonderheit ist jedoch die 180 m² große TWD-Fassade an der Südseite des Werkstattbereiches, welche in diesem Fall weniger zur Heizenergieeinsparung als zur Tageslichtnutzung eingesetzt wird. Eine Speicherwand ist nicht vorhanden, die Fassade wurde als Direktgewinnsystem ausgebildet und verteilt das Licht gleichmäßig in den etwa 10 m tiefen Arbeitsräumen. Die massive Primärkonstruktion des Gebäudes verbessert die Ausnutzbarkeit solarer Gewinne. Eine aufwendige, gestalterisch reizvolle Verschattungs-

---

**Datenblatt Gewerbeschule, Karlsruhe Durlach**
Berufsfachschule für angehende Fleischer, Bäcker, Zahntechniker, Metallarbeiter und Modellbauer

*Fertigstellung:*
*1994*

*Gebäudestandort:*
*Grötzinger Straße, Karlsruhe Durlach*

*Bauherr:*
*Stadt Karlsruhe, städtisches Hochbauamt*

*Architektur:*
*Mahler, Gumpp, Schuster, Stuttgart*
*Projektleiter: Armin Günster*

*Tragwerksplanung:*
*Walter Schneider, Karlsruhe*

*Haustechnik:*
*Gent und Sütterlin, Karlsruhe*

*Nettonutzfläche:*
*11.480 m²*

*Oberflächen-/Volumenverhältnis:*
*0,467*

*Bauteilkennwerte:*
*Außenwand:*
*– Betonplatte mit Wärmedämmverbundsystem,*
  *k = 0,36 W/m²K;*
*– Gedämmte Paneele in Pfosten-Riegelfassade, k = 0,46 bis*
  *0,6 W/m²K*

*Außenfenster:*
*Wärmeschutzverglasung,*
*k = 1,8 W/m²K*

*Dach:*
*– Massives Flachdach über UG und EG, Warmdachaufbau,*
  *k = 0,30 W/m²K*
*– Stahlkonstruktion mit Wärmedämmung und Blechdeckung,*
  *k = 0,30 W/m²K*

*Gründung:*
*– Wärmegedämmter Estrich über Bodenplatte,*
  *k = 0,33 W/m²K*

*Heizung:*
*Zentralheizung mit Gasbrennwert- und Gasniedertemperaturkessel, Wärmeleistung 605 kW, Wärmeabgabe über Heizkörper und Fußbodenheizung*

*Lüftung:*
*Zentrale Lüftungsanlage mit Wärmerückgewinnung und nach Nutzungsbereich differenzierten*

*Funktionen. Teilweise Klimatisierung, teilweise Be- und Entlüftung, teilweise Entlüftung, teilweise keine Lüftungsanlage.*

*Brauchwassererwärmung:*
*Über Heizkessel*

*TWD-System:*
*180 m² Direktgewinnsystem, südorientiert*

*Aufbau Direktgewinnsystem, von außen nach innen:*
*Verschattung durch außenliegende, drehbare Aluminiumlamellen*
*Floatglas 5 mm*
*Glasvlieseinlage*
*Floatglas 4 mm*
*Luftspalt, 8 mm*
*PMMA-Kapillarplatte, 56 mm*
*Glasvlieseinlage*
*Einscheibensicherheitsglas,*
*6 mm*

*Rahmenanteil:*
*ca. 10 %*

*k-Wert Direktgewinnsystem:*
*1,0 W/m²K*

*g-diffus-Wert Direktgewinnsystem:*
*ca. 50 %*

*Energieeinsparung gegenüber wärmeschutzverglaster Fassade (k = 1,3 W/m²K)*
*– Wärmeeinsparung: keine zusätzliche Wärmeeinsparung; etwas besserer k-Wert, dafür etwas schlechterer g-Wert durch die Glasvlieseinlagen*
*– Beleuchtungsstromeinsparung: vorhanden, aber nicht quantifiziert*

*Kosten Direktgewinnsystem:*
*ca. 3.000 DM/m²*
*zusammengesetzt aus:*
*800 DM/m² Metall-Pfosten-Riegelkonstruktion*
*900 DM/m² TWD-Paneele*
*1.300 DM/m² Verschattung*

*Differenzkosten gegenüber wärmeschutzverglaster Fassade:*
*700 DM/m²*

*Heizenergieverbrauch gemessen:*
*keine Angaben*

Abbildung 3-**26**: Südansicht mit TWD-Direktgewinnfassade im Sockelgeschoß, darüber die Riegel der Klassentrakte

Abbildung 3-**27**: Ansicht vom Eingangsbereich. Gut erkennbar die zentrale, glasgedeckte Halle und die Halbtransparenz der mit Holzlamellen bekleideten Giebelflächen

*Abbildung 3-28: Blick auf die TWD-Fassade von außen. Das oberste Fassadenfeld, die Türen und die Lüftungslamellen sind klar verglast. Die Verschattung aus drehbaren Aluminiumlamellen wird elektronisch gesteuert.*

*Abbildung 3-29: Blick von innen auf die TWD-Direktgewinn-fassade im Werkstattbereich. Die transparente Wärmedämmung wird hier hauptsächlich zur verbesserten Tageslicht-Ausleuchtung der zehn Meter tiefen Räume eingesetzt.*

anlage aus drehbaren Aluminiumlamellen dient zur Regelung der solaren Einstrahlung. Die TWD-Paneele besitzen eine Gesamtdicke von 56 mm und sind mit einer doppelten Glasvlieseinlage zur Blendungsreduktion und zur optischen Angleichung der Kapillarplattenstöße ausgestattet. Dadurch sinken die g-Werte stark ab, so daß gegenüber einer konventionellen Wärmeschutzverglasung kaum zusätzliche solare Wärmegewinne zu erwarten sind. Eingebaut wurden die Paneele in eine Pfosten-Riegel-Konstruktion aus Stahlprofilen. Das oberste der vier Fassadenfelder erhielt eine Wärmeschutzverglasung, ebenso wie der vordere Dachbereich. In der Dachverglasung sind verspiegelte Aluminiumlamellen (Okasolar) als Verschattung eingebaut. Durch die drei unterschiedlichen »Verglasungsarten« TWD, Klarglas und Lamellenverglasung entsteht ein spannendes Spiel zwischen direktem und diffusem Licht.

Haustechnik

Die Heizungsanlage wurde als Zweirohr-Pumpenwarmwasserheizung 70/50 °C ausgelegt. Die Wärmeversorgung erfolgt durch zwei gasbefeuerte Heizkessel, welche auch die Warmwasserbereitung übernehmen. Der Hauptkessel ist ein Brennwertkessel, der zweite ein Niedertemperatur-Gußkessel. Insgesamt beträgt die installierte Wärmeleistung 605 kW. Die Wärme wird teilweise über Heizkörper, teilweise über eine Fußbodenheizung an die Räume abgegeben.

Entsprechend den unterschiedlichen Nutzungen wurde das Lüftungssystem sehr differenziert ausgebildet. Bereiche, wo verderbliche Waren gehandhabt werden (z. B. Konditorei und Fleischbearbeitung), wurden mit Teilklimatisierung ausgestattet. In Bereichen mit hoher Luftbelastung installierte man wirksame Be- und Entlüftungsanlagen (z. B. Schweißerei, Härterei, Kunststoff- und Holzbearbeitung). Innenliegende Räume wie Umklei-

*Abbildung 3-**30**: Zentrale Halle zwischen den Klassenräumen mit Glasdach, galerieartigen Erschließungsgängen, Verbindungsstegen und Treppenanlage*

deräume, Kühlräume, Toiletten erhielten reine Abluftanlagen. Außenluftansaugung und Ausblasung der Fortluft erfolgen für alle Teilanlagen gemeinsam in der Technikzentrale. In den Fortluftstrom ist eine Wärmerückgewinnungsanlage zur Zuluftvorwärmung integriert.

Bewertung

Die transparente Wärmedämmung an der Werkbereich-Südfassade ermöglicht eine optimale Tageslichtnutzung in den dahinterliegenden Räumen. Von Nutzerseite wird die Lichtqualität und gleichmäßige Raumausleuchtung sehr positiv bewertet. Gegenüber einer konventionellen Wärmeschutzverglasung lassen sich allerdings keine Wärmegewinne erzielen, dazu sind die Paneel-g-Werte zu niedrig. Die Befürchung von vor Blendungseffekten beim TWD-Direktgewinneinsatz über die ganze Raumhöhe war der Hauptgrund für die transmissionsmindern-

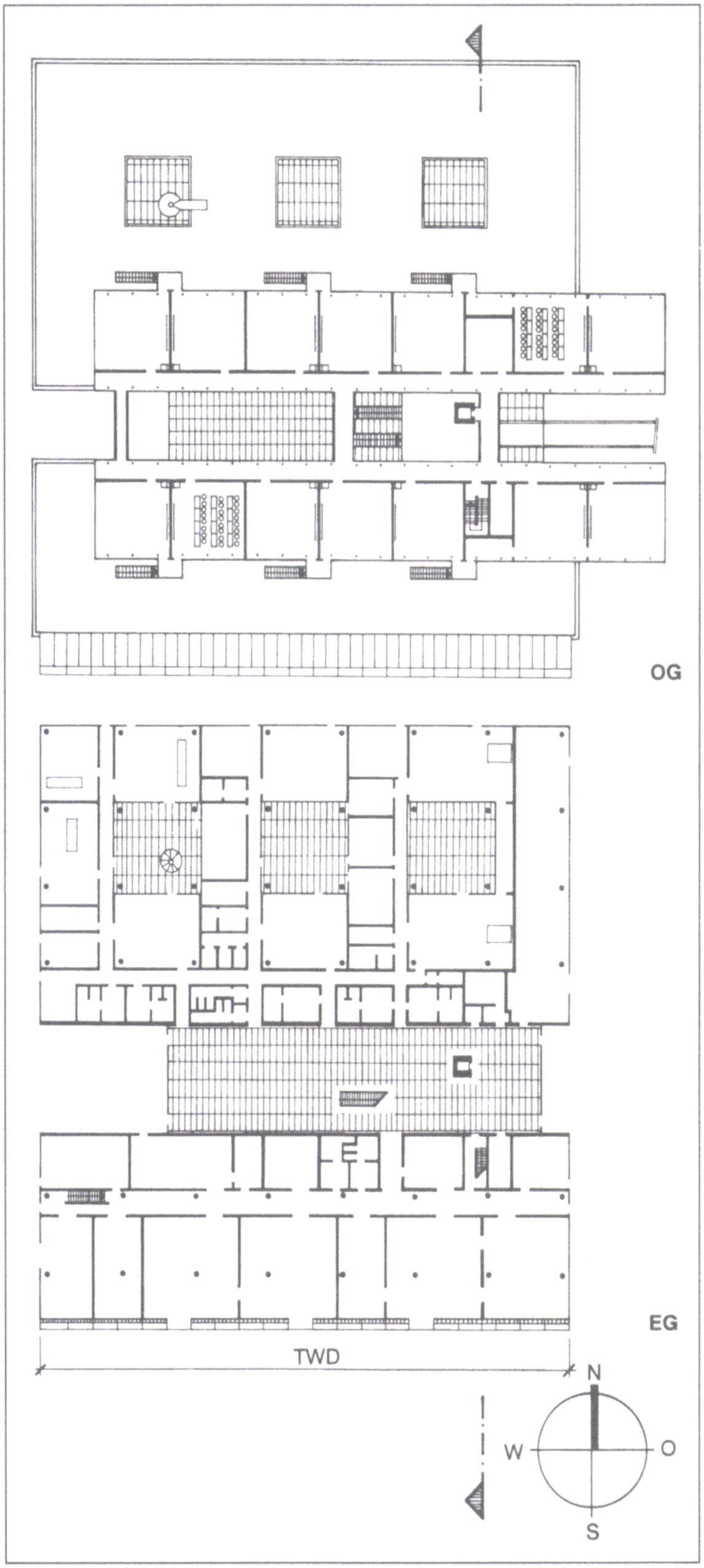

*Abbildung 3-**31**: Grundriß Sockelgeschoß und Obergeschoß*

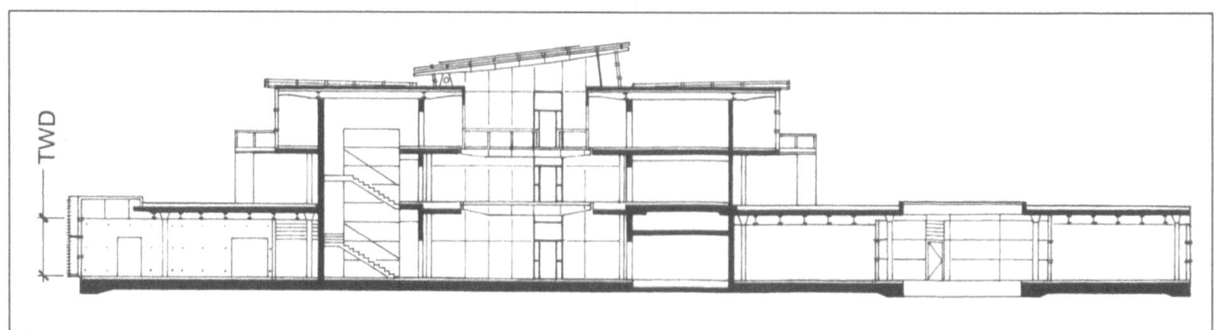

*Abbildung 3-**32**: Querschnitt durch das Gebäude*

den Glasvlieseinlagen, obwohl man dieses Problem durch die außenliegende Verschattung hätte lösen können.

Die Schule dient in unserem thematischen Zusammenhang denn auch weniger als energetisch-funktionales Vorzeigebeispiel, sondern soll vor allem aufzeigen, wie gut eine TWD-Fassade in eine sachliche Architektursprache einzubetten ist, die in ihrer Materialwahl und ihren Proportionen hohen Ansprüchen genügt. Mit anderen Worten beweist sie eindrucksvoll, daß man mit TWD »Architektur« machen kann.

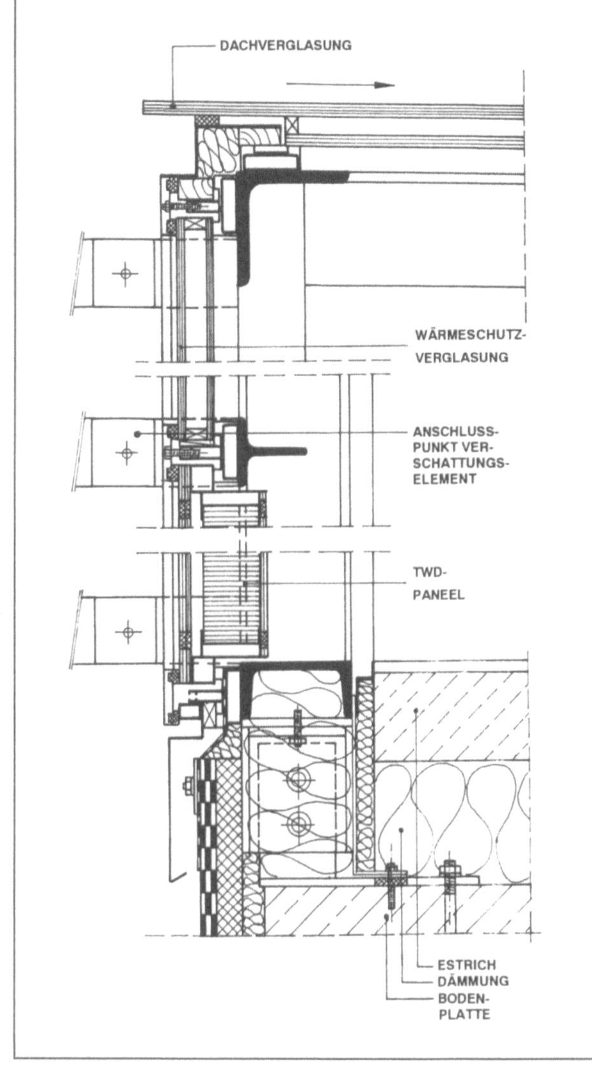


*Abbildung 3-**33**: Vertikalschnitt durch die TWD-Fassade*

## 3.6 Büros, Produktion: Technologiezentrum Coburg

### Lage und Nutzung

Das Technologiezentrum Coburg liegt in einem Industriegebiet am nördlichen Stadtrand von Coburg [3-5]. Es entstand im Auftrag der örtlichen Wirtschaftsförderungsgesellschaft als Gründerzentrum für Jungunternehmen im Schwerpunktbereich »Neue Technologien«. Zielsetzung des Bauherrn ist vor allem der Technologietransfer zwischen der Fachhochschule Coburg, den Jungunternehmen und regionalen Wirtschaftsunternehmen, sowie die Vermittlung von Kontakten zu Forschungs-, Entwicklungs- und Beratungsunternehmen. Dementsprechend sollte auch die Fassadengestaltung den innovativen Charakter des Zentrums optisch wiedergeben.

Für das Technologiezentrum wurde kein Neubau errichtet, sondern eine bestehende Lagerhalle und das zugehörige Bürogebäude umgestaltet. Nähert man sich dem Gebäude, so glaubt man auf den ersten Blick kaum, daß es sich um eine Bestandsmodernisierung handelt. Die alte Lagerhalle wurde bis auf das Stahlskelett demontiert und anschließend mit einer neuen Hülle versehen. An der ostorientierten Längsseite befindet sich eine durchgehende TWD-Fassade als Direktgewinnsystem, in die auch die klar verglasten Fenster integriert sind. Vor der Westfassade wurde ein verglaster Erschließungsgang eingeplant, der nicht beheizt wird und als thermischer Pufferraum dient. Der massive Kopfbau, der sich zur Straße hin anschließt, ist vollflächig transparent gedämmt.

Genutzt wird das Technologiezentrum vom Forschungs- und Entwicklungszentrum Coburg, einem Architektur- und Ingenieurbüro, das sich mit der Umsetzung regenerativer Energietechniken befaßt und auch für die Architektur und Konzeption des Gebäudes verantwortlich zeichnet. Außerdem sind mehrere Softwarefirmen als Mieter vertreten. Im zentralen Eingangsbereich befinden sich, wie in Technologie- und Gründerzentren üblich, der Empfangs- und Sekretariatservice sowie diverse Besprechungsräume.

### Konstruktion

Im Längsbau blieb die primäre Stahltragstruktur erhalten. Sekundäre Tragglieder in der Fassade und im Innenbereich wurden in Parallam-Schichtholz ausgeführt (Parallam ist ein Holzwerkstoff aus gepreßten Schälfurnieren mit sehr hohen Festigkeitswerten). Die Füllung zwischen den Parallam-Profilen besteht aus TWD-Modulen und Verglasungen. Das Satteldach über der Stahl-Primärkonstruktion wurde als Pfettendach mit 22 cm Mineralfaserdämmung zwischen Sparren und Zinkblechdeckung ausgebildet. Die Bodenplatte erhielt eine Wärmedämmung von 4 cm Dicke und darüber einen schwimmenden Estrich. Jeweils in den

**Datenblatt TZ Coburg**
Technologiezentrum; Umbau eines bestehenden Gebäudes

| | |
|---|---|
| *Fertigstellung:*<br>1995 | *k-Wert Direktgewinnsystem:*<br>0,87 W/m²K |
| *Gebäudestandort:*<br>Friedrich-Rückert-Straße, Coburg | *g-diffus-Wert Direktgewinnsystem:*<br>46 % |
| *Bauherr:*<br>Wirtschaftsförderungsgesellschaft der Stadt Coburg | *Energieeinsparung gegenüber wärmeschutzverglaster Fassade (k = 1,6 W/m²K)*<br>– Wärme: ca. 50 kWh/m²a<br>– Beleuchtungsstromeinsparung: vorhanden, aber nicht quantifiziert |
| *Architektur und Haustechnik:*<br>FEZ – Forschungs- und Entwicklungszentrum Coburg, Prof. V. Dingeldein | *Kosten Direktgewinnsystem:*<br>keine Angaben |
| *Nettonutzfläche:*<br>1.261 m² | *Aufbau Solarwandsystem, von außen nach innen:*<br>VSG-Deckscheibe 8 mm<br>Luftspalt 40 mm, belüftet<br>Floatglas 5 mm<br>Polycarbonat Wabenstruktur 80 mm oder Glasröhrchen 80 mm<br>Floatglas 5 mm<br>Luftspalt, 70 mm, durchströmt<br>Absorberanstrich<br>Massivwand Leichtbeton-Hohlblocksteine, 30 cm<br>Die Polycarbonat-Wabenstruktur ist beidseitig mit einem Glasfaservlies belegt. |
| *Oberflächen-/Volumenverhältnis:*<br>0,58 | |
| *Bauteilkennwerte: Außenwand:*<br>Nur TWD und Verglasungen in der Fassade | |
| *Fenster, Verglasungen:*<br>Wärmeschutzverglasung, k = 1,6 W/m²K | |
| *Dach:*<br>Pfettendach mit 22 cm Dämmung zwischen Sparren und Zinkblechdeckung, k = 0,19 W/m²K | *Tragkonstruktion:*<br>Parallam-Pfosten-Riegel-Fassade |
| *Gründung:*<br>Wärmegedämmter Estrich (4 cm Perliteschüttung) über 18 cm Bodenplatte, k = 0,49 W/m²K | *Keine Verschattung* |
| | *Rahmenanteil:*<br>ca. 10 % |
| *Heizung:*<br>Zentralheizung mit örtlichen Heizflächen, Gasbrennwertkessel, Wärmeleistung 80 kW | *k-Wert Solarwandsystem mit Kunststoffwaben-TWD:*<br>0,68 W/m²K |
| *Lüftung:*<br>Dezentrale mechanische Be- und Entlüftung mit Wärmerückgewinnung, teilweise kombiniert mit Frischluftvorwärmung im Luftspalt der TWD-Solarwand | *g-diffus-Wert mit Kunststoffwaben-TWD:*<br>46 % |
| *Brauchwassererwärmung:*<br>Über Heizkessel | *Energieeinsparung gegenüber opak gedämmter Wand mit k = 0,4 W/m²K:*<br>ca. 70 kWh/m²a<br>(bezogen auf TWD-Fläche) |
| *TWD-Systeme:*<br>Direktgewinnsystem 102 m² (Ostfassade Halle)<br>Solarwand 151 m² (Ost-, Süd- und Westfassade Kopfbau) | *k-Wert Solarwandsystem mit Glas-TWD:*<br>0,70 W/m²K |
| *Aufbau Direktgewinnsystem, von außen nach innen:*<br>VSG-Deckscheibe 8 mm<br>Luftspalt 40 mm, belüftet<br>Floatglas 5 mm<br>Glasfaservlies<br>Polycarbonat Wabenstruktur 80 mm<br>Glasfaservlies<br>Floatglas 5 mm | *g-diffus-Wert mit Glas-TWD:*<br>67 % |
| *Tragkonstruktion:*<br>Parallam-Pfosten-Riegel-Fassade | *Energieeinsparung gegenüber opak gedämmter Wand mit k = 0,4 W/m²K:*<br>ca. 80 kWh/m²a<br>(bezogen auf TWD-Fläche) |
| *Keine Verschattung* | *Kosten Solarwandsystem mit Kunststoffwaben-TWD:*<br>keine Angaben |
| *Rahmenanteil:*<br>ca. 10 % | *Kosten Solarwandsystem mit Glas-TWD:*<br>keine Angaben |
| | *Heizenergieverbrauch des Gebäudes berechnet:*<br>50 kWh/m²a (bezogen auf Nutzfläche) |

Achsen der Primärkonstruktion lassen sich leichte, später versetzbare Wandschotten einfügen, so daß die Grundrisse veränderbar bleiben; für die effiziente Nutzung als Technologiezentrum mit Mieterwechseln, Vergrößerung von Firmen etc. eine wichtige Voraussetzung.

*Abbildung 3-**34**: Westansicht des Kopfbaus und Längsbaus mit vorgelagertem Erschließungsgang. Gut erkennbar am Kopfbau: Glasröhrchen-TWD (dunkel) über den Fenstern und Polycarbonatwaben-TWD (heller)*

Im Kopfbau wurde der Dachaufbau energetisch verbessert. Die Fassade erhielt eine neue, aus TWD-Modulen und Fenstern bestehende Außenhaut. Der Aufbau der Gründung wurde analog zum Längsbau verbessert.

Energiekonzept

Ein guter Wärmeschutz der gesamten Gebäudehülle bildet die Basis für ein Niedrigenergie-Bürogebäude. Die TWD-Tageslichtelemente an der Ostfassade des Längsbaus ermöglichen zusammen mit den Fenstern eine helle, lichtdurchflutete Raumatmosphäre. Über den TWD-Elementen wurden dezentrale Lüftungsgeräte mit Wärmerückgewinnung in die Fassade integriert, die für den notwendigen Frischluftbedarf sorgen.

Anders im Kopfbau. Hier wird die transparente Wärmedämmung als hybrides Solarwandsystem eingesetzt, die Module befinden sich vor der vorhandenen Massivwand. Wie in der Längsfassade sind über der TWD dezentrale Lüftungsgeräte mit Wärmerückgewinnung eingebaut, die in diesem Fall mehrfache Funktionen übernehmen: Im Sommer sind die Lüfter tagsüber im Abluft-

betrieb gesteuert und transportieren überschüssige Wärme aus dem Rauminneren über die Fassade nach außen. Durch das Ausblasen wird im Luftspalt zwischen TWD und Massivwand ein Unterdruck erzeugt, der die Warmluft aus der Fassade zieht und diese konvektiv kühlt. Frische Luft strömt in den Spalt durch Klappen, die sich an der Unterkante der TWD-Fassade befinden. Auf eine Verschattung der TWD-Elemente kann so verzichtet werden. Während der Sommernacht können die Lüfter als Zuluftventilatoren betrieben werden und ermöglichen durch das Einblasen kühler Nachtluft eine verbesserte konvektive Auskühlung der Gebäudespeichermassen.

Für den Winterfall gibt es mehrere alternative Betriebsweisen: Bei geringerer solarer Einstrahlung kann die Frischluft über die untere Klappe angesaugt und im Spalt zwischen TWD und Massivwand vorgewärmt werden. Ein im Lüfter integrierter Wärmetauscher entzieht der Abluft die Wärme und führt sie der solar vorerwärmten Frischluft zu. Der Restwärmebedarf wird über die Raumheizung abgedeckt.

Bei höherer Einstrahlung bleibt die obere Klappe des Luftspalts geschlossen. Der Wärmeeintrag der TWD-Fassade erfolgt zeitverzögert über die Massivwand. Die kalte Frischluft kann der Abluft im Wärmetauscher ein Maximum an Wärme entziehen. Auch Misch-Betriebsweisen in den Übergangszeiten sind denkbar, z. B. die Nutzung morgendlicher Solargewinne ohne Zeitverzögerung durch solare Zuluftvorwärmung und das mittägliche Umschalten auf »Solarwandbetrieb« um in den kühlen Abendstunden wieder solare Wärme aus der Speicherwand nutzen zu können.

Interessant auch die eingesetzten TWD-Materialien. Im Kopfbau wurden unter und über den Fenstern rund 60 m² Glas-TWD von Schott eingesetzt, erkennbar in den Abbildungen an der dunkleren Farbe, welche durch die hohe Transmission des Materials und damit das gute »Durchscheinen« der schwarzen Absorberfarbe bewirkt wird. Die übrigen Solarwandflächen wie auch alle Direktgewinnelemente sind mit dem Polycarbonat-Wabenmaterial von L.E.S bestückt, insgesamt etwa 190 m². Bei der Fassadenkonstruktion handelt es sich um eine Parallam-Pfo-

sten-Riegel-Konstruktion mit Aluminium-Deckleisten. Um Kondensationserscheinungen zu vermeiden, wurde nach außen eine doppelte Verglasung eingesetzt. Die g-Werte der TWD-Fassade liegen bei 46 % für die Polycarbonatwaben (mit zwei Glasvlieseinlagen zur optischen Vergleichmäßigung) und 67 % bei den Glasröhrchen.

Haustechnik

Die Beheizung des Technologiezentrums wird von einem Gasbrennwertkessel mit 80 kW Nennleistung übernommen. Der Heizenergieverbrauch des Gebäudes wurde vorab auf ca. 50 kWh/m²a berechnet.

Gelüftet wird über die in der Fassade liegenden dezentralen Lüftungsgeräte mit Wärmerückgewinnung, wie oben bereits angesprochen. Auf eine konventionelle Lüftungsanlage oder Klimatisierung kann verzichtet werden.

Bewertung

Das Technologiezentrum Coburg zeigt anschaulich, was bei Sanierungen oder Umbauten mit planerischem Know-how und Engagement erreichbar ist. Ein energiefressendes Allerweltsgebäude wurde in ein modernes Niedrigenergie-Büro verwandelt, mit interessantem Energiekonzept und hohem thermischen und visuellem Komfort. Ob sich der konstruktive und investive Aufwand für das TWD-Hybridsystem lohnt, werden die Auswertungen der Messungen zeigen. Für die Stadt Coburg und die im Technologiezentrum arbeitenden Unternehmen ist das Gebäude jedenfalls eine Visitenkarte in Richtung technische Kompetenz, Innovationsfreudigkeit und Umweltbewußtsein.

*Abbildung 3-**35**: Zuluftgitter unterhalb der TWD-Fassade*

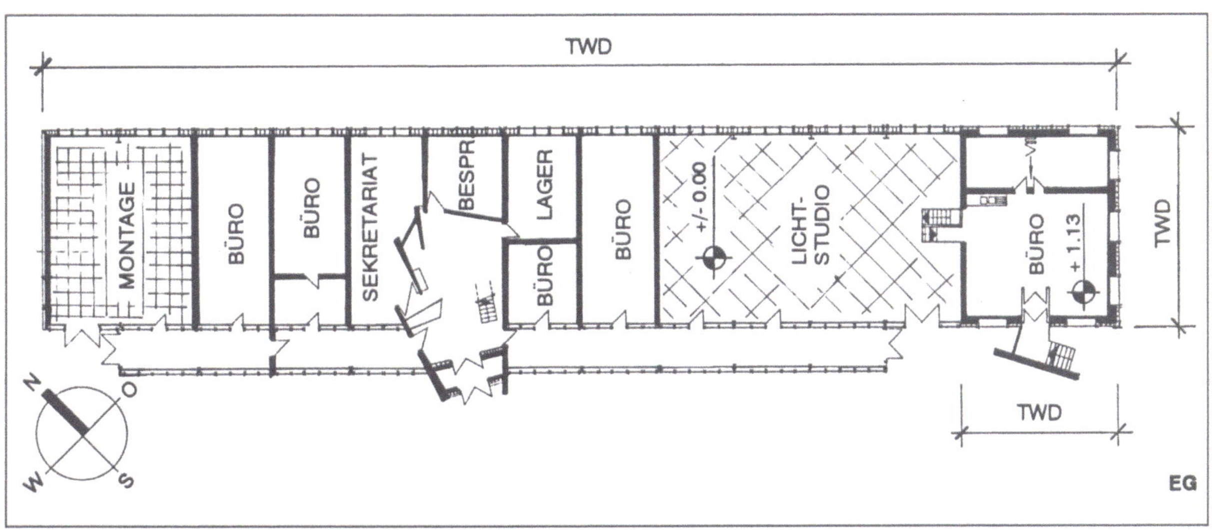


*Abbildung 3-**36**: Grundriß des Technologiezentrums Coburg*

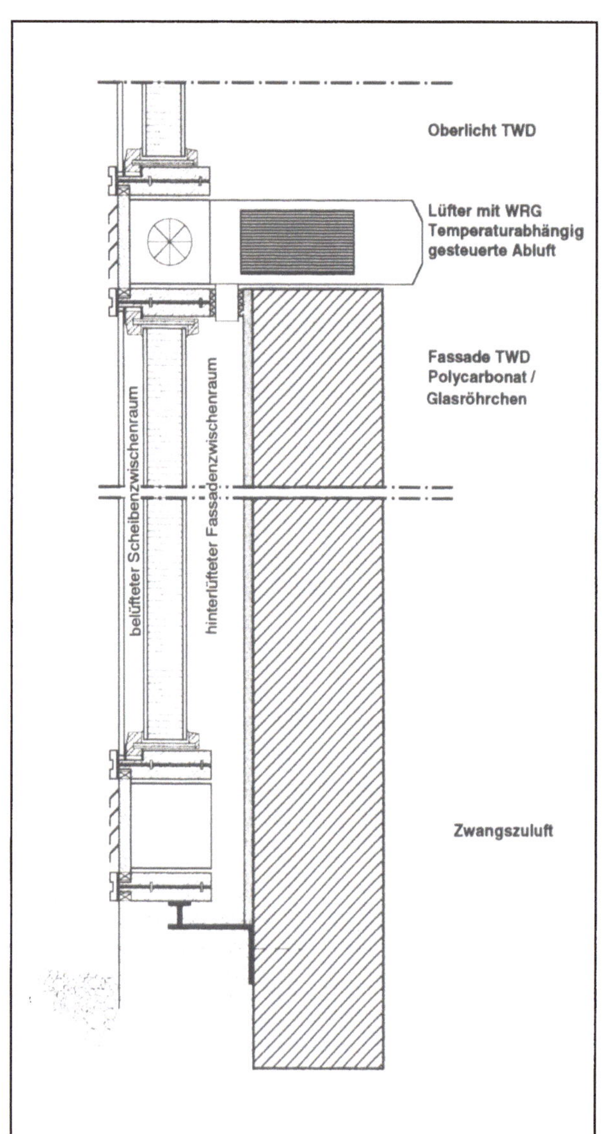


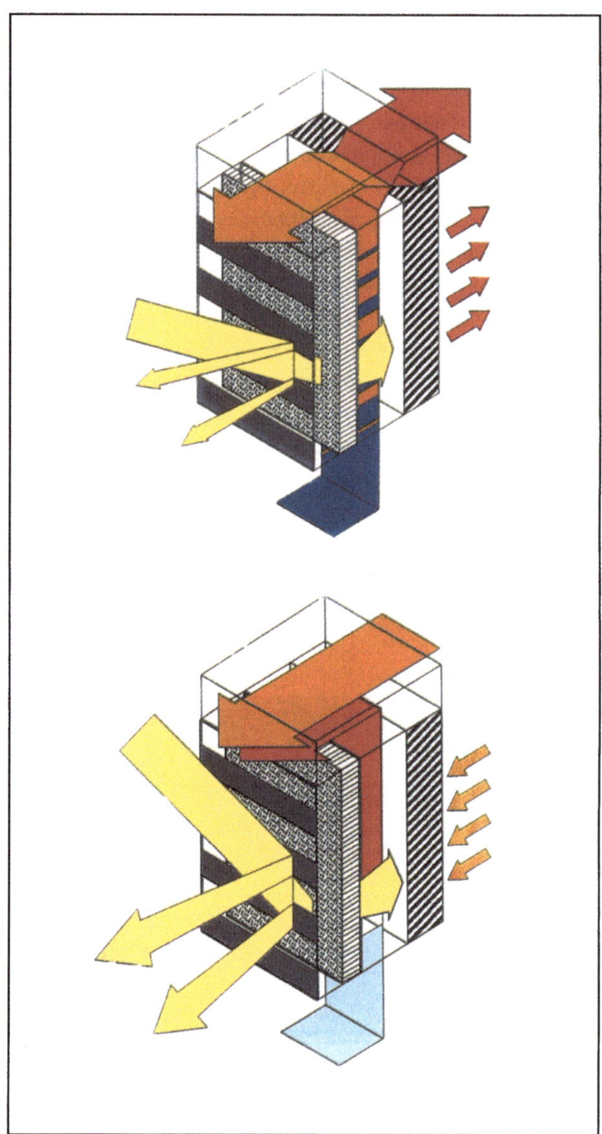

Abbildung 3-**37**: Vertikalschnitt durch die TWD-Hybridfassade

Abbildung 3-**38**: Funktionsprinzip der TWD-Hybridfassade. Im Winter (oben) wird die im Fassadenzwischenraum anfallende solare Energie direkt über das kontrollierte Lüftungssystem zur Raumheizung genutzt. Im Sommer (unten) wird erwärmte Luft mit der Raumluft nach außen geführt.

## 3.7 Industriearchitektur: Crew-Training-Complex, Köln

### Lage und Nutzung

Der Crew Training Complex wurde für das Einsatztraining der europäischen Astronauten errichtet, die Anlage wird von der Deutschen Forschungsanstalt für Luft- und Raumfahrt (DLR) in Köln-Porz betrieben [3-6]. Der Komplex besteht aus zwei großen Hallenbauten, einer dazwischenliegenden Servicezeile und einem angegliederten Bürogebäude. Zentraler Bestandteil der Anlage ist die sogenannte NB-Halle (NB = Neutral Buoyancy), in der sich ein 17 mal 22 Meter großes Tauchbecken mit zehn Meter Tiefe befindet.

Auf dem Beckenboden werden 1:1-Modelle von Raumfahrzeugen, sogenannte Mockups, aufgestellt. Die Astronauten, deren Raumanzüge exakt auf das spezifische Gewicht des Wassers austariert sind, können im Tauchbecken ihre Bewegungsabläufe in »Quasi-Schwerelosigkeit« trainieren. Von Kameratauchern werden die Übungen festgehalten. Weil die Übungsteilnehmer sich während ihres jeweils mehrstündigen Aufenthalts im Wasser nur wenig bewegen, muß die Wassertemperatur auf 29 °C gehalten werden. Dies bedingt eine Lufttemperatur von 32 bis 35 °C, um Dampfschwaden in der Hallenluft zu vermeiden.

### Konstruktion

Die Skelettbauweise der Halle kommt der Rasterstruktur von TWD-Fassaden und dem Einbau nichttragender Speicherwandelemente entgegen. Das Konstruktionssystem besteht aus Betonstützen im Abstand von 9,60 m, welche die Kranbahn- und Fassadenlasten aufnehmen, sowie aus dazwischenliegenden, 30 cm dicken Beton-Speicherwandscheiben. Aufgrund der starken Temperaturbelastung und der dadurch verursachten thermischen Dehnungen mußten die schweren Wandscheiben gleitend gelagert werden. Eine 4 cm dicke Foamglas-Wärmedämmung auf der Stützenaußenseite isoliert die thermisch nicht belastbaren, tragenden Stützen zur TWD hin. Die Dehnfugen zwischen Stützen und Speicherwänden erhielten auf der Innen- und Außenseite eine temperaturbeständige, dauerelastische Abdichtung.

Alle opaken Fassadenbereiche wurden in Leichtbauweise errichtet: Die innere Oberfläche bilden dampfdicht verklebte Stahlblech-C-Profile, die Außenhaut besteht aus Aluminiumwellplatten. Dazwischen liegen 10 cm Mineralfaserdämmstoff. Auch das Flachdach wurde als Leichtkonstruktion ausgebildet. Auf den tragenden Trapezblechen befindet sich ein Warmdachaufbau mit 12 cm Dämmstoffdicke.

---

**Datenblatt NB-Halle des Crew Training Complex**
Halle für Schwerelosigkeitstraining eines Astronautentrainingszentrums

*Fertigstellung:*
*1993*

*Gebäudestandort:*
*Köln, Linder Höhe*

*Bauherr:*
*Deutsche Forschungsanstalt für Luft- und Raumfahrt (DLR), Köln*

*Generalplanung:*
*ASSMANN Beraten und Planen, Dortmund*

*Architektur:*
*Krämer, Sieverts und Partner, Braunschweig*

*Haustechnik:*
*Schmidt-Reuter und Partner, Köln*

*Nettonutzfläche:*
*1.152 m²*

*Oberflächen-/Volumenverhältnis:*
*0,28*

*Bauteilkennwerte:*
*Außenwand:*
*Leichtbauwand mit Stahlblechprofilen, 10 cm Wärmedämmung und Außenbekleidung aus Aluminiumwellplatten, k = 0,37 W/m²K*

*Außenfenster:*
*– Verglastes Tor Ostfassade: Wärmeschutzverglasung, k = 1,3 W/m²K,*
*– Sichtbereich Westfassade: 3-fach-Wärmeschutzverglasung, k = 0,7 W/m²K*

*Dach:*
*Flachdach mit Stahltragkonstruktion, Trapezblech, Warmdachaufbau, k = 0,31 W/m²K*

*Gründung:*
*Stahlbetonbodenplatte mit 8 cm PUR-Dämmung k = 0,40 W/m²K*

*Heizung und Lüftung:*
*Zentrale Be- und Entlüftungsanlage zur Frischluftversorgung, Luftentfeuchtung und Beheizung. In die Zuluftanlage integrierte Heizregister. Als Wärmequelle dient das Fernwärmenetz der DLR.*

*TWD-Systeme (ost-, süd- und westorientiert):*
*374 m² Solarwandsystem*
*260 m² Direktgewinnsystem*

*Aufbau Solarwandsystem von außen nach innen:*
*Verschattung: Aluminiumlamellen, außenliegend*
*Einscheibensicherheitsglas 6 mm*
*Luftspalt 8 mm (belüftet)*
*PMMA-Kapillarplatte 103 mm*
*Einscheibensicherheitsglas 6 mm*
*Luftspalt, ca. 5 cm*
*Schwarzer Absorberanstrich auf Betonspeicherwand, 30 cm*

*Rahmenanteil Solarwandsystem:*
*ca. 8 Prozent*

*k-Wert Solarwandsystem:*
*0,63 W/m²K*

*g-diffus-Wert Solarwandsystem:*
*ca. 60 %*

*Aufbau Direktgewinnsystem:*
*Wie Solarwandsystem, jedoch ohne Speicherwand*
*Außerdem Glasvlieseinlage zwischen TWD und Innenscheibe zur verbesserten Lichtstreuung*

*k-Wert Direktgewinnsystem:*
*0,78 W/m²K*

*g-diffus-Wert Direktgewinnsystem:*
*ca. 45 %*

*Energieeinsparung durch TWD gegenüber einer opaken Referenzvariante:*
*150 kWh/m²a (bezogen auf TWD-Fläche, Mittelwert für alle Systeme)*

*Kosten Solarwandsystem:*
*ca. 1350 DM/m²*

*Kosten Direktgewinnsystem:*
*ca. 1250 DM/m²*

*Differenzkosten Solarwandsystem gegenüber opak gedämmter Curtain-wall-Fassade:*
*ca. 350 DM/m²*

*Heizenergieverbrauch des Gebäudes, gemessen, bezogen auf Nutzfläche:*
*260 kWh/m²a (aufgrund der hohen Innentemperaturen und Luftwechsel)*

*Abbildung 3-**39**: Südwestansicht des Crew Training Complex. Rechts die transparent gedämmte NB-Halle für Schwerelosigkeitstraining*

*Abbildung 3-**40**: Nächtlicher Blick auf die Westfassade der NB-Halle. Das TWD-Direktgewinnsystem wird zur leuchtenden Fläche, die Solarwandbereiche bleiben dunkel.*

*Abbildung 3-41: Südostansicht des Crew Training Complex. Im Vordergrund die NB-Halle, daneben ist die Servicezeile zu erkennen. Im Hintergrund die in konventioneller Bauweise errichtete große Trainingshalle*

*Abbildung 3-42: Blick auf die Ostfassade der NB-Halle und der Servicezeile. Die gestalterische Integration der TWD-Fassade in das Gesamtkonzept wird aus dieser Perspektive besonders deutlich.*

Energiekonzept

Durch die hohe Innentemperatur beträgt der Wärmebedarf der NB-Halle etwa das Doppelte einer normalen Nutzung. Die weitestgehende Verwertung von Solargewinnen, auch während des Sommerhalbjahres, ist damit garantiert. Insgesamt kamen an den Fassaden der Halle 634 m² transparente Dämmsysteme in unterschiedlicher Ausführung zum Einsatz:

- Solarwand, aus TWD-Paneelen und Speicherwand an der Süd- und Westfassade;
- Direktgewinnsystem als TWD-Paneele im oberen Lichtband, an der Ostfassade und im Mittelbereich der Westfassade;
- Direktgewinnsystem als Wärmeschutzverglasung in Teilbereichen der Westfassade;
- Konvektionsunterstützte Solarwand auf einem 4,80 m breiten Fassadenbereich an der Südfassade, um das Betriebsverhalten und die Effizienz einer derartigen Auslegung zu erproben.

*Abbildung 3-**43**: Innenansicht der NB-Halle mit Tauchbecken. Im Hintergrund die Westfassade, links die Südfassade – beide mit transparenter Wärmedämmung*

*Abbildung 3-**44**: Montage der knapp 3 m² großen TWD-Paneele*

Ziel bei der Anordnung der Solarsysteme am Baukörper war es, durch Ausnutzung unterschiedlicher Phasenverschiebungen ein möglichst gleichmäßiges Solargewinnprofil über den Tagesverlauf zu erhalten, um Wärmegewinne auch bei hohen Außentemperaturen und geringem Wärmebedarf voll ausnutzen zu können.

Die TWD-Fassade wurde als thermisch getrennte Aluminiumkonstruktion ausgeführt und umhüllt das Stützen-Speicherwand-System. Der Aufbau der TWD-Paneele besteht aus vorderer und hinterer ESG-Verglasung mit dazwischenliegenden 10 cm dicken PMMA-Kapillarplatten. Als Randverbund wird ein thermisch getrenntes Aluminiumhohlprofil eingesetzt. Um übermäßig hohe Temperaturen auf der Stützendämmung des Rohbaus zu vermeiden, erhielten die TWD-Paneele in den Bereichen vor den Stützen eine silberfarbene Bedruckung.

Da die Betonstützen beim Verkanten der Kranbahn stoßartig belastet werden, mußte die TWD-Fassade an den Speicherwandscheiben befestigt werden. Spezielle, elastische Zwischenlager in den Haltepunkten schwächen die Übertragung des Stoßimpulses von den Stützen in die Speicherwände stark ab.

Die thermisch bedingten Längendehnungen und Beulungen der Betonscheiben sowie die Eigendehnungen der Aluminiumprofile müssen in der 48 Meter langen und 7,20 m hohen TWD-Fassade aufgenommen werden. Die Konstruktion wurde deshalb so ausgebildet, daß sie zwischen den Befestigungspunkten auf der Speicherwand schwimmend gelagert ist und die thermischen Dehnungen der Aluminiumprofile spannungsfrei aufgenommen werden. Um die konstruktive Sicherheit zu erhöhen, verschatten außenliegende Jalousien die Solarwandflächen, falls die Absorbertemperatur 75 °C überschreitet.

Das Gebäude wurde 1993 fertiggestellt. Die Investitionskosten der TWD-Fassade liegen bei 920.000,– DM. Eine der TWD-Fassade in der Repräsentativität vergleichbare opake Curtain-wall-Fassade hätte ca. 700.000,– DM gekostet, so daß die eigentlichen, durch TWD verursachten Mehrkosten bei 350 DM/m² liegen.

Der thermische k-Wert der TWD-Solarwand beträgt 0,63 W/m²K. Die Direktgewinnbereiche verursachen bei gleichem Paneelaufbau etwas höhere Wärmeverluste, weil Luftspalt und Speicherwand fehlen. Ihr k-Wert liegt bei 0,78 W/m²K. Der g-Wert der Kapillarplattenpaneele beträgt ca. 0,6.

Der Netto-Energiegewinn der TWD-Systeme im Meßzeitraum 1994 fiel aufgrund der verschiedenen Funktionstypen und Fassadenorientierungen unterschiedlich hoch aus, wobei auf der Westseite durch bauliche Verschattungen keine repräsentativen Ergebnisse erzielt werden konnten.

- Direktgewinnsystem Ostfassade: 61 kWh/m²a
- Direktgewinnsystem Südfassade: 113 kWh/m²a
- Solarwandsystem Südfassade: 106 kWh/m²a

*Abbildung 3-**45**: Grundriß der NB-Halle mit Tauchbecken. An der West-, Süd- und Ostfassade wurden insgesamt 634 m² TWD montiert.*

SERVICEZEILE
CFFL-
MOCKUP
BEREITSTELL-
FLÄCHE
TWD
TWD
HERMES-
MODUL
NB-HALLE
+32°C
N
W
O
S
TWD

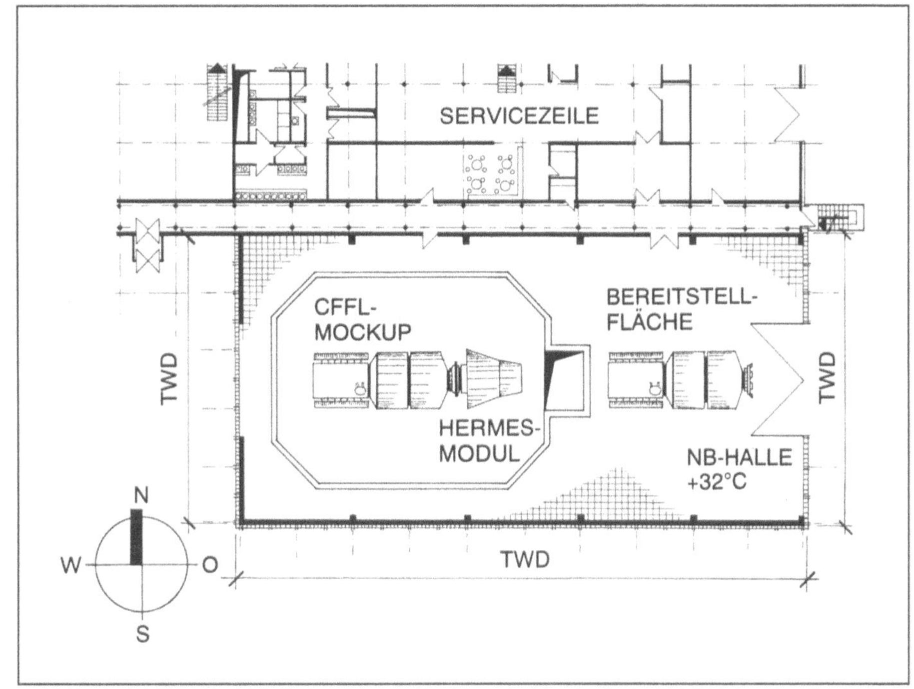

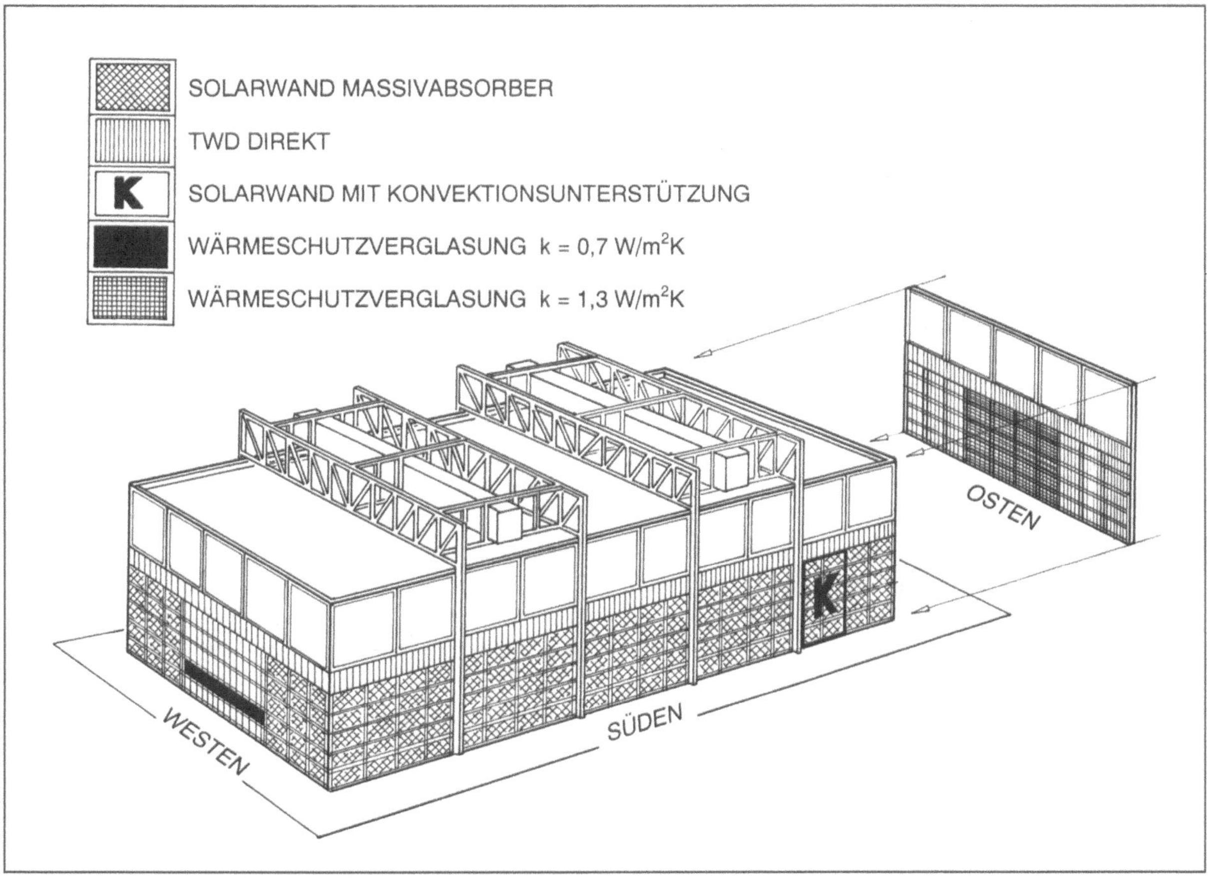

SOLARWAND MASSIVABSORBER
TWD DIREKT
K
SOLARWAND MIT KONVEKTIONSUNTERSTÜTZUNG
WÄRMESCHUTZVERGLASUNG k = 0,7 W/m²K
WÄRMESCHUTZVERGLASUNG k = 1,3 W/m²K
K
OSTEN
SÜDEN
WESTEN

*Abbildung 3-**46**: Anordnung der unterschiedlichen TWD-Systeme an der NB-Halle*

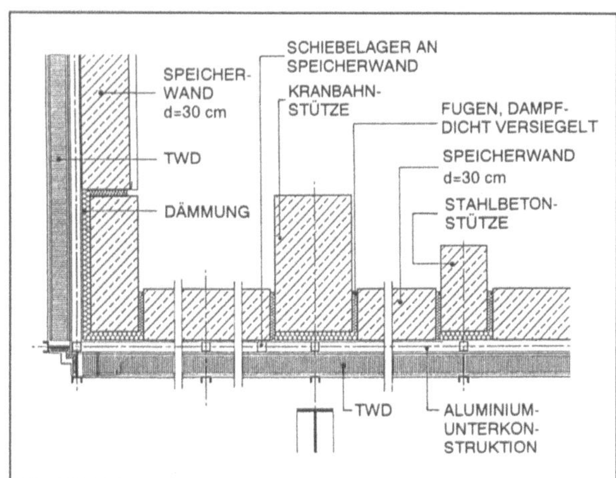

*Abbildung 3-**47**: Horizontalschnitt durch das TWD-Solarwandsystem mit thermisch abgekoppelten Kranbahnstützen*

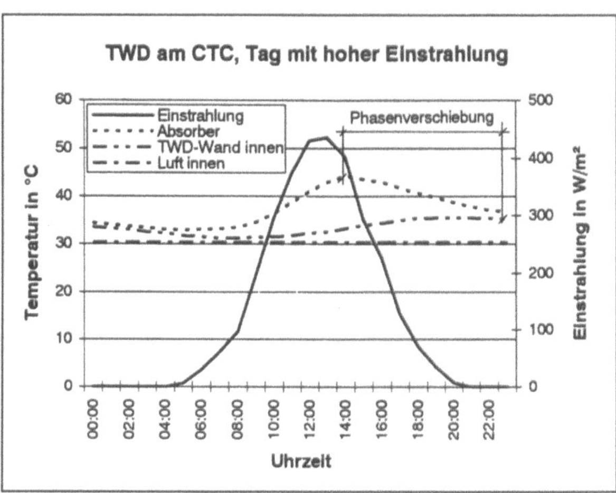

*Abbildung 3-**48**: Einstrahlung, Absorbertemperatur, innere Oberflächentemperatur der Speicherwand und Innenraumtemperatur an einem Junitag 1993. Deutlich erkennbar die enorme Phasenverschiebung der Betonspeicherwand und die langsame, gleichmäßige Wärmeabgabe an den Innenraum.*

Insgesamt ergab sich eine Energieeinsparung durch TWD von 98.500 kWh/a oder 150 kWh pro Quadratmeter TWD-Fläche und Jahr (gegenüber einer üblichen baukonstruktiven Ausführung mit opak gedämmter Außenwand und Wärmeschutzverglasung).

Haustechnik

Die NB-Halle wird hauptsächlich über eine Luftheizung mit Wärme versorgt, eine Fußbodenheizung dient in den begangenen Bereichen lediglich zur Vermeidung von Fußkälte. Auf dem Dach der NB-Halle befinden sich zwei große Klimazentralen. Durch die Luftheizung mit ihrer geringen thermischen Trägheit kann die Heizleistung sehr schnell Änderungen des Wärmebedarfs aufgrund solarer Einstrahlungen angepaßt werden. Das 29 bis 32 °C warme Tauchbecken wird mit der Abwärme der danebenliegenden Servicezeile (mittels Wärmepumpe) beheizt.

Bewertung

Am CTC hat die besondere Nutzung mit entsprechender Innentemperatur eine weitaus bessere Effizienz der Solarsysteme als üblich ermöglicht. Das Projekt zeigt, daß mit TWD-Fassaden qualitativ hochwertige Industriearchitektur realisiert werden kann und daß auch großflächige TWD-Systeme mit bester Betriebssicherheit erstellt werden können. Die aufwendigen, auf Störungsfreiheit abzielenden Lösungen haben relativ hohe Investitionskosten mit sich gebracht. Die Erfahrungen aus dem Projekt tragen jedoch dazu bei, Risiken einzugrenzen und einfachere, kostengünstigere Systeme zu entwickeln und einzusetzen.

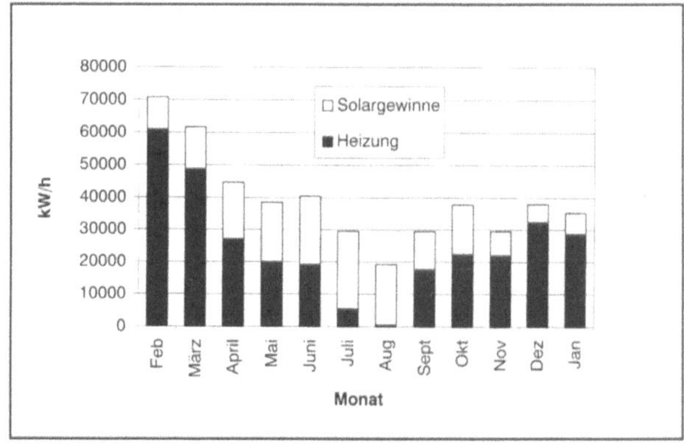

*Abbildung 3-**49**: Wärmebedarfsdeckung durch Solargewinne und Zusatzheizung für den Auswertezeitraum Februar 1994 bis Februar 1995. Der solare Heizbeitrag über das Jahr beträgt ca. 36 %, mit geringen winterlichen und hohen sommerlichen Solargewinnen.*

**Literatur**

[3-1] Kilian, H.-U.: Niedrigenergiehaus in Stuttgart. Glas Architektur und Technik, Heft 3, 1995

[3-2] Lichtblau, F.; Hausladen, G.: Voll integriert. Energetische und architektonische Sanierung eines Zweifamilienhauses in Kirchheim. Bausubstanz, Heft 2, 1996

[3-3] Hölzenbein, M.; Ludszuweit, H.: Solarhäuser »Auf der Staig« Donaueschingen. glasforum, Heft 6, 1995

[3-4] Marquart, Chr.: Gewerbeschule in Karlsruhe-Durlach. Bauwelt, Heft 34, 1995

[3-5] Dingeldein, V.: Hier heizt die Sonne. Schott Information 79 / 1996

[3-6] Kerschberger, A.: Astronautentrainingszentrum (CTC) in Köln-Porz. glasforum, Heft 1, 1994

# 4. Transparente Wärmedämmung – Materialien, Produkte, Systeme

## 4.1 Grundstoffe für TWD-Strukturen

### 4.1.1 Kunststoffe

Für die Herstellung von TWD-Strukturen werden heute vorwiegend die beiden Kunststoffe Polycarbonat (PC) und Polymethylmethacrylat (PMMA) eingesetzt. Polycarbonat hat je nach Zusammensetzung eine Dauergebrauchstemperatur von 115–140°C, PMMA typabhängig von etwa 70–90°C. Beide Kunststoffe sind gut geeignet zur Extrusion von Strukturen. Außerdem sind sie extrem transparent und weisen nur geringe Absorption auf. Ihre UV-Beständigkeit, direktem Sonnenlicht ausgesetzt, ist unterschiedlich. PMMA hat im Bereich der energiereichen UV-Strahlung keine Absorptionsbanden, ist also UV-transparent und wird nicht geschädigt. So wird von der Firma Röhm für ihr PMMA-Produkt Plexiglas garantiert, daß die Transmissionsgrade innerhalb von 10 Jahren nur um höchstens 2 % absinken.

Dagegen weist PC Absorptionen im UV-Bereich aus und ist dadurch nur bedingt beständig. Durch die Zumischung von UV-Stabilisatoren wird die Beständigkeit verbessert. Eine weitere Möglichkeit, die Materialbeständigkeit zu verbessern, ist der Einsatz hinter einem UV-Filter. Dieser UV-Filter kann entweder koextrudiert auf dem PC sitzen oder er besteht aus einer Glasscheibe, die den für das PC schädlichen Anteil der UV-Strahlung zum größten Teil herausfiltert. Aus diesem Grund konnten auch bei 10 Jahre alten TWD-Strukturen, die hinter Glas eingesetzt waren, keine Schädigungen festgestellt werden.

Sowohl PC als auch PMMA sind in ausreichendem Maße gegen Wasser beständig, allerdings löst sich Wasser in geringem Umfang in diesen Kunststoffen. Bis zu 1,5 Gewichtsprozente Wasser können in PC vorhanden sein. Unter Erhitzung bzw. unter starker Sonneneinstrahlung kann das gelöste Wasser aus dem Kunststoff verdampfen und an der kalten Frontscheibe kondensieren. Dieser Effekt ist bei der transparenten Wärmedämmung nicht erwünscht, da die Transmission und auch das ästhetische Aussehen in gewissem Maße beeinträchtigt werden.

Bei beiden Kunststoffen gibt es wenige Unverträglichkeiten bezüglich in der Baupraxis eingesetzter Kunststoffe. Allerdings können Weichmacher aus früher häufig eingesetzten PVC-Weichdichtungsprofilen zu unkontrollierten Reaktionen führen. Diese Gefahr ist heute durch den verstärkten Einsatz von Dichtungsprofilen aus Pyroprenkautschuk oder Ethylenpropylenterpolymerkautschuk (EPDM) weitgehend eingedämmt. Größer geworden ist

andererseits die Gefahr chemischer Aggression durch die häufig von Herstellern empfohlene Anwendung von Fugendichtmassen als Randversiegelung. Hier werden der Einfachheit halber einkomponentige Fugendichtungsmassen eingesetzt. Dabei muß nicht nur beachtet werden, daß Fugendichtungsmassen mit ausreichender Bewegungsaufnahme eingesetzt werden. Die Massen sollten auch unter allen Umständen lösungsmittelfrei sein, um eine Schädigung der Kunststoffe durch Lösungsmittel zu vermeiden.

Die beiden Thermoplaste PMMA und PC sind aufgrund ihrer Verarbeitungseigenschaften und der hohen Transparenz im sichtbaren Spektralbereich sowie ihrer ausgeprägten Absorptionsbanden im Wärmestrahlungsbereich für den Einsatz bei TWD besonders geeignet. Das granulatförmige Ausgangsmaterial wird über einen Extrusionsprozeß zu dünnwandigen Strukturen verarbeitet, wobei die Randparameter des gesamten Herstellungsprozesses (Temperatur, Ziehgeschwindigkeit usw.) die spätere Qualität des Materials entscheidend beeinflussen. So sind für die optische Qualität z. B. die Schnittkanten sowie die Welligkeit der Strukturwände entscheidend.

Beim Brandverhalten weist PC deutliche Vorteile gegenüber PMMA auf. PMMA ist leicht entflammbar, während bei PC auch eine B1-Zulassung (schwer entflammbar) zu erwarten ist. Außerdem besitzt PC eine deutlich höhere mechanische Stabilität und ist daher einfacher zu bearbeiten und in TWD-Elemente einzubinden.

### 4.1.2 Glas

Glas als optisch sehr hochwertiges Material eignet sich hervorragend zur Verwendung in TWD-Materialien. Die Nichtbrennbarkeit und die hohe Beständigkeit gegen Umwelteinflüsse machen es zu einem sehr attraktiven Grundmaterial. Negativ zu bewerten ist dagegen eher die hohe Dichte im Vergleich zu Kunststoffen und die damit verbundene höhere Wärmeleitfähigkeit. Auch die Verarbeitung des Grundstoffes zu feinen geometrischen Strukturen ist nicht einfach.

## 4.2 TWD-Materialien

Der Begriff »Transparentes Wärmedämmaterial« (TWD-Material) ist ein Sammelbegriff für eine Reihe von unterschiedlichen Materialien, die als Gemeinsamkeit relativ gute Wärmedämmeigenschaften haben und gleichzeitig eine hohe Durchlässigkeit für Licht bzw. Solarstrahlung besitzen. Die Details des Wärmetransports und der optischen Eigenschaften können zwischen zwei Materialtypen stark variieren. Eine eindeutige scharfe Abgrenzung zu üblichen, opaken (= lichtundurchlässigen) Wärmedämmaterialien oder allgemein Verglasungen existiert nicht. Erstere können – siehe Mineralwolle – auch in geringem Maße Licht transmittieren, letztere besitzen auch Wärmedämmeigenschaften. Wichtig ist die geeignete Kombination dieser zwei Größen. Daher wurde in Kapitel 2 eine Definition vorgeschlagen, die TWD im engeren Sinn von konventionellen Produkten abgrenzt.

Trotz der Vielfalt der Materialtypen hat sich eine Klassifizierung auf der Basis der grundlegenden Geometrie allgemein durchgesetzt. Da transparente Wärmedämmung im allgemeinen vor einer Absorberebene (Massivwand, Kollektor- oder Fensterebene) eingesetzt wird, bezieht sich die Klassifikation auf die Anordnung der wesentlichen Strukturbestandteile zu diesem. Absorber-parallele und absorber-senkrechte Strukturen kommen am häufigsten vor, erstere umfassen auch die Mehrfachisolierverglasungen. Letzere sind die Hauptvertreter der TWD-Materialien im engeren Sinn, zu denen auch noch Kammerstrukturen (z. B. transparenter Schaum) gehören, sowie quasi-homogene Materialien wie Aerogel, deren innere Strukturen mit dem Auge nicht mehr erkennbar sind. (siehe Abbildung 4-1).

### 4.2.1 Eigenschaften von TWD-Materialien

Allen TWD-Materialien gemeinsam ist die Unterdrückung der Konvektion sowie die Dämpfung des Wärmestrahlungsaustausches innerhalb der Strukturen. Letztere führt zu einer nicht konstanten Wärmeleitfähigkeit (Abbildung 4-2). Die hohe Durchlässigkeit im solaren und sichtbaren Strahlungsbereich, beschrieben durch große Gesamtenergiedurchlaßgrade und Lichttransmissionsgrade, ist nur selten verbunden mit guter Durchsicht. Daher wird oft auch der Ausdruck »transluzente Wärmedämmung« gebraucht.

Absorber-senkrechte Strukturen wie Waben- oder Röhrchenstrukturen (Abbildung 4-3) bieten den Vorteil sehr geringer Reflexionswerte bei hohem Wärmewiderstand, da die einfallende Strahlung zum überwiegenden Teil durch Vorwärtsreflexionen zum Absorber hin geleitet wird. Kanten, Verklebung und Lichtstreuung in der Struktur führen zu optischen Verlusten. Solare Absorption innerhalb der Strukturen wird teilweise in nutzbare Wärme umgesetzt. Wichtig für den hohen Wärmewiderstand sind :

– das Verhältnis der Zelldurchmesser zur Zellänge (Konvektionsunterdrückung ab etwa 1:10)

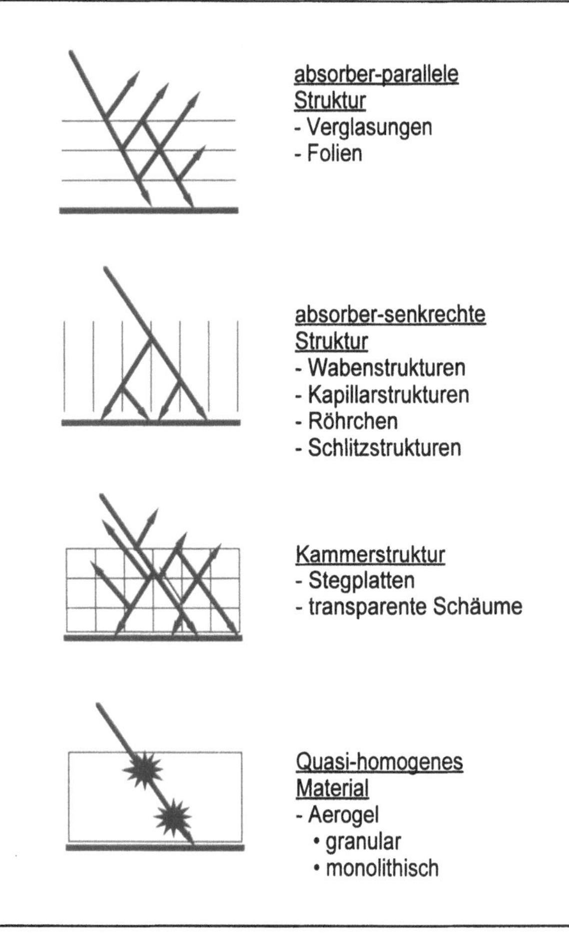



*Abbildung 4-1: Klassifikation von TWD-Materialien [4-1]*

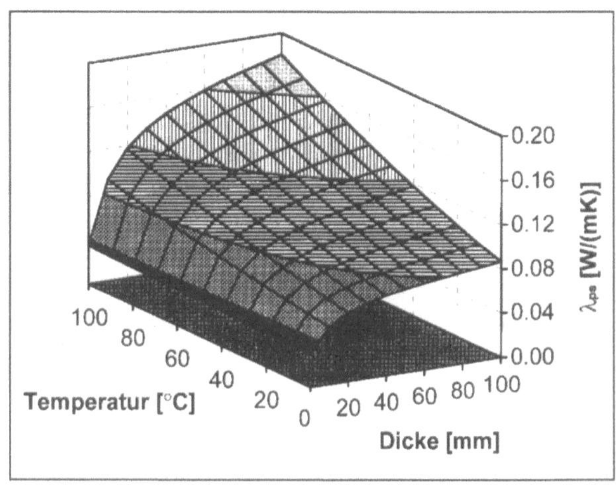



*Abbildung 4-2: Abhängigkeit der (Pseudo-)Wärmeleitfähigkeit transparenter Wärmedämmaterialien von der Dicke und der Temperatur*

– die Wärmeabsorptionseigenschaften der Zellwände und
– die minimale Wärmeleitung bei geringer Dichte

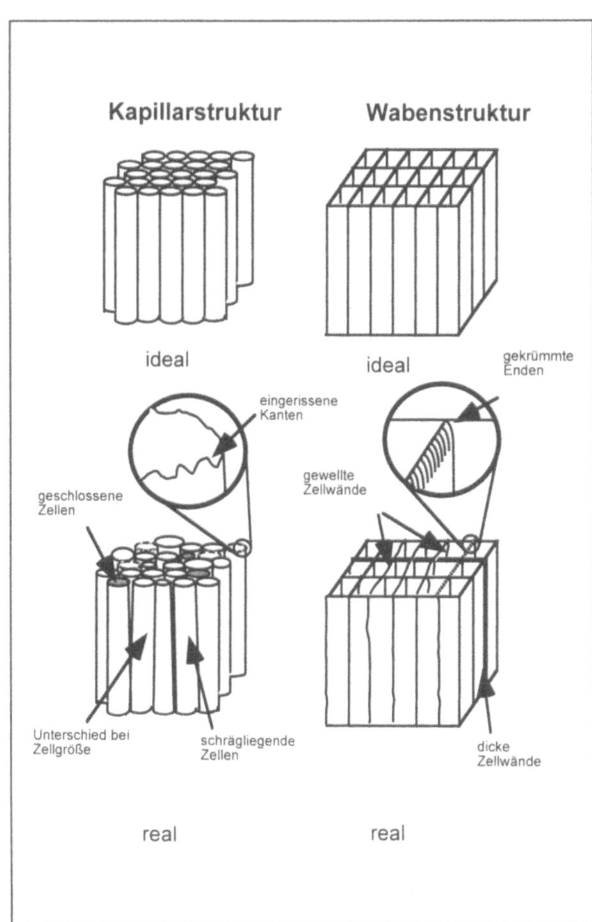



*Abbildung 4-3: Geometrie und Produktionsfehler bei kleinzelligen Materialien*

## 4.2.2  TWD aus Kunststoff

Die Kunststoff-TWD der Firma OKALUX Kapillarglas GmbH, Marktheidenfeld, ist aus vielen kleinen Hohlröhrchen zusammengesetzt und wird deshalb als Kapillarplatte bezeichnet. Als Grundstoffe werden hauptsächlich PMMA (Acrylat) und PC (Polycarbonat) verwendet. Die durchschnittlichen Röhrchendurchmesser können von etwa 1 mm bis 3 mm durch Steuerung des Herstellungsprozesses variiert werden, je nachdem, ob lichtstreuende Eigenschaften oder hohe Strahlungstransmission gefragt sind. Mit Hilfe einer Hitzdrahtschneidetechnik werden Kapillarplatten bis zu 20 cm Dicke geschnitten. Die flexible Herstellungstechnik erlaubt auch die Verwendung anderer Kunststoffe, wobei allerdings die optische Qualität der Kunststoffe sowie deren Schmelzverhalten beim Schneiden entscheidend die Qualität des Endproduktes beeinflussen. Die Raumdichten der Strukturen liegen zwischen 30 und 45 kg pro Kubikmeter.

Aus Polycarbonat werden von der israelischen Firma AREL Ltd, Yavne, Strukturen mit nahezu quadratischem Zellquerschnitt angeboten. Die Zellbreite liegt bei knapp 4 mm. Die Raumdichte beträgt 30 kg/m³. Die Strukturen sind hergestellt aus 1,5 cm breiten Streifen, die mit beliebiger Breite aus einer Endloshohlkammerplatte mechanisch geschnitten werden. Die Streifen werden Seite an Seite zusammengeklebt, bis die gewünschte Plattengröße erreicht ist. Die Zellgröße ist durch die verwendete Extruderdüse fest vorgegeben. Andere Kunststoffe als Polycarbonat sind bisher nicht erprobt worden.

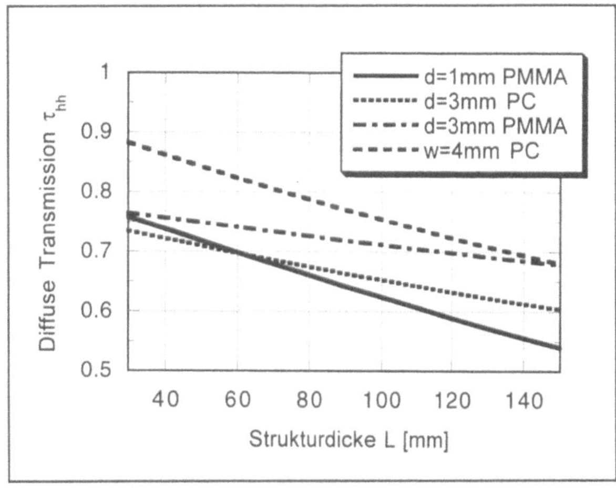



*Abbildung 4-4: Diffus-hemisphärische solare Transmission als Funktion der Strukturdicke bei kommerziellen Kunststoffwabenmaterialien*

**Tabelle 4-1: Charakteristische Daten von Kapillar- und Wabenstrukturen (mit rechteckigem Zellquerschnitt)**

| Typ | Kunststoff | Dichte [kgm-3] | Zelldimension [mm] | max. Temperatur [°C] | kommerziell |
|---|---|---|---|---|---|
| Kapillaren | Polymethylmethacrylat | 31 | 3 | 90–105 | ja |
| Kapillaren | Polycarbonat | 30 | 3 | 120 | ja |
| Kapillaren | Polyestercarbonat | 30 | 3 | 175 | (ja) |
| Kapillaren | Polyeterafluoräthylen | 48 | 3 | 150 | nein |
| Waben | Polycarbonat | 35 | 4 | 120 | ja |

Aus dem Grundmaterial Polycarbonat können auch Röhrchen mit größerem Durchmesser gefertigt werden. Die Firma Tubus Bauer hat Erfahrung mit der Fertigung nichttransparenter Strukturen, die zur Vergleichmäßigung von Luftströmungen und zum Sandwichbau eingesetzt werden. Seit kurzem werden auch Röhrchenplatten aus transparentem Polycarbonat hergestellt. Die Dichte des transparenten Materials ist einstellbar von ca. 40–100 kg/m³. Erste Probleme mit hoher Lichtstreuung konnten durch Anpassung der Produktion beseitigt werden. Bisher sind noch keine Materialien in TWD-Modulen oder gar in Pilotprojekten eingesetzt worden, dennoch ist das Material als solches vom Hersteller zu beziehen. Die Materialdaten in Tabelle 4-2 sind an Prototypen gemessen worden.

**Tabelle 4-2: Wärmedurchgangskoeffizienten Röhrchenstrukturen Tubus-Bauer**

| Dicke [mm] | k [W/(m²K)] |
|---|---|
| 43 | 1.35 |
| 75 | 0.96 |
| 100 | 0.79 |

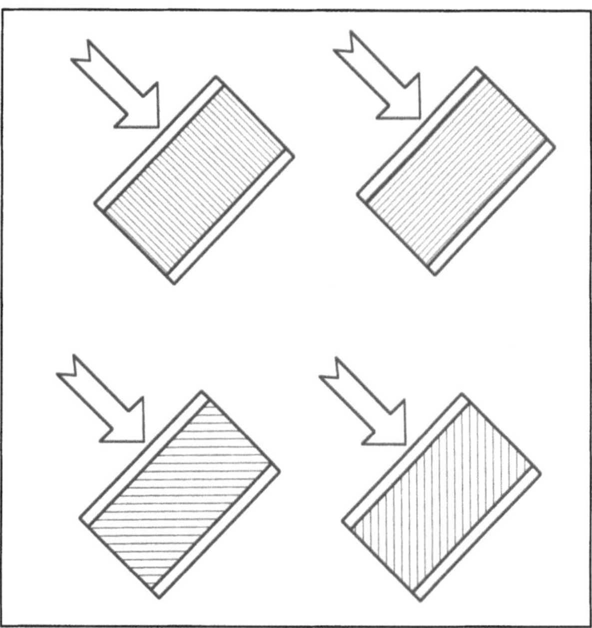

*Abbildung 4-5: Schematische Darstellung der Variationen von LES-Modulen*

Die Firma L.E.S. (Licht- und Energie-Optimierungssysteme GmbH), Rednitzhembach, produziert transparente Systeme mit Polycarbonat-Waben, die ähnliche Struktur und Herstellungsverfahren aufweisen wie die Arel-Materialien. Die Zellstruktur ist etwas enger (5 Zellreihen statt 4 auf einem 15-mm-Streifen) und gleichmäßiger bei vergleichbarem Raumgewicht. Da viele Anwendungen mit Tageslicht und Lichtlenkung arbeiten, wird das Material auch modifiziert hergestellt und verarbeitet. Die Streifen werden schräg geschnitten, so daß die Strukturzellen mit einem Winkel gegen die Flächennormale der Verglasung geneigt sind, üblicherweise 30 oder 45 Grad. Die Schrägstellung wird schematisch in Abbildung 4-5 gezeigt. Meßdaten zur Wirkungsweise dieser modifizierten Waben sind nicht verfügbar.

### 4.2.3  TWD aus Glas

Hinsichtlich seiner hohen Temperaturbeständigkeit ist Glas sicherlich eine hoffnungsvolle Alternative zu den derzeitigen Kunststoffen. Glasröhrchen mit dünnsten Wandstärken bei Röhrchendurchmessern von 3–10 mm wurden bereits hergestellt. Die Optimierung der jeweiligen Geometrie ist von der erreichbaren minimalen Wandstärke (50–100 µm) und der beabsichtigten Anwendung abhängig. Gerade bei Glas muß mehr Sorgfalt auf die Kontrolle der Raumdichte gelegt werden, da Glas eine et-

wa siebenmal höhere Wärmeleitung als Kunststoffe besitzt. Bisher konnten schon bei 10 cm Dicke k-Werte um 1 W/m²K mit Glasröhrchen erreicht werden. Mit diesen Röhrchen wurde Einfüll- und Schneidetechnik in einem Entwicklungsprojekt der Firma Schott Rohrglas soweit verbessert, daß heute ein fertiges Produkt, das Paneel HELIORAN™ angeboten werden kann. Die Regelmäßigkeit der Röhrchen ermöglicht interessante gestalterische Aspekte (Abbildung 4-6). Ein weiteres Entwicklungsprodukt sind Glaskapillaren der Firma Infraconsult, von denen allerdings vorerst nur geringe Mengen existieren. In Tabelle 4-3 sind beide Produkte im Vergleich zu einer früheren Entwicklung in den USA aufgeführt, wo der Festkörperanteil produktionsbedingt noch sehr hoch lag.

### 4.2.4  TWD aus Silika-Aerogel

Einer der auch vom theoretischen Standpunkt her faszinierendsten Materialtypen ist sicherlich das sogenannte Aerogel bzw. Xerogel, ein mikroporöses Silikatgerüst aus mehr als 90 % Luft und weniger als 10 % Silikat. Aerogel und Xerogel unterscheiden sich in der Art der Trocknung des Silikatschwammes aus dem Gel. Die Mikroporen mit typischen Durchmessern von etwa 20 nm (Abbildung 4-7) bewirken zweierlei: Einmal wird durch die feine Verteilung des »Silikatgases« der Wärmestrahlungstransport im Material durch fortwährende Absorptions- und Emissionsprozesse stark gedämpft. Zum zweiten können sich

*Abbildung 4-**6**:*
*Durchblick durch Helioran™-*
*Modul*

**Tabelle 4-3: Überblick über Glasröhrchen in Isolierverglasung**
**($d_W$: Wandstärke; Ø Röhrchendurchmesser; L: Röhrchenlänge)**

| | Geometrie | | | k | $\tau_{hh}{}^S$ |
| | dw [µm] | Ø [mm] | L [mm] | [W/(m²K)] | [%] |
|---|---|---|---|---|---|
| Entwicklung (USA) | 200 | 9 | 103 | 1.7 | 35 |
| Infraconsult | 30 | 3 | 50 | 1.2 | 46 |
| Schott | 100 | 7 | 80 | 1.1 | 61 |

Solare Transmission abgeschätzt für diffusen Einfall

Luftmoleküle in den engen Poren nicht frei bewegen, und dadurch wird die Wärmeleitung der Luft erheblich behindert. Die Wärmeleitung in der feinen Silikatstruktur selbst ist nahezu vernachlässigbar. Insgesamt erreicht man effektive Wärmeleitfähigkeiten von $17 \cdot 10^{-3}$ (monolithisch) bzw. $23 \cdot 10^{-3}$ W/(mK) (granular) mit Luft als Gasfüllung. Bei Edelgasfüllung oder Teilevakuierung können diese Werte noch weiter reduziert werden. Die Licht- und

Strahlungstransmission ist ebenfalls bestimmt von der feinen Struktur: Da die Silikatbausteine kleiner als die Wellenlänge des Lichtes sind, kann das Auge das Material nur als homogen wahrnehmen. Allerdings kann analog zur Lichtstreuung der Moleküle in der Atmosphäre eine bläuliche Färbung beobachtet werden (Rayleighstreuung). Aufgrund der niedrigen Dichte von typischerweise 100–150 kg/m³ ist der Brechungsindex nahezu gleich wie derjenige von Luft ($n_B$=1.03), wodurch die Reflexionsverluste an der Oberfläche sehr gering sind [4-2].

Die fragile Materialstruktur ist leider extrem wasserempfindlich. Bei Kontakt mit Wasser (nicht jedoch Wasserdampf) saugt die Struktur das Wasser auf, die Kapillarkräfte zerbrechen sie und das Material wird undurchsichtig weiß. Deshalb wird auch an einem dichten Randverbund für Aerogel zwischen zwei Glasscheiben gearbeitet. Ein weiteres Ziel ist die kostengünstige Herstellung. Dies wird hauptsächlich über die Verwendung billigerer Ausgangsstoffe und über die Verkürzung der Trocknungszeiten auf wenige Stunden angestrebt.

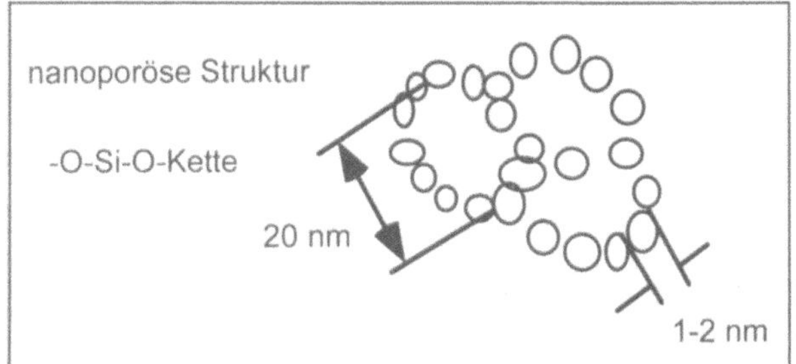


*Abbildung 4-**7**: Strukturskizze des nanoporösen Aufbaus von Aerogel*

Monolithisches Aerogel

Großflächige Platten sind aufgrund des speziellen Trocknungsverfahrens sehr zeitaufwendig in der Herstellung, und deshalb bisher extrem teuer. Die Platten müssen planparallel und ohne Oberflächenfehler sein, um die optische Qualität von Verglasungen zu erreichen. Weltweit gibt es nur eine Firma, die Aerogelplatten bis zur Größe 60 cm x 60 cm in kleinen Mengen herstellen kann (AIRGLASS AB, Lund, Schweden). Die wissenschaftlichen Aktivitäten auf diesem faszinierenden Gebiet sind jedoch vielfältig.

Granulares Aerogel

Eine Alternative zu Aerogelplatten bildet ein Schüttgut aus kleinen Aerogelkügelchen mit Durchmessern bis zu 10 mm. Solches Material, Basogel®, wurde von der Firma BASF mit dem Ziel niedriger Herstellungskosten entwickelt. Die Wärmedämmeigenschaften der Schüttung sind wegen der Kugelzwischenräume etwas schlechter als bei monolithischen Platten. Weiterhin steigt die Reflexion einer Schicht wegen der vielen Kugeloberflächen an, was die Transmission stark vermindert (vergleiche Abbildung 4-8 und Abbildung 4-9). Die Schüttung ist zudem diffus streuend und nicht mehr durchsichtig. Leider ist trotz der interessanten Eigenschaften die Produktion des Granulats von der Firma BASF eingestellt worden. In naher Zukunft zeichnet sich jedoch ein neuer Anbieter ab.

### 4.2.5 Ausblick

Obwohl durchaus noch Materialverbesserungen im Hinblick auf spezielle Eigenschaften möglich sind, so beispielsweise Temperaturstabilität, Brandverhalten, regelmäßiges Erscheinungsbild und Lichtstreuverhalten, werden die zukünftigen Hauptanstrengungen in der Materialentwicklung wohl darin liegen, eine kostengünstige Produktion zu erreichen. An diesem Thema wird derzeit in einigen Entwicklungsvorhaben gearbeitet. Hierbei ist es wesentlich, physikalisches Verständnis und Fertigungstechnologie zu koppeln. Für die Anwender am Bau entscheidend sind neben den Kosten dagegen Fragen des Handlings, der Verarbeitbarkeit und Transportierbarkeit, der Integration in Komplettsysteme, der baurechtlichen Einordnung und des Vertriebs. Diese Fragestellungen werden sicherlich durch die reinen Materialeigenschaften tangiert, wesentlich sind jedoch die Eigenschaften der damit gefertigten Produkte, die bereits eine erstaunliche Vielfalt aufweisen. In dem betreffenden Bereich (Paneele, Verglasungen und Komplettsysteme) ist der Fortschritt der Technologie derzeit am deutlichsten ablesbar [4-3].

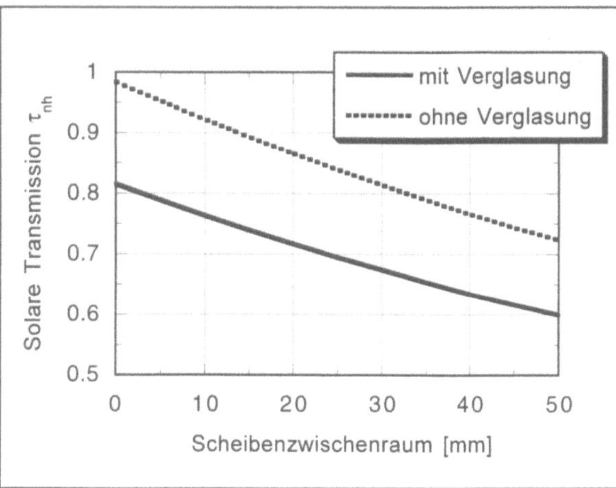

*Abbildung 4-8: Normal-hemisphärische solare Transmission bei monolithischem Silikaaerogel (MSA)*

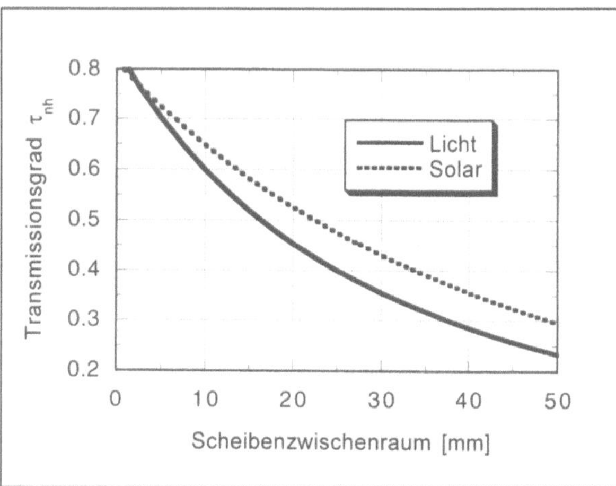

*Abbildung 4-9: Normal-hemisphärische solare Transmission bei granularem Aerogel (Durchmesser 2–6 mm) als Funktion der Füllschichtdicke*

### 4.3 Verglasungen und Paneele

Da viele TWD-Produkte sich einerseits im Aufbau an den allseits bekannten Mehrfachisolierverglasungen orientieren, andererseits diese ein Konkurrenzprodukt zu TWD-Paneelen darstellen, werden im ersten Teil dieses Abschnitts kurz die Eigenschaften marktüblicher Wärmeschutzverglasungen dargestellt [4-4].

### 4.3.1 Aufbau von Verglasungen

Eine Wärmeschutzverglasung, die als Standardprodukt der Verglasungsindustrie derzeit am Markt angeboten wird, weist folgenden grundsätzlichen Aufbau auf: Zwei an ihrem Rand kraftschlüssig und gasdicht miteinander verbundene planparallele Glasscheiben schließen ein

Gasvolumen ein. Der Randverbund aus metallischem Abstandhalter und Dichtstoffen verbindet die beiden Scheiben und isoliert den Gasraum von der Außenwelt.

Die Verglasung bietet eine klare, unverzerrte Durchsicht und wird deshalb als Festverglasung oder innerhalb von Fenstersystemen zur Nutzung von Tageslicht und zur Herstellung des visuellen Bezugs zum Außenraum eingesetzt. Im weiteren Sinne ist auch eine gute Verglasung »transparente Wärmedämmung«. Die Wärmedämmeigenschaften sind bereits gut bis sehr gut. Aufgrund der unvermeidbaren Reflexionsverluste für die Solarstrahlung, insbesondere bei beschichteten Gläsern, liegen die g-Werte jedoch deutlich unter denjenigen von TWD-Paneelen mit vergleichbarem k-Wert.

Aber auch Verglasungen bieten eine Reihe von Entwicklungsmöglichkeiten zur Erhöhung der energetischen Effizienz [4-5]. Im folgenden werden daher die Komponenten der Verglasung im besonderen Hinblick auf deren Beeinflussung des Wärmeverlustes und des Energiedurchgangs beschrieben.

### Glasscheiben

Normales Glas für Klarsichtfensterscheiben wird im Floatprozeß hergestellt, bei dem Glas auf einem Bad flüssigen Zinns abkühlt und erstarrt. Dieses Glas ist sehr eben und gleichmäßig. Neben dem Floatglas kommt auch dem Gußglas für Außenfenster Bedeutung zu. Gußglas ist lichtdurchlässig, mindert aber, bedingt durch seine Ornamentierung, die klare Durchsicht. Die stärkere Streuung des Tageslichtes kann zur besseren Ausleuchtung des Innenraumes und zum Sichtschutz genutzt werden. Hinsichtlich ihrer Zusammensetzung unterscheiden sich verschiedene Glasarten vor allem im Eisenoxidgehalt, der dem Glas eine grünliche Tönung verleiht. Eine maximale Transmission erreicht man durch einen niedrigen Eisenoxid-Gehalt des Glases.

### Beschichtungen

Die Gewinne an solarer Energie und Licht sind hauptsächlich bestimmt durch die optischen Eigenschaften der Verglasung. Oberflächenbeschichtungen mit Schichtdicken in den Größenordnungen von 0,01 bis 100 µm können die strahlungsphysikalischen Eigenschaften einer Glasscheibe verbessern. Es werden folgende Beschichtungsarten unterschieden:
- Edelmetallbeschichtungen
- Metalloxidschichten
- Kombination von Metall- und Metalloxidschichten
- Beschichtungen mit dotierten Oxidhalbleitern

Wichtig für die Funktion der Schichten sind ihre Lage und Orientierung auf den Einzelscheiben. Wärmeschutzverglasungen werden mit transparent selektiv beschichteten Gläsern produziert, bei denen die nach außen gewandte Oberfläche der Innenscheibe (Position 3) mit einer Wärmefunktionsschicht überzogen ist. Diese ist für kurzwellige Sonnenstrahlung im sichtbaren Bereich (Wellenlänge 380–780 nm) weitgehend transparent, jedoch für langwellige Wärmestrahlung im Infrarotbereich (3–50 µm) reflektierend. Hohe g-Werte können so mit relativ kleinen k-Werten verknüpft werden.

Das Aufbringen einer selektiven Beschichtung auf Position 3 einer Zweischeiben- Isolierverglasung reduziert den $k_V$ – Wert von 2,8 W/m²K auf 1,8 W/m²K und man erhält mit dieser Einzelmaßnahme eine Wärmeschutzverglasung. Um den gleichen Effekt ohne selektive Beschichtung zu erzielen, müßte die Zweifach- durch eine Dreifach-Verglasung ersetzt werden.

### Füllgase

Einfache Isolierverglasungen waren früher im Scheibenzwischenraum (SZR) mit trockener Luft befüllt. Die auftretenden Verluste durch Wärmeleitung und Konvektion können durch den Einsatz von Edelgasen reduziert werden, da diese eine geringere Leitfähigkeit aufweisen. Als Füllgas wird in der Regel Argon verwendet, das ein wesentlich geringeres Wärmeleitvermögen als Luft aufweist. Noch bessere Wärmeschutzeigenschaften besitzen Krypton und Xenon. Schwefelhexafluorid (SF-6) wird dann eingesetzt, wenn das Schalldämmaß der Verglasung vergrößert werden muß. Zur Zeit kommen die teureren Gase Krypton und Xenon verstärkt in den Markt. Den Einfluß der Füllung auf den k-Wert der Verglasung verdeutlicht die Variation einer Zweischeibenwärmeschutzverglasung mit einer Funktionsschicht (Tabelle 4-4).

Die extrem niedrige Wärmeleitfähigkeit dieser Gase erlaubt sehr geringe Scheibenzwischenräume (SZR). Je nach Einsatzzweck werden Fensterverglasungen mit SZR von 8 bis 16 mm angeboten. Je schwerer das Edelgas, desto geringer wird der optimale Scheibenzwischenraum.

**Tabelle 4-4: Einfluß der Gasart auf den $k_V$-Wert**

| Füllung | $k_V$-Wert [W/m²K] |
|---------|---------------------|
| Luft | 1,8 |
| Argon | 1,3 |
| Krypton | 1,1 |
| Xenon | 0,9 |

### Folien

Zur Verringerung von Konvektion und Wärmestrahlungsaustausch im Scheibenzwischenraum können auch hochtransparente Kunststoffolien eingesetzt werden, die diesen mehrfach unterteilen. Die Vorteile liegen in einer Verringerung des Gewichtes, einer geringeren Eigenabsorption der Folien und der Möglichkeit, Folien über Rollos beweglich zu machen und dadurch die Verglasung den unterschiedlichen Raum- und Außenklimabedingungen anzupassen. Die Nachteile liegen darin, daß mit jeder weiteren Folie die Transmission im sichtbaren und solaren Bereich sinkt, und eventuelle Falten und Wellen konstruktiv verhindert werden müssen.

### Randverbund

Die Aufgaben des Randverbundes bestehen in der dauerhaften Abdichtung des Scheibenzwischenraumes und der Verbindung der einzelnen Scheiben zu einer Verglasungseinheit. Da der Randverbund allerdings auch eine Wärmebrücke darstellt, hat er einen merklichen Einfluß auf die Gesamtwärmeverluste einer Verglasung. Der heute marktübliche Randverbund besteht aus einem Abstandhalter und einem zweistufigen Dichtsystem, das den Austritt des Edelgases und den Eintritt von Luft und Wasserdampf verhindern soll.

Wenn die konventionelle, metallische Abstandhalter durch einen schlechtleitenden Abstandhalter aus Edelstahl, Kunststoff oder Fiberglas ausgetauscht wird, sinkt der Wärmeverlust bei typischen Scheibengrößen um etwa 5–10 %. Bei hochwärmedämmenden Verglasungen mit $k_V$-Werten bis zu 0,4 W/(m²K) wird der prozentuale Verlust immer größer. Neben dem Randverbund spielt dabei auch die Tiefe des Glaseinstandes in den jeweiligen Fensterrahmen eine wichtige Rolle.

### Verglasungsaufbau

In einer vereinfachten Darstellung läßt sich das Isolierglas als aus zwei oder mehr transparenten Glasscheiben und einem Randverbundsystem bestehend beschreiben. Das Glas hat neben seiner physikalischen Funktion auch die Aufgabe einer Verpackung für die umschlossenen Gase und Funktionsschichten, die in der Verglasung wesentlich zu verbesserten Dämmeigenschaften beitragen. Das Randverbundsystem spielt eine bedeutende Rolle für die Lebensdauer der Verglasung.

Mit dem Einbau einer weiteren Scheibe und dem Anbringen einer zusätzlichen Beschichtung kann der $k_V$-Wert der 3-Scheiben-Verglasung gegenüber einer 2-Scheiben-Verglasung um 0,4 W/m²K (–30 %) gesenkt werden [4-6].

### 4.3.2 Kennwerte von Wärmeschutzverglasungen

Der kombinierte Einfluß der oben diskutierten Einzelmaßnahmen zur Verringerung des $k_V$-Wertes wird anhand von Typenverglasungen dargestellt. Ausgewertet und zusammenfassend dargestellt wurden Wärmeschutzverglasungen der Hersteller Flachglas AG, VEGLA und Interpane.

*Abbildung 4-**10***:
*Schnitt durch eine optimierte Drei-Scheiben-Wärmeschutzverglasung (WSV-3)*

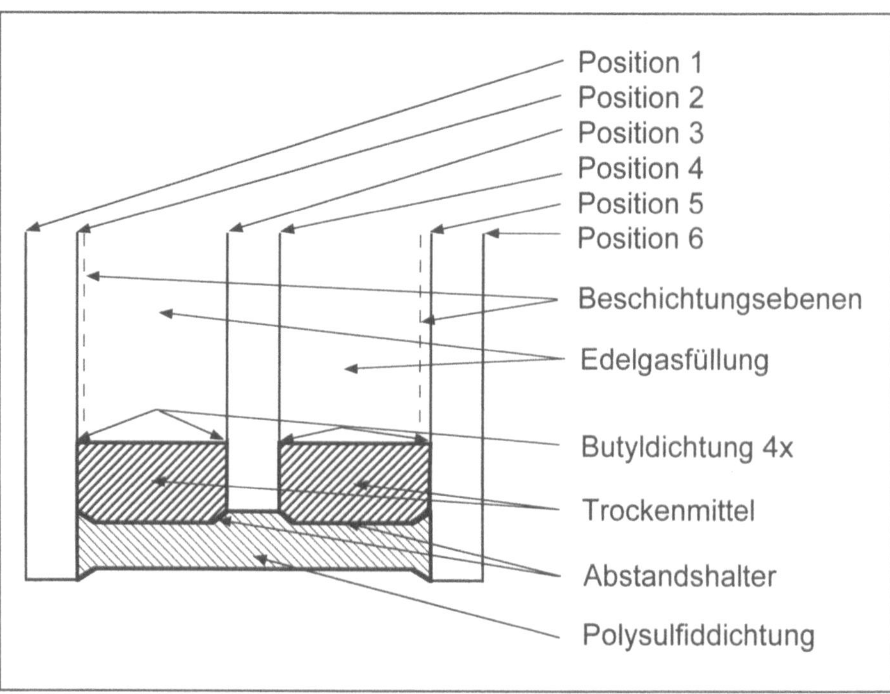

**Tabelle 4-5: Kennwerte von Wärmeschutzverglasungen**

| Fensterart | Verglasung $k_V$ [W/m²K] | Rahmen (incl. Randverbund) $k_R$* [W/m²K] | Gesamtfenster $k_F$ [W/m²K] | Gesamtenergie-durchlaß g-Wert [%] | Jahresenergie-bilanz [kWh/m²a] Süd | Nord |
|---|---|---|---|---|---|---|
| 2IV | 2.90 | 2.50 | 2.81 | 77 | −91 | −158 |
| 2WSL | 1.80 | 2.50 | 1.96 | 69 | −42 | −102 |
| 2WSL/PU | 1.80 | 1.15 | 1.65 | 69 | −20 | −80 |
| 2WSA | 1.30 | 2.50 | 1.57 | 62 | −24 | −78 |
| 2WSA/PU | 1.30 | 1.15 | 1.27 | 62 | −2 | −56 |
| 2WSK | 1.00 | 2.50 | 1.34 | 62 | −7 | −61 |
| 2WSK/PU | 1.00 | 1.15 | 1.03 | 62 | 15 | −39 |
| 2WSX | 0.90 | 2.50 | 1.26 | 58 | −7 | −58 |
| 2WSX/PU | 0.90 | 1.15 | 0.96 | 58 | 15 | −36 |
| 3WSK | 0.70 | 2.50 | 1.11 | 48 | −10 | −52 |
| 3WSK/PU | 0.70 | 1.15 | 0.80 | 48 | 11 | −30 |
| 3WSK/NEH/PU | 0.80 | 1.15 | 0.88 | 59 | 22 | −30 |
| 3WSX | 0.40 | 2.50 | 0.87 | 42 | −2 | −39 |
| 3WSX/PU | 0.40 | 1.15 | 0.57 | 42 | 20 | −17 |
| opake Wand | X | X | 0.20 | 0 | −14 | −14 |

| | | | |
|---|---|---|---|
| $A_F$ = 2 m * 2 m | Randverbundverlust mit eingerechnet, daraus: | | Fensterart: L = Luft |
| $A_V$ = 3,1 m² | | | A = Argon |
| $A_R$ = 0,9 m² | $k_R$ = 1,6 W/m²K | $k_R$* = 2,5 W/m²K | K = Krypton |
| $A_R/A_F$ = 22,5 % | $k_R$ = 0,7 W/m²K | $k_R$* = 1,15 W/m²K | X = Xenon |

### 4.3.3 Übersicht TWD-Paneele

Den grundsätzlichen Aufbau einer Mehrfachisolierverglasung weisen auch die meisten TWD-Paneele auf. Sie unterscheiden sich jedoch durch die meist wesentlich größere Elementdicke und den entsprechend angepaßten Randverbund.

Der hauptsächliche Grund für die Verwendung kompletter Paneele liegt in der Baupraxis. Die Verwendung bloßer TWD-Materialien auf der Baustelle ist nicht zu empfehlen, weil die meisten Materialien zu empfindlich sind. So kann zum Beispiel Staub in das Material eindringen, Stege oder Folienteile können abgebrochen werden, Wasser dringt in die Materialien ein und verschlechtert die optische Qualität, bzw. die Funktionsweise. Auch in der Nutzungsphase dienen die Abdeckscheiben des Paneels als Witterungsschutz, der UV-Strahlung, Regenwasser und Staub vom TWD-Material abhält.

Bei offenzelligen Materialien ist es wichtig, daß das Material dicht an eine Glasscheibe oder an eine senkrechte Wand angepreßt wird, da sonst interzelluläre Luftströmungen auftreten können. Luft strömt dann durch die Zellen des offenen Materials, steigt an der Wand an einer warmen Seite hoch und zirkuliert an einer anderen Stelle des Materials zurück auf die kalte Seite. Die so auftretende Konvektion verschlechtert die Wärmedämmeigenschaften der transparenten Wärmedämmung deutlich.

Im allgemeinen werden TWD-Paneele mit zwei Glasscheiben als Abdeckung konstruiert. Vorstellbar ist aber auch die Verwendung von PMMA-Scheiben. Dabei muß aber deren UV-Durchlässigkeit in Kauf genommen werden können. Wegen des großen Luftzwischenraums zwischen den beiden Deckscheiben müssen TWD-Paneele im allgemeinen offen gestaltet werden, so daß Luft aus ihnen entweichen kann. Andernfalls würde die thermische Expansion der Luft durch Erwärmung einen Überdruck erzeugen und die Glasscheibe zum Platzen bringen. Nur bei Scheibenabständen unterhalb von etwa 40 mm können geschlossene Paneele eingesetzt werden.

Das Konstruktionsprinzip eines offenen Paneels bringt mit sich, daß Wasserdampf ausgetauscht wird und auch Luft von außen eindringen kann. Deshalb muß mit Filtern verhindert werden, daß Staub, Ungeziefer und Verunreinigungen in das Paneelinnere gelangen. Treibende Kräfte für den Luftwechsel sind die thermische Wechselbelastung, aber auch die dynamisch wechselnden Windverhältnisse. Sichtbar und zum Teil störend kann die temporäre Kondensation von frei werdendem Wasser an der kalten Frontscheibe des Paneels sein. Auf diesen Punkt wird ausführlicher in Kapitel 7.4 eingegangen. Im allgemeinen stellen diese Kondensationserscheinungen nur kurzzeitige Ausnahmen dar, die Funktion der Fassade wird nicht beeinträchtigt.

Wichtig für das thermische Verhalten eines Paneels ist auch der Randverbund. Die Verbindung der zwei Glasscheiben, die statische Aufgaben erfüllen muß, ist im Falle eines 100 mm dicken Paneels keine Standardlösung wie beim Mehrfachisolierglas. Die dazu verwendungsfähigen Komponenten sind aus Metallen, Holz oder Hartkunststoffen gefertigt. Sie bilden Wärmebrücken, deren zusätzliche Randverluste die Eigenschaften des Paneels verschlechtern. Der Gesamt-k-Wert eines Paneels ist daher im allgemeinen höher als der des einfachen Schichtaufbaus. Bei der Auswahl eines Paneels, insbesondere bei kleinen Elementgrößen, sollte auf eine gute thermische Trennung des Randverbundes geachtet werden.

Leider nicht mehr auf dem Markt befindlich ist ein TWD-Paneel mit Aerogel-Granulatfüllung, das sich trotz einiger Anfangsprobleme bei Architekten großer Beliebtheit erfreute. Prototypen wurden in einigen Projekten eingesetzt. Bei der Produktion wird das granulare Aerogel in eine Doppelverglasung mit 12 mm bis 30 mm Scheibenzwischenraum eingefüllt. Prototypen wurden auch mit Scheibenzwischenräumen bis zu 100 mm hergestellt. Die Paneele werden auf etwa 5–20 % Atmosphärendruck evakuiert, um das Absinken des Granulats auf Grund von Winddruck und Temperaturausdehnung des Füllgases zu verhindern. Dies impliziert eine spezielle Fülltechnik und einen angepaßten Randverbund. Vorteile von Aerogel-Paneelen sind die hohe Temperaturbeständigkeit und die Nichtbrennbarkeit. Nachteilig für TWD-Systeme

*Abbildung 4-**12**: Einsatz von Aerogelverglasungen im Brüstungsbereich und als Lichtband (Fraunhofer Institut für Solare Energiesysteme, Bibliothek)*

wirkt sich die geringe solare Transmission der Aerogelschüttung aus. Durchaus interessant ist der Einsatz von solchen Aerogel-Paneelen in transparenten Glaswänden, z. B. in Oberlichtern, im Brüstungsbereich oder in der Über-Kopf-Verglasung (Abbildung 4-12). Die Firma Interpane brachte 1994 diesen Verglasungstyp unter dem Namen IPAWALL auf den Markt. Leider wurde kurz darauf die Produktionszusage für das Grundmaterial Aerogel zurückgezogen, so daß auch die Paneele nicht mehr verfügbar sind.

Weitere Paneeltypen, die nicht mehr am Markt erhältlich sind, sind die Kompakt- und Stufenfalzpaneele der Firma Okalux. Der Grund ist die Weiterentwicklung zum hermetisch geschlossenen Paneel KAPILUX-H. Dennoch sollen die ursprünglichen Typen beschrieben werden, da sie bei einem Großteil der bisher realisierten TWD-Solarwand-Projekte eingesetzt wurden.

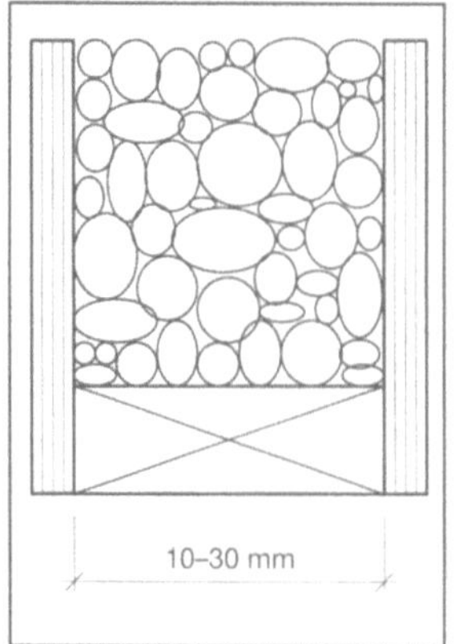



*Abbildung 4-11:*
*Prinzipskizze einer Verglasung*
*mit Aerogelgranulat*

Kastenförmige Kompakt-Paneele benötigen Fassadenkonstruktionen mit entsprechend großen Falztiefen. Die Flexibilität dieser Spezialkonstruktionen ist gering. Um die Integration in die Fassade zu erleichtern, und auch um die Ansichtsbreite der Fassade zu verringern, wurden daher Stufenfalzpaneele entwickelt. Wichtig bei dieser Konstruktionsart ist eine zweistufige Dichtung (Abbildung 4-13). Es muß verhindert werden, daß die warme Luft der rückwärtigen Fassade an einem Fassadenprofil vorbei zur Frontscheibe hin zirkulieren kann.

Bei beiden Paneeltypen können Verschattungsvorrichtungen integriert werden, so wurde in einigen Projekten ein zusätzlicher wärmedämmender Plisseestoff-Faltstore in das Modul integriert. Zwischen TWD-Material und Frontscheibe wird dieser Faltstore in einem größeren Luftzwischenraum geführt. Der Motor zur Ansteuerung des Rollos ist im oberen Abschluß des Paneels integriert.

Ein neuer Ansatz wurde mit der hermetischen Verglasung KAPILUX-H durch die Firma Okalux entwickelt. Die Technologie dieses Paneels beruht auf der traditionellen Isolierglasfertigung. Es wird als geschlossene luftdichte und wasserdichte Einheit ausgeführt. Der Einsatz einer low-e Scheibe verhindert die thermischen Verluste trotz der relativ geringen Tiefe des Moduls. Zusätzlich werden Edelgase wie Argon und Krypton eingesetzt, um die Wärmeleitfähigkeit im Scheibenzwischenraum herabzusetzen. Die Module besitzen einen Scheibenabstand von 40 mm. Das Problem der thermischen Gasausdehnung ist auch hier vorhanden, durch dickere Glasstärken jedoch beherrschbar. Der Hersteller beschränkt den Einsatz der Systeme auf bestimmte Minimal- und Maximalgrößen. Die Temperaturen im praktischen Einsatz dürfen 60°C nicht überschreiten. Der Randverbund ist in üblicher Technik mit Abstandhalter und Trockenmittel ausgeführt. Dies verhindert auch innenseitige Kondensation an der Frontscheibe. Die relativ geringe Dicke des Paneels erlaubt die Integration in konventionelle Fassadenprofile der meisten Hersteller.

Die Firma Licht- und Energie-Optimierungssysteme (L.E.S.) GmbH stellt Paneele mit Platten aus extrudierten Polycarbonat-Wabenstreifen her. Wie bereits erwähnt, können durch Schrägstellung der Waben Vorteile beim Einsatz als transparente Lichtwand oder als Dachverglasung erzielt werden. Da der Hauptverkaufssektor der Firma bisher im Bereich der Tageslichtnutzung lag, wurden hauptsächlich Elemente mit geringer Materialdicke und damit geringer Wärmeschutzwirkung verkauft. Allerdings wurde das Material auch in einigen Projekten als transparente Wärmedämmung im eigentlichen Sinne eingesetzt.

Sowohl in der Schweiz (AGI Gruppe) als auch in Deutschland (COLT International) wird seit kurzem ein transparentes Wärmedämmaterial der ersten Stunde eingesetzt und weiterentwickelt. Die Firma Isoflex AB, Bor-

länge, Schweden stellt seit mehreren Jahrzehnten unter dem Namen Moniflex ein extrem leichtes Wellplattenmaterial aus transparentem Zelluloseacetat (Dichte 13 kg/m$^3$) her. Hauptanwendung war die Wärmedämmung von Eisenbahnwaggons. Nun werden witterungsstabile Paneele angeboten, die bei 50 mm Dämmstärke einen k-Wert von 1,0 W/m$^2$K unterschreiten. Die Faltung des Materials (Abbildung 4-14) reduziert die Reflexionsverluste der vielen Oberflächen, zum anderen wird durch die Kammerbildung die Luftkonvektion unterbunden. Das traditionelle Material wurde bereits bei Sanierungsprojekten in Dänemark als Solarwandabdeckung benutzt. Die solaren Gewinne sind – bedingt durch den niedrigen g-Wert – geringer als bei den anderen vorgestellten Kunststoffmaterialien. Durch eine andere Anordnung der gefalzten Folien versucht man derzeit, ein Produkt mit höherem Gesamtenergiedurchlaßgrad zu entwickeln.

Ein interessanter Ansatz zur Lösung des Kondensationsproblems in TWD-Paneelen zeigt sich in den HELIORAN™-Modulen der Firma Schott. Dort wurde ein eigenes Randverbundsystem entwickelt. Die Ventilationsöffnungen des Scheibenzwischenraums laufen über das Trocknungsmittel nach außen. Dringt Luft in das Modul ein, entzieht das Trocknungsmittel der Luft die Feuchtigkeit. Beim »Ausatmen« des Moduls kann die ausströmende Luft die Feuchtigkeit wieder aufnehmen. Die Glas-

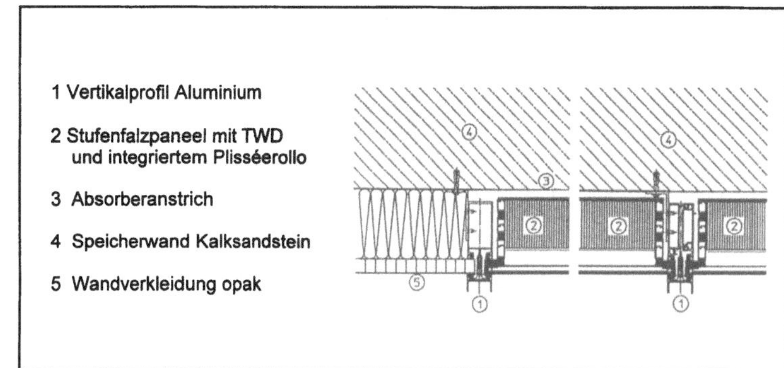


*Abbildung 4-13: Fassadenkonstruktion mit Stufenfalzpaneel*

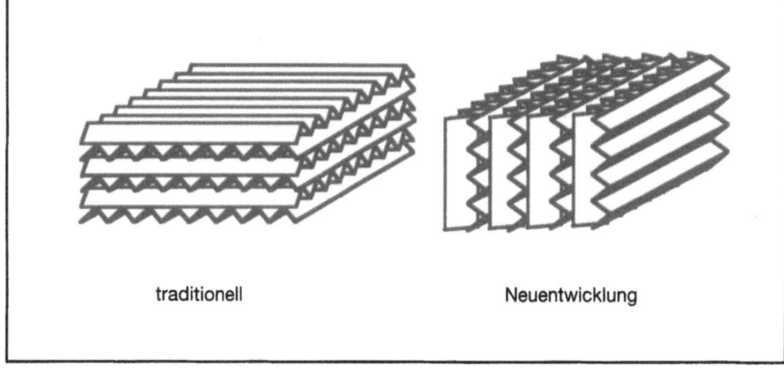


*Abbildung 4-14: Schematische Darstellung der Struktur von Moniflex; traditionelles Produkt sowie Entwicklungsprodukt*

röhrchen selbst enthalten keine Feuchtigkeit, wie dies etwa bei Kunststoffröhrchen der Fall ist. Dadurch sollten Kondensationserscheinungen zuverlässig ausgeschlossen werden. Der Randverbund ist eine Gesamteinheit und als solche nicht thermisch getrennt. Auf Grund dieser Spezialfertigung kann das Helioran-Modul nur mit einem einzigen definierten Scheibenabstand ausgeliefert werden. In den nachfolgenden Datenblättern werden die bisher marktverfügbaren TWD-Paneele zusammengestellt. Die genannten k-Werte und g-Werte beziehen sich dabei jeweils auf den »ungestörten« Paneelaufbau, d. h. ohne Berücksichtigung des Randverbundes, da dessen Einfluß stark von der Paneelgröße abhängt.

### 4.3.4 Produktdaten TWD-Paneele

**Datenblatt**
**TWD-Paneel: IPAWALL**

**Aufbau**
**von außen nach innen:**    Floatglas 6 mm
Aerogelgranulat
20–40 mm
Floatglas 4 mm

**Randverbund:**    Isolierglas-Abstandhalter,
Polysulfiddichtung
Konstruktive Ausbildung
des Randverbundes wie
bei Isolierverglasungen
Unterdruck im Scheiben-
zwischenraum, um
Pumpen der Scheiben und
Absacken des Aerogels zu
verhindern

Temperaturbeständigkeit
des TWD-Materials:    400 °C

Recyclingfähigkeit:    z. T. weiterverwendbar

Brandschutz:    bisher keine Einstufung,
Aerogel unbrennbar

Marktverfügbarkeit:    Herstellung des Aerogels
eingestellt, z. Zt. keine
Marktverfügbarkeit

Bisher ausgeführt:    ca. 300 m²

**Hersteller:**
Aerogel: BASF AG, Ludwigshafen
(Produktname Basogel)
Aerogelverglasung: Interpane, A-7111 Parndorf

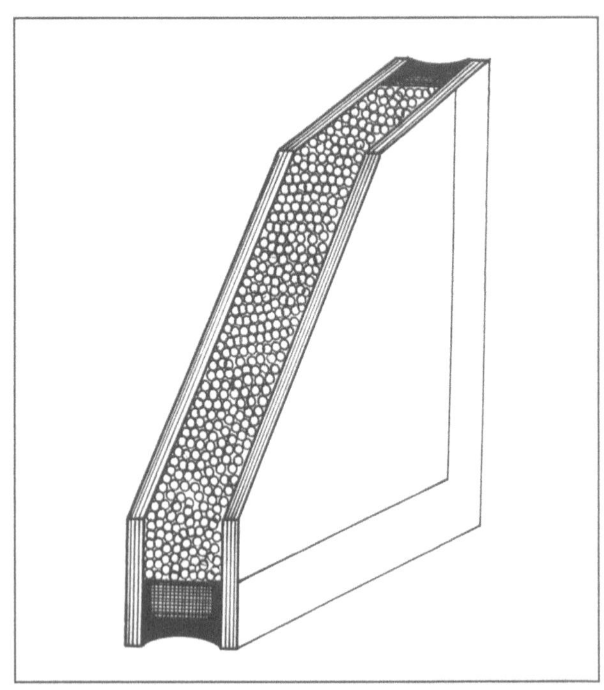

**Typische Kennwerte:**

| Dicke (einschl. Deckschichten) | 30 mm | 40 mm | 50 mm |
| --- | --- | --- | --- |
| k-Wert [W/m²K] | 1,0 | 0,7 | 0,5 |
| Diffuser g-Wert [%] | 45 | 38 | 30 |
| Lichtdurchlässigkeit [%] | 50 | 30 | 25 |
| Flächengewicht [kg/m²] | 26 | 27 | 28 |
| Richtpreis netto für größere Abnahmemengen [DM/m²] | | | |

**Datenblatt**
**TWD-Paneel: KAPILUX**

**Aufbau**

| | |
|---|---|
| **von außen nach innen:** | Einscheibensicherheitsglas 6 mm<br>Belüfteter Luftspalt ca. 10 mm<br>PMMA-Kapillarplatte 40–120 mm<br>Einscheibensicherheitsglas 6 mm |
| **Randverbund:** | Thermisch getrennte Aluminiumprofile mit Ventilationsöffnungen Ausbildung als Kompaktpaneel oder Stufenfalzpaneel |
| Temperaturbeständigkeit des TWD-Materials: | ca. 90 °C |
| Recyclingfähigkeit: | fast vollständig |
| Brandschutz: | bisher keine Einstufung |
| Marktverfügbarkeit: | seit 1990 (PMMA-Kapillaren mit kleineren Durchmessern seit 1965) ab 1996 nur noch als geschlossenes Paneel Kapilux H |
| Bisher ausgeführt: | ca. 10.000 m² |

**Typische Kennwerte:**

| Dicke (einschl. Deckschichten) | 62 mm | 102 mm | 142 mm |
|---|---|---|---|
| k-Wert [W/m²K] | 1,3 | 0,9 | 0,7 |
| Diffuser g-Wert [%] | 60 | 57 | 55 |
| Lichtdurchlässigkeit [%] | 80 | 75 | 72 |
| Flächengewicht [kg/m²] | 32 | 34 | 26 |
| Richtpreis netto für größere Abnahmemengen [DM/m²] | 400,– | 470,– | 550,– |

**Hersteller:**
OKALUX Kapillarglas GmbH,
97828 Marktheidenfeld-Altfeld

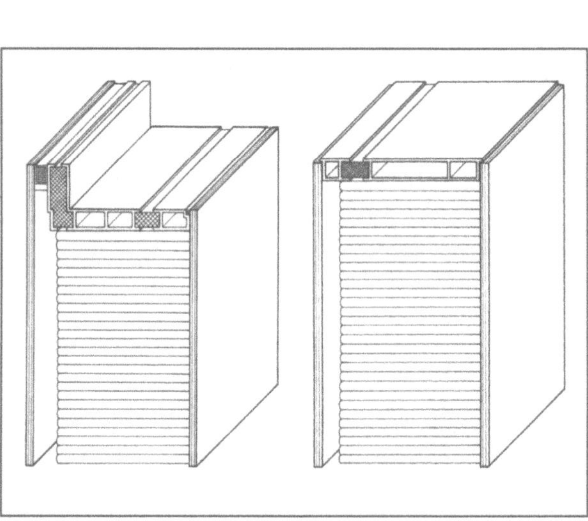

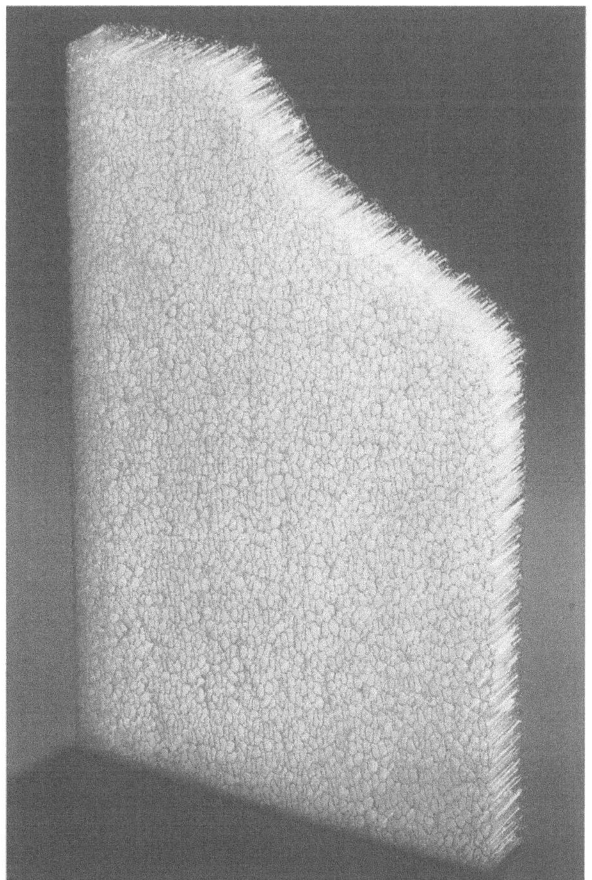

**Datenblatt**
**TWD-Paneel: KAPILUX-H**

**Aufbau**

| | |
|---|---|
| **von außen nach innen:** | Einscheibensicherheitsglas 5 mm<br>PMMA-Kapillarplatte 30 mm<br>Luftspalt ca. 10 mm<br>Einscheibensicherheitsglas 4 mm, low-e-Beschichtung<br>Edelgasfüllung im Scheibenzwischenraum |
| **Randverbund:** | Aluminium- oder Edelstahl-Abstandhalter mit Polysulfid-Abdichtung Trockenmittel integriert |
| Temperaturbeständigkeit des TWD-Materials: | ca. 90 °C |
| Recyclingfähigkeit: | fast vollständig |
| Brandschutz: | bisher keine Einstufung |
| Marktverfügbarkeit: | seit 1995 (PMMA-Kapillaren mit kleineren Durchmessern seit 1965) |
| Bisher ausgeführt: | ca. 1.000 m² |

**Typische Kennwerte:**

| | |
|---|---|
| Dicke (einschl. Deckschichten) | 49 mm |
| k-Wert [W/m²K] | 0,8 |
| Diffuser g-Wert [%] | 63 |
| Lichtdurchlässigkeit [%] | 73 |
| Flächengewicht [kg/m²] | 25 |
| Richtpreis netto für größere Abnahmemengen [DM/m²] | 390,– |

**Bemerkungen:**
Mindestgröße 100 x 100 cm, Maximalgröße 120 x 250 cm, Einsatztemperatur Paneel max. 60°C

**Hersteller:**
OKALUX Kapillarglas GmbH,
97828 Marktheidenfeld-Altfeld

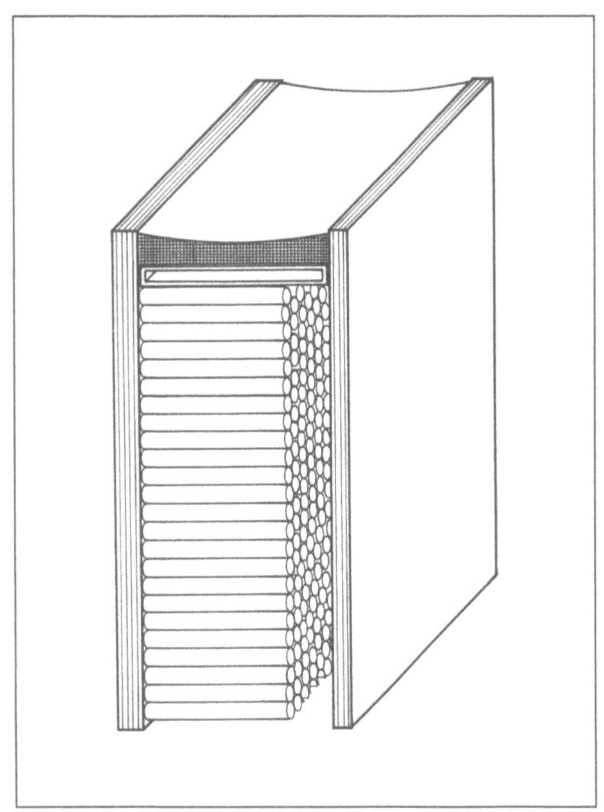

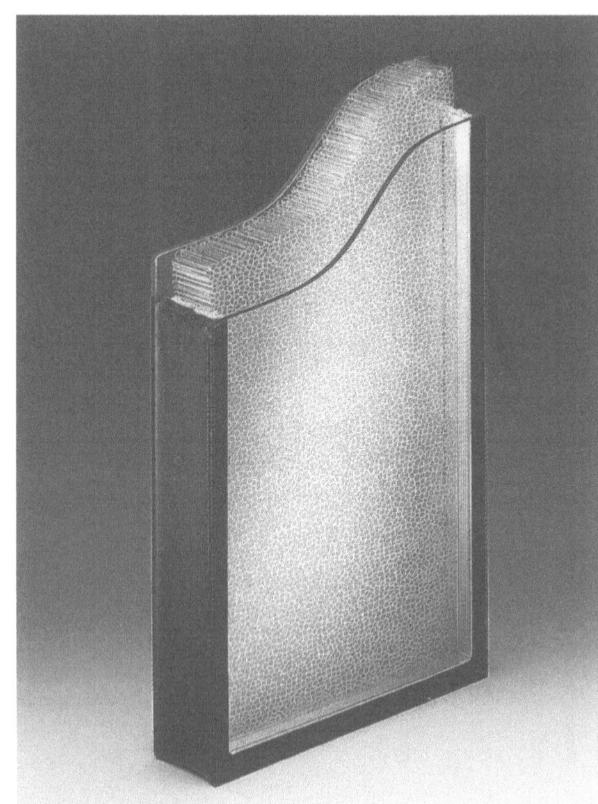

**Datenblatt**
**TWD-Paneel: L.E.S.**
**Licht- und Energie-Optimierungssystem**

**Aufbau**

| | |
|---|---|
| **von außen nach innen:** | Einscheibensicherheitsglas 4 mm |
| | Luftspalt |
| | Polycarbonat-Wabenplatte 40–100 mm |
| | Einscheibensicherheitsglas 4 mm |
| **Randverbund:** | Thermisch getrennte Aluminiumprofile mit Ventilationsöffnungen oder Holzmodul-Rahmen |
| **Temperaturbeständigkeit des TWD-Materials:** | ca. 160 °C |
| **Recyclingfähigkeit:** | ja |
| **Brandschutz:** | bisher keine Einstufung |
| **Marktverfügbarkeit:** | seit 1994 (Vorläufermaterialien seit ca. 1986) |
| **Bisher ausgeführt (einschl. »dünner« Paneele zur Tageslichtnutzung):** | ca. 6.000 m² |

**Typische Kennwerte:**

| | 58 mm | 108 mm |
|---|---|---|
| Dicke (einschl. Deckschichten) | 58 mm | 108 mm |
| k-Wert [W/m²K] | 1,3 … 1,4 | 0,8 … 0,9 |
| Diffuser g-Wert [%] | 67 | 64 |
| Lichtdurchlässigkeit [%] | 65 | 57 |
| Flächengewicht [kg/m²] | 25 | 27 |
| Richtpreis netto für größere Abnahmemengen [DM/m²] | auf Anfrage | |

**Hersteller:**
L.E.S. GmbH, 91126 Rednitzhembach

**Datenblatt**
**TWD-Paneel: Moniflex**

**Aufbau**

| | |
|---|---|
| **von außen nach innen:** | PC-Stegplatten 6–16 mm<br>Wellstruktur Cellulose-<br>Acetat 20–60 mm<br>PC-Stegplatten 4–6 mm |
| **Randverbund:** | Randverstärkung;<br>Einbindung von<br>Moniflex-Paneelen<br>in Colt-Azur System |
| Temperaturbeständigkeit<br>des TWD-Materials: | ca. 100 °C |
| Recyclingfähigkeit: | z. T. weiterverwendbar |
| Brandschutz: | Brandschutzmittel,<br>B1-Prüfzeugnis |
| Marktverfügbarkeit: | 1996 |
| Bisher ausgeführt: | ca. 1.000 m² |

**Typische Kennwerte:**

| Dicke (einschl. Deckschichten) | 40 mm | 60 mm | 80 mm |
|---|---|---|---|
| k-Wert [W/m²K] | 1,0 | 0,7 | 0,6 |
| Diffuser g-Wert [%] | 50 | 46 | 38 |
| Lichtdurchlässigkeit [%] | 50 | 37 | 29 |
| Flächengewicht [kg/m²] | 4,5 | 5,0 | 6,0 |
| Richtpreis netto für größere Abnahmemengen [DM/m²] | 150,– | 165,– | 180,– |

**Hersteller:**
Moniflex-Material: ISOFLEX AB, Borlänge, Schweden
Moniflexpaneel: COLT International GmbH, Kleve

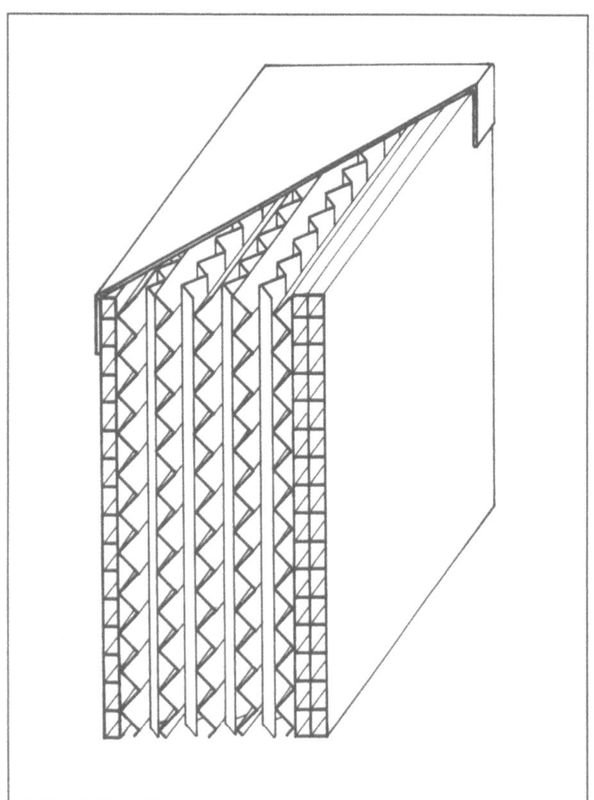

**Datenblatt**
**TWD-Paneel: HELIORAN**

**Aufbau**
**von außen nach innen:** Einscheibensicherheitsglas
5–8 mm
Luftspalt 3–6 mm
Glasröhrchen-TWD 80 mm
Einscheibensicherheitsglas
5–8 mm

**Randverbund:** Thermisch getrennte
Aluminium- oder
Edelstahlprofile
mit Ventilationsöffnungen

Temperaturbeständigkeit
des TWD-Materials: ca. 500 °C

Recyclingfähigkeit: vollständig

Brandschutz: nicht brennbar, Prüfung
nach DIN 4102
in Vorbereitung

Marktverfügbarkeit: seit Herbst 1996

Bisher ausgeführt: ca. 200 m²

**Typische Kennwerte:**

| | |
|---|---|
| Dicke (einschl. Deckschichten) | 98 mm |
| k-Wert [W/m²K] | 1,1 |
| Diffuser g-Wert [%] | 67 |
| Lichtdurchlässigkeit [%] | 68 |
| Flächengewicht [kg/m²] | 33 |
| Richtpreis netto für größere Abnahmemengen [DM/m²] | 500 . . . 600,– |

**Hersteller:**
SCHOTT Rohrglas GmbH, 95666 Mitterteich

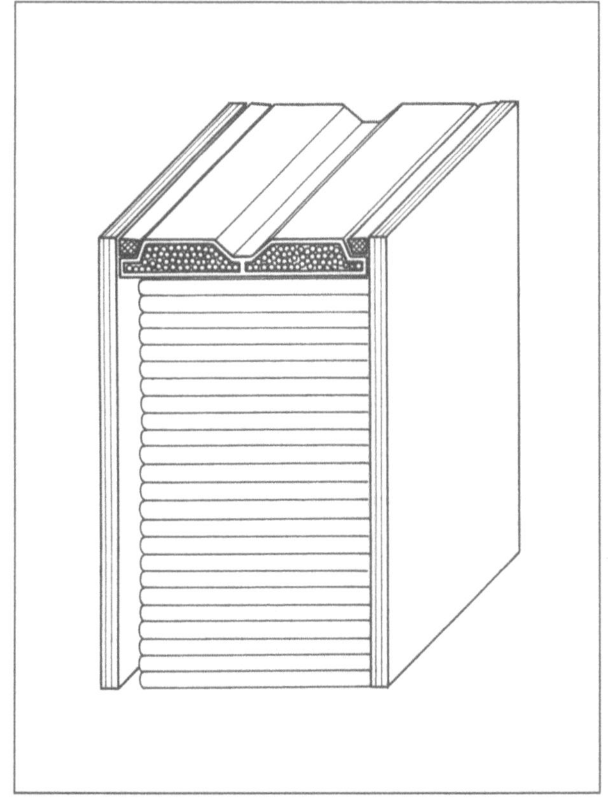

### 4.3.5 Quantitativer Vergleich TWD-Materialien und Verglasungen

Während typische Schichtdicken bei Kapillar- und Wabenstrukturen in der Anwendung bei etwa 50–120 mm liegen, können hohe Dämmwerte bei Aerogel bereits mit Schichtdicken von 10–20 mm erreicht werden. Der Vorteil der schlanken Bauweise von Aerogelelementen wird durch die Einschränkung gemindert, daß stets zwei Glasscheiben als Schutz notwendig sind. Bei Kapillar- und Wabenmaterial genügt eine wetterseitige Frontscheibe als Abdeckung, wenn nicht konstruktive oder bauphysikalische Gründe dagegen sprechen.

Bei Aerogelpaneelen unterscheidet sich der g-Wert nur geringfügig vom Strahlungstransmissionsgrad wegen der geringen Absorption des Materials. Anders bei Wabenstrukturen, deren g-Wert sich deutlich von der Strahlungstransmission unterscheidet. Licht- und Strahlungstransmission dagegen sind nahezu identisch, da die wellenlängenabhängige Lichtstreuung sehr gering ist. In der folgenden Abbildung ist für unterschiedliche Produkte der g-Wert für diffuse Einstrahlung gegenüber dem k-Wert aufgetragen. Das für die Solaranwendung optimale Material mit hohem Solargewinn und guter Wärmedämmung liegt in der linken, oberen Ecke der Grafik.

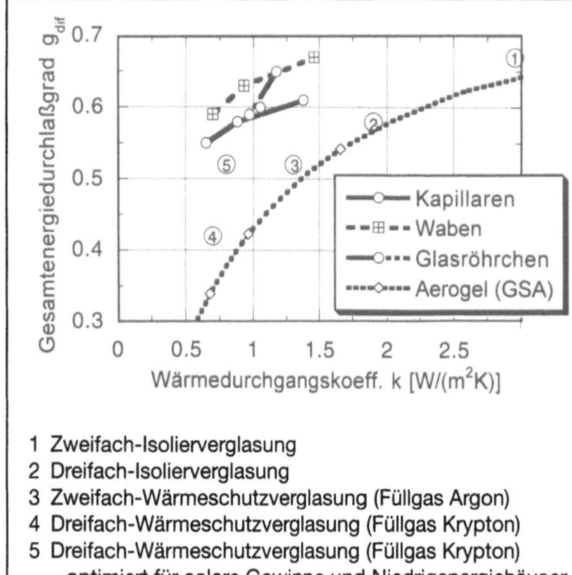


1 Zweifach-Isolierverglasung
2 Dreifach-Isolierverglasung
3 Zweifach-Wärmeschutzverglasung (Füllgas Argon)
4 Dreifach-Wärmeschutzverglasung (Füllgas Krypton)
5 Dreifach-Wärmeschutzverglasung (Füllgas Krypton)
   – optimiert für solare Gewinne und Niedrigenergiehäuser

*Abbildung 4-15: Überblick über optische und thermische Eigenschaften von TWD-Materialien (TWD-Materialien inklusive zweier eisenarmer Gläser; IV-Isolierverglasung, WSV-Wärmeschutzverglasungen mit Argon bzw. Krypton, jeweils 2fach und 3fach Verglasungen)*

### 4.4 TWD-Komplettsysteme

#### 4.4.1 Übersicht TWD-Komplettsysteme

Die oben vorgestellten TWD-Paneele eignen sich, wie Verglasungen oder opake Fassadenpaneele, zum Einbau in Pfosten-Riegel-Fassaden aus Holz- oder Aluminiumprofilen. Vor allem bei Aluminiumfassaden muß die Konstruktion auf die bauphysikalischen Randbedingungen einer TWD-Fassade abgestimmt werden. Dies betrifft die Temperaturbeanspruchung mit den entsprechenden thermischen Dehnungen sowie die Problematik von Konvektionsverlusten, Wärmebrücken und Tauwasserausfall innerhalb des Fassadensystems. Als Beispiel für eine optimierte Aluminium-Pfosten-Riegelfassade wird die Esser/Schüco-Fassade vorgestellt, die am Crew Training Complex in Köln realisiert wurde (siehe Kapitel 3.7).

Als Einfachlösungen bzw. für den Selbstbau werden meist Holz-Pfosten-Riegelfassaden vorgeschlagen. Ein derartiges System, in das auch einfache, im Selbstbau hergestellte TWD-Paneele einbaubar sind, wurde von der Arbeitsgemeinschaft Erneuerbare Energien in Gleisdorf, Österreich, entwickelt. Allerdings sind bisher nur wenige Projekte bekannt, in denen Holz-Einfachfassaden realisiert wurden.

TWD-Modulsysteme verzichten auf eine separate Fassadenkonstruktion, die Modulränder sind so ausgebildet, daß sie lastabtragende und dichtende Funktionen übernehmen können. TWD-Module werden also neben- bzw. übereinander an der Wand montiert, und je nach Detailausbildung mit einem gemeinsamen Abdeckprofil versehen. Ein Aluminium-Modulsystem der Firma Gebr. Schneider, Stimpfach, und eine Holzmodulfassade der HLB, Leipzig, vertreten diese Konstruktionsart.

Einen anderen Weg verfolgt die Sto AG, Stühlingen. Dort wurde ein TWD-System entwickelt, dessen Prinzipaufbau konventionellen Wärmedämmverbundsystemen entspricht: Die transparente Dämmplatte wird mit schwarz eingefärbtem Kleber, der gleichzeitig als Absorber fungiert, auf die zu dämmende Wand aufgeklebt. Außen ist die TWD-Platte bereits werksseitig mit einem lichtdurchlässigen Glaskügelchen-Putz beschichtet. Vorteile dieses Systems sind die geringen Investitionskosten und die gute Integrierbarkeit in konventionelle Wärmedämmverbundsysteme.

Von der Ernst Schweizer Metallbau AG in CH-Hedingen sind zwei andere, kostengünstige TWD-Systeme auf den Markt gebracht worden: Bei der ersten Variante werden TWD-Module in die Unterkonstruktion einer vorgehängten hinterlüfteten Fassade eingehängt. Den rückseitigen Abschluß des Moduls bildet eine Faserzementplatte, die als Absorber fungiert. Die solare Wärme gelangt über Strahlung und Konvektion zur dahinterliegenden Massivwand. Vorteil: Die massive Wand braucht nicht behandelt oder gestrichen werden, was sich vor allem bei Sanierungen positiv auswirkt. Nachteil: Die Absorbertemperaturen können sehr hoch werden und konvektive Wärmeverluste aus dem Luftspalt zwischen TWD-Paneel und Massivwand können ein Problem darstellen. Beim zweiten System handelt es sich um eine Außenhaut aus thermisch getrennten Profilgläsern, wobei der Raum zwischen innerer und äußerer Glasebene mit TWD-Material gefüllt ist .

Ohne Verschattung kommen alle diese TWD-Systeme nur dann aus, wenn sie in Teilflächenbelegung angebracht werden. Die Capatect Dämmsysteme GmbH, Ober-Ramstadt, löst das Problem der Überwärmung auf andere Weise. Wie bei der Einhängefassade der Ernst Schweizer AG bildet die Rückseite des TWD-Moduls den Absorber, in diesem Fall besteht er aus dunklem Stahlblech. Im Heizfall gelangt die Wärme über Konvektion und Strahlung zur dahinterliegenden Massivwand. Im Sommer werden unter und über der eigentlichen TWD-Fläche liegende Klappen geöffnet, so daß die warme Luft nach außen abgeführt wird und das TWD-Modul von kühler Frischluft hinterströmt wird. Es handelt sich also um eine konvektive Entwärmung.

Ein System, das eigentlich hier gar nicht besprochen werden dürfte, weil es nur in geringem Maße lichtdurchlässig ist, stellt die Solarfassade des Linzer Energieinstituts dar. Die TWD besteht in diesem Fall aus Papierwaben. Die winterlichen Wärmegewinne sind im Verhältnis zu einer »echten« TWD gering, dafür kann im Sommer auf eine Verschattung verzichtet werden, da die Sonneneinstrahlung nur die äußeren Bereiche der Papierwabe erwärmt und die Dämmwirkung des nicht erwärmten inneren Bereichs zum Tragen kommt.

In den folgenden Datenblättern sind die Kennwerte dieser Systeme zusammengestellt. k-Wert- und g-Wertangaben beziehen sich dabei jeweils auf die solare Öffnungsfläche ohne Rahmenanteil, da dieser abhängig von der Fassadenteilung, objektspezifischen Schwankungen unterliegt.

### 4.4.2 Produktdaten TWD-Komplettsysteme

**Datenblatt
TWD-Komplettsysteme:
Aluminium-Pfosten-Riegelkonstruktion**

**Aufbau:**
Die Aluminiumfassade der Firma Esser besteht aus thermisch getrennten Schüco-Aluminiumprofilen. Speziell ausgebildete Dichtungen dienen zur k-Wert Verbesserung der Profile und zur Entlüftung bzw. Entwässerung der TWD-Paneele. Die Falzräume zwischen den Paneelen und der Luftspalt zwischen Paneelen und Speicherwand werden ebenfalls über kleine Öffnungen mit der Außenluft verbunden, um den Dampfdruckausgleich zu gewährleisten. Die Fassade besitzt ein komplexes System von Dilatationsprofilen, Dehn- und Schiebepunkten, um die thermischen Dehnungen spannungsfrei aufzunehmen. Je nach TWD-Paneelgröße beträgt der Rahmenanteil etwa 8–15 %. Als TWD-Paneele können z. B. Kompaktpaneele oder Stufenfalzpaneele eingesetzt werden.

**Verschattung:**
Standard: außenliegende Aluminiumjalousien,
Variante: Markisen, innenliegende Jalousien

**Einsetzbarkeit:**
Direktgewinnsysteme, Solarwandsysteme,
Konvektive Systeme

**Temperaturbeständigkeit des Gesamtsystems:**
bis ca. 80 °C

**Recyclingfähigkeit:** fast vollständig

**Brandschutz:** bisher keine Einstufung

**Bisher ausgeführt:** ca. 1.000 m²

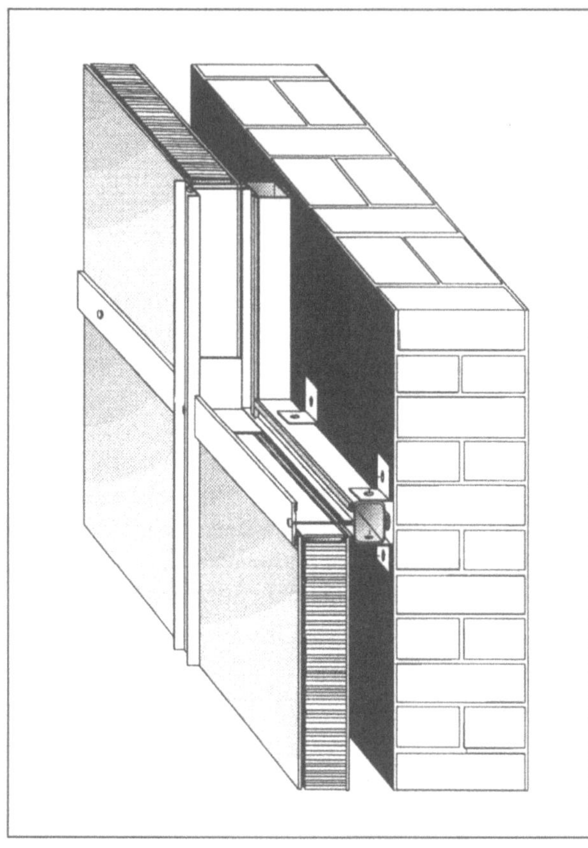

**Typische Kennwerte (mit Kapilux-Paneelen):**

| TWD-Dicke (einschl. Deckschichten) | 62 mm | 102 mm | 142 mm |
|---|---|---|---|
| k-Wert [W/m²K] | 1,3 | 0,9 | 0,7 |
| Diffuser g-Wert [%] | 60 | 57 | 55 |
| Lichtdurchlässigkeit [%] | 80 | 75 | 72 |
| Richtpreis netto einschl. Verschattung, einschl. Montage, ohne Gerüst und sonstige Nebenkosten, von ... bis [DM/m²] | 1000,–<br>1400,– | 1100,–<br>1500,– | 1200,–<br>1600,– |

**Ähnliche Systeme:**
– Ernst Schweizer AG, metallbau CH-8908 Hedingen
– Gebrüder Schneider, Fensterfabrik, 74597 Stimpfach

**Hersteller:**
Profile: Schüco International, 33525 Bielefeld;
Fassade: C. Esser GmbH, 50825 Köln

Datenblatt
**TWD-Komplettsysteme:**
**Holz-Pfosten-Riegelkonstruktion**

### Aufbau:

Die Holzfassade der österreichischen Arbeitsgemeinschaft Erneuerbare Energien besteht aus einfachen Kantholzprofilen, die mit Locheisenplatten und Winkeln zum Ausgleich von Wandtoleranzen montiert werden. Die Konstruktion ist für den Selbstbau gedacht und mit einfachen Mitteln realisierbar. Auch für die TWD-Paneele wird ein Do-it-yourself-Konstruktionsvorschlag unterbreitet: Ein einfacher Sperrholzrahmen nimmt die TWD-Platte auf, beidseitig aufgeklebte Scheiben schützen vor Witterungseinflüssen und Beschädigungen. Nach außen wird die Konstruktion über Alu-Klemmprofile (vertikal) bzw. Tropfbleche (horizontal) abgeschlossen. Der Rahmenanteil liegt bei 15–20 %. Eine ähnliche Fassade wurde auch vom Institut für Baukonstruktion der Universität Stuttgart an einem Versuchshaus realisiert (siehe Foto unten).

### Ausführungsvarianten:

In die Fassadenkonstruktion können auch industriell gefertigte TWD-Komplettpaneele eingebaut werden.

### Verschattung:

durch bauliche Verschattung oder außenliegende Systeme

### Einsetzbarkeit:

nur für Solarwandsysteme wegen konstruktionsbedingter Undichtigkeiten

### Temperaturbeständigkeit des Gesamtsystems:

bis ca. 80 °C

### Recyclingfähigkeit:

fast vollständig, abhängig vom chemischen Holzschutz

### Brandschutz:

bisher keine Einstufung

### Bisher ausgeführt:

nur Prototyp

### Typische Kennwerte:

| | |
|---|---|
| TWD-Dicke (einschl. Deckschichten) | 118 mm |
| k-Wert [W/m²K] | 0,9 |
| Diffuser g-Wert [%] | 63 |
| Richtpreis netto nur Material, von ... bis [DM/m²] | 300,– 400,– |

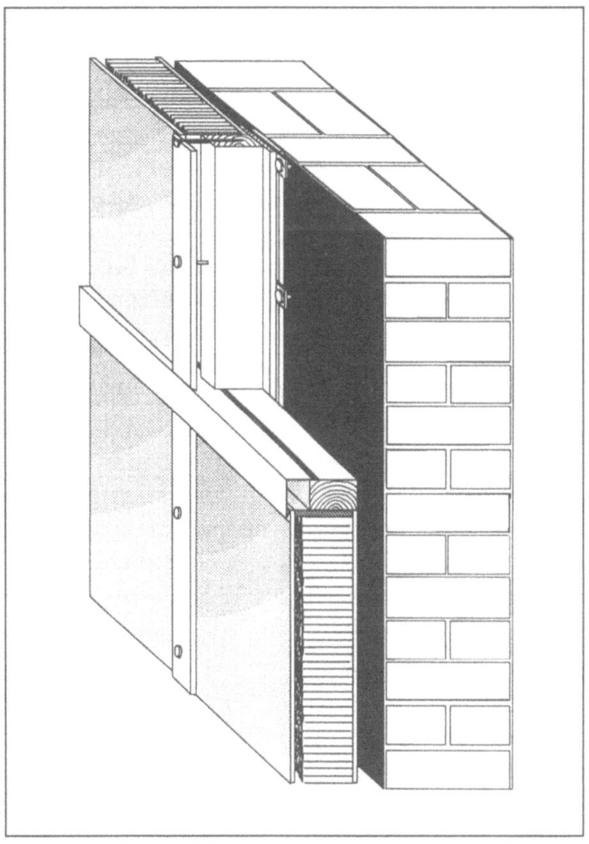

**Hersteller:**
Anleitung zum Selbstbau von Arbeitsgemeinschaft Erneuerbare Energien, A-8200 Gleisdorf

**Datenblatt**
**TWD-Komplettsysteme: Aluminium-Modulfassade**

**Aufbau:**
Modulfassaden sind aufgrund ihres größeren Vorfertigungsgrades meist kostengünstiger als Pfosten-Riegelkonstruktionen. Die Alu-Modulfassade von Gebr. Schneider besteht aus beidseitig verglasten TWD-Platten mit einem Luftspalt zur vorderen Scheibe. Der Scheibenzwischenraum steht über Druckausgleichsöffnungen mit der Außenluft in Verbindung. Die Module werden mit Winkelprofilen neben- bzw. übereinander an der massiven Wand montiert. Die Ränder der Module greifen ineinander, so daß die Dichtheit der Konstruktion gewährleistet ist. Der Rahmenanteil beträgt etwa 15 % und ist damit etwas ungünstiger als bei Pfosten-Riegelfassaden. Als Verschattung wurde im gezeigten Beispiel eine außenliegende Aluminiumjalousie angeordnet. Die Füllung der Module kann aus unterschiedlichen TWD-Materialien bestehen (z. B. Schott, Okalux, L.E.S).

**Ausführungsvarianten:**
Von Gebr. Schneider gibt es auch Holzmodulfassaden sowie Alu- und Holz-Pfosten-Riegelkonstruktionen mit transparenter Wärmedämmung.

**Verschattung:**
Standard: außenliegende Aluminiumjalousien,
Variante: Markisen

**Einsetzbarkeit:**
Solarwandsysteme, Direktgewinnsysteme,
konvektive Systeme

**Temperaturbeständigkeit des Gesamtsystems:**
bis ca. 100 °C (mit Glas-TWD)

**Recyclingfähigkeit:** fast vollständig

**Brandschutz:** bisher keine Einstufung

**Bisher ausgeführt:**
ca. 1200 m² in unterschiedlicher Systemausführung

**Typische Kennwerte:**

| TWD-Dicke (einschl. Deckschichten) | 90 mm | 98 mm |
| --- | --- | --- |
| k-Wert [W/m²K] | 1,1 | 0,9 |
| Diffuser g-Wert [%] | 67 | 57 |
| TWD-Material | Helioran | Kapilux |
| Richtpreis netto ohne Verschattung, einschl. Montage, ohne Gerüst und sonstige Nebenkosten, von ... bis [DM/m²] | 900,– ... 1200,– | |

**Hersteller:**
Gebrüder Schneider Fensterfabrik, 74597 Stimpfach

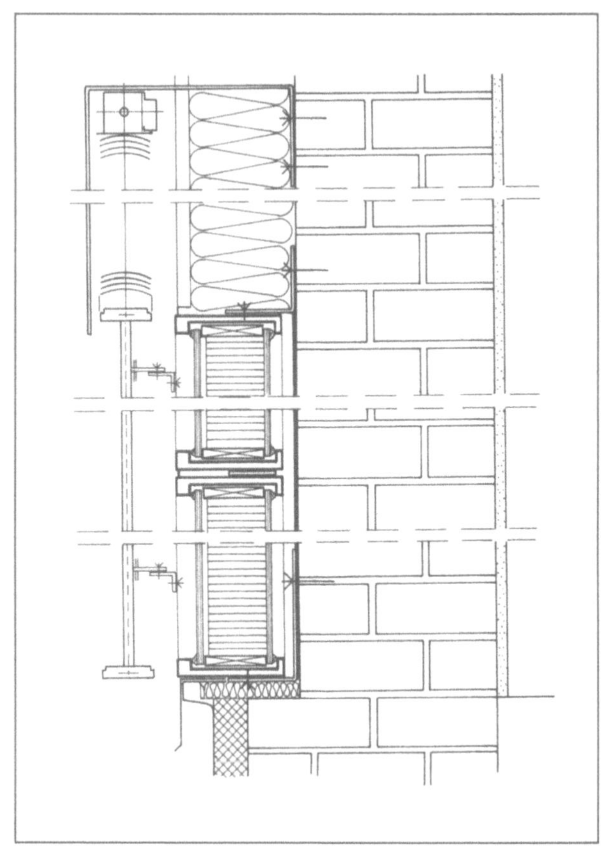

**Datenblatt**
**TWD-Komplettsysteme: Holz-Modulsystem**

### Aufbau:

Die TWD-Module von HLB-Leipzig bestehen aus einem Sperrholzrahmen mit äußeren Glashalteleisten aus Aluminium, 80 mm TWD-Kapillarmaterial und zwei Abdeckscheiben. Aufgrund des großen Scheibenzwischenraums sind Druckentspannungsöffnungen nach außen vorgesehen. Die Module werden mit speziellen Dübeln in der Massivwand verankert und durch gemeinsame Abdeckprofile abgedichtet. Bei den bisher ausgeführten Objekten wurden sowohl hinter der Außenscheibe liegende Folienrollos, als auch außenliegende Markisen als Verschattung eingesetzt.

### Ausführungsvarianten:

auch als Pfosten-Riegelkonstruktion

### Verschattung:

Standard: außenliegende Markisen. Varianten: Außenliegende Jalousien oder Rolläden, innenliegende Folienrollos

### Einsetzbarkeit:

Solarwandsysteme

### Temperaturbeständigkeit des Gesamtsystems:

bis ca. 80 °C

**Recyclingfähigkeit**: fast vollständig

**Brandschutz:** Zustimmung im Einzelfall erforderlich

**Bisher ausgeführt:** 600 m²

### Typische Kennwerte:

| | |
|---|---|
| TWD-Dicke (einschl. Deckschichten) | 90 mm |
| k-Wert [W/m²K] | 0,9 |
| Diffuser g-Wert [%] | 68 |
| Richtpreis netto einschl. Verschattung, einschl. Montage ohne Gerüst und sonstige Nebenkosten, von ... bis [DM/m²] | 900,– 1100,– |

### Hersteller:

Holz- und Leichtmetallbau GmbH, 04129 Leipzig

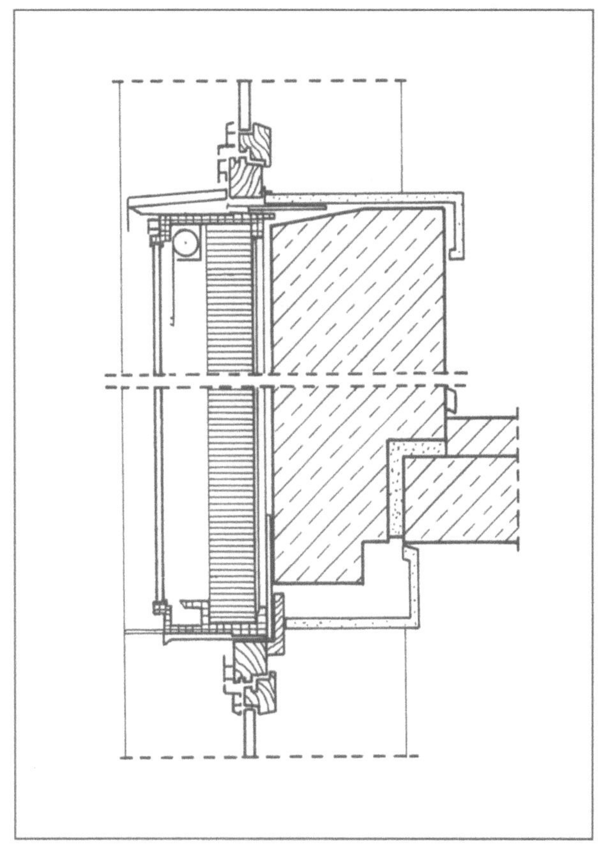

**Datenblatt**
**TWD-Komplettsysteme:**
**Transparentes Wärmedämm-Verbundsystem**

**Aufbau:**
Auf die massive Außenwand wird zunächst ein konventionelles Wärmedämm-Verbundsystem aufgebracht, wobei definierte Wandbereiche ausgespart bleiben. Die ausgesparten Bereiche werden mit einem Absorber beschichtet (1), der zugleich als Kleber für das TWD-Element dient. Dieses besteht aus widerstandsfähigen, lichtdurchlässigen Polycarbonat-Kapillaren (2) mit einer Glasputzabdeckung. Die transparente Abdeckung wird aus Glaskugeln mit 2–3 mm gebildet, die in eine transparente Matrix eingebunden sind (4). Zur Stabilisierung des Aufbaus befindet sich ein Glasvlies (3) zwischen Glasputz und Kapillarplatte. Der komplette Systemaufbau wird werkseitig vorproduziert und ist mit TWD-Dämmstoffdicken zwischen 6 und 20 cm lieferbar.

**Verschattung:**
Keine Verschattung außer baulichen Vorkehrungen wie Balkone etc. Durch Teilflächenbelegung, Winkelselektivität des Glasputzes und etwas geringere Wirkungsgrade als bei hocheffektiven Systemen ist die sommerliche Überwärmung beherrschbar. Zur Zeit wird an der Integration einer thermotropen Verschattung in den Außenputz gearbeitet.

**Einsetzbarkeit:**
nur für Solarwandsysteme

**Temperaturbeständigkeit des Gesamtsystems:**
bis ca. 100 °C

**Recyclingfähigkeit**: nicht bekannt

**Brandschutz:** B1 (schwer entflammbar) wird angestrebt

**Bisher ausgeführt:** ca. 1.000 m²

**Typische Kennwerte:**

| TWD-Dicke (einschl. Deckschichten) | 80 mm | 100 mm | 140 mm |
|---|---|---|---|
| k-Wert [W/m²K] | 0,9 | 0,8 | 0,6 |
| Diffuser g-Wert (Schätzwerte) [%] | | | ca. 50 |
| Richtpreis netto einschl. Montage, ohne Gerüst und sonstige Nebenkosten, von … bis [DM/m²] | 450,–<br>500,– | 480,–<br>520,– | 530,–<br>600,– |

**Hersteller:**
Sto AG, 79780 Stühlingen

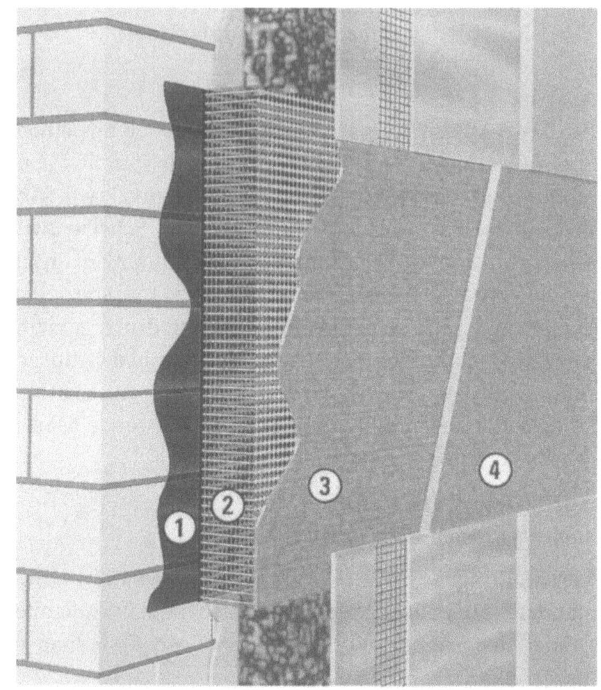

**Datenblatt**
**TWD-Komplettsysteme: TWD-Einhängesystem**

**Aufbau:**
Bei der SolFas-TWD-Fassade der Ernst Schweizer AG handelt es sich um die Modifikation einer vorgehängten, hinterlüfteten Fassade für Aluminium-Einhängekassetten. U-Profile aus Stahl oder Aluminium werden vertikal auf die Außenwand montiert und mit Beschlägen zur Montage der TWD-Paneele versehen. Die Paneele bestehen aus vorderer Abdeckscheibe, Kapillarplatte mit Luftspalt zur Außenscheibe und hinterer Absorberplatte aus Faserzement. Die Wärme gelangt konvektiv und über Strahlung von der Absorberplatte über den Luftspalt zur Massivwand. Als Randverbund werden thermisch getrennte Aluminiumprofilrahmen mit Ventilationsöffnungen verwendet. Die Module sind gegenseitig und zur Wand hin abgedichtet, um konvektive Wärmeverluste zu vermeiden. Der Rahmenanteil beträgt 9–13 %.

**Ausführungsvarianten:**
auch mit Glasscheibe als hinterer Abdeckung. Dann muß jedoch die Wand einen Absorberanstrich erhalten und dazu ggf. erst vorbehandelt werden.

**Verschattung:**
bauliche Verschattungsmaßnahmen oder externe Verschattungssysteme. Als Variante sind modulintegrierte, fixe Lamellen möglich.

**Einsetzbarkeit:**
nur für Solarwandsysteme wegen konstruktionsbedingter Undichtigkeiten

**Temperaturbeständigkeit des Gesamtsystems:** bis 90 °C

**Recyclingfähigkeit**: System vollständig trennbar, gute Recyclingmöglichkeiten

**Brandschutz:** bisher keine Einstufung

**Bisher ausgeführt:** ca. 600 m²

**Typische Kennwerte:**

| TWD-Dicke (einschl. Deckschichten) | 131 mm | 173 mm |
|---|---|---|
| k-Wert [W/m²K] | 0,8 | 0,6 |
| Diffuser g-Wert [%] | 65 | 57 |
| Richtpreis einschl. Montage, ohne Gerüst und sonstige Nebenkosten, [DM/m²] | 700,–<br>800,– | 800,–<br>900,– |

**Hersteller:**
Ernst Schweizer AG Metallbau, CH-8908 Hedingen
**Vertrieb in Deutschland:** Metallbau Schweizer GmbH, Ditzingen und Hunsrücker Glasveredelung Wagener GmbH, 55477 Kirchberg

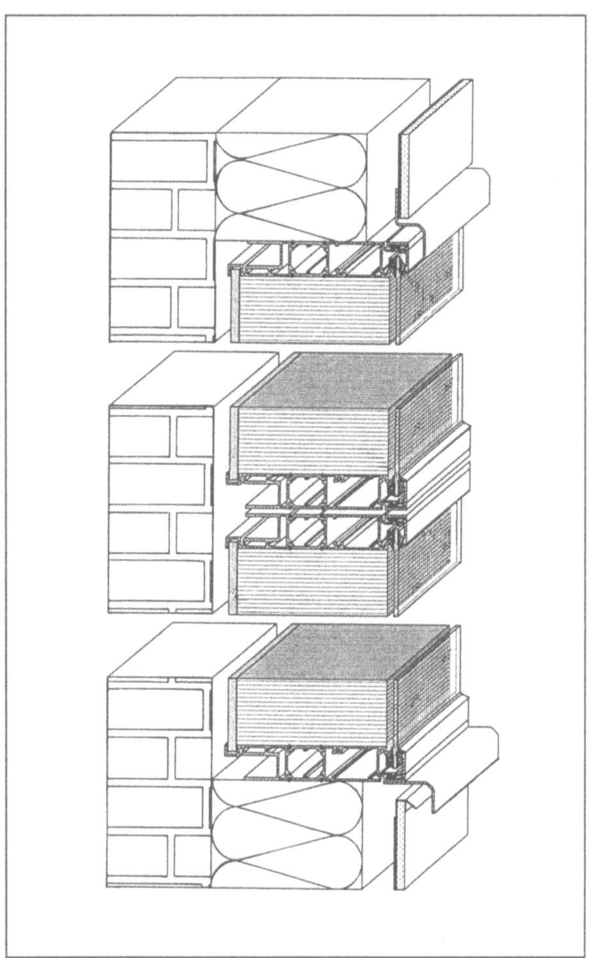

**Datenblatt**
**TWD-Komplettsysteme: TWD-Profilglasfassade**

**Aufbau:**
Jeweils zwei Gußgläser werden mit Kunststoff-Isolier-
stegen zu einem Element verbunden, mit transparenter
Wärmedämmung gefüllt und mit EPDM-Gummiprofilen
abgedichtet. Eine Spezialfolie ermöglicht den Druckausgleich. Die Montage am Bau erfolgt mit thermisch getrennten Leichtmetallrahmen. Abgedichtet werden die
Elementstöße mit herkömmlicher Fugendichtmasse.

**Verschattung:**
bauliche Verschattungsmaßnahmen oder externe Verschattungssysteme; keine systemintegrierte Verschattung

**Einsetzbarkeit:**
für Solarwandsysteme, Direktgewinnsysteme, konvektive Systeme

**Temperaturbeständigkeit des Gesamtsystems:** bis 90 °C

**Recyclingfähigkeit**: System vollständig trennbar,
gute Recyclingmöglichkeiten

**Brandschutz:** bisher keine Einstufung

**Bisher ausgeführt:** ca. 300 m²

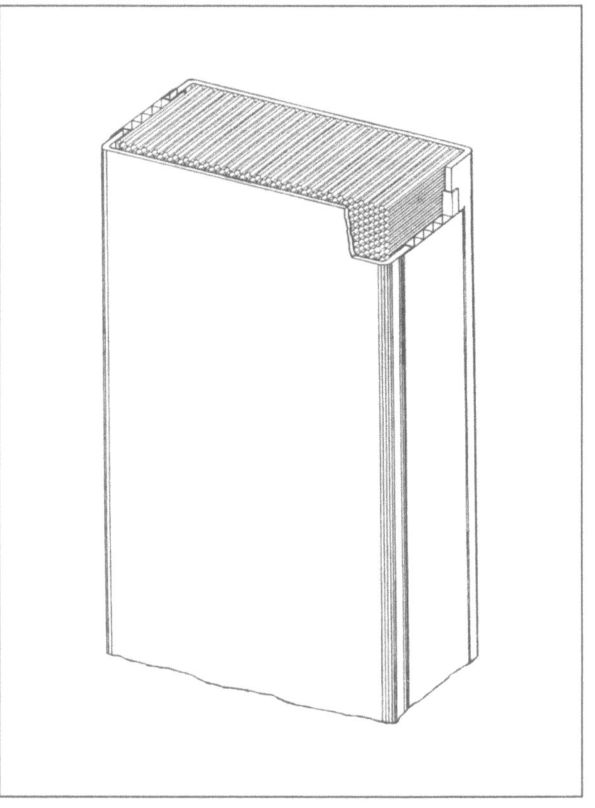

**Typische Kennwerte:**

| TWD-Dicke<br>(einschl. Deckschichten) | 105 mm | 145 mm |
|---|---|---|
| k-Wert [W/m²K] | 0,8 | 0,6 |
| Diffuser g-Wert [%] | 56 | 53 |
| Lichtdurchlässigkeit [%] | 48 | 45 |
| Richtpreis einschl. Montage,<br>ohne Gerüst und sonstige<br>Nebenkosten, [DM/m²] | 350,–<br>450,– | 450,–<br>550,– |

**Hersteller:**
Ernst Schweizer Metallbau AG, CH-8908 Hedingen
**Vertrieb in Deutschland**: Metallbau Schweizer GmbH,
Ditzingen und Hunsrücker Glasveredelung
Wagener GmbH, 55477 Kirchberg

**Ähnliche Systeme:**
Glasfabrik Lamberts, 95624 Wunsiedel
(System ohne thermische Trennung der Profilglas-
elemente; bisher ausgeführt: ca. 4.000 m²)

**Datenblatt
TWD-Komplettsysteme:
Konvektiv entwärmtes TWD-System**

**Aufbau:**

Beim konvektiv entwärmten TWD-System von Capatect
handelt es sich um ein Modulsystem mit Hinterlüftung
als sommerlicher Überhitzungsschutz. Auf die sonst übliche Verschattungseinrichtung kann verzichtet werden.
Die TWD-Module bestehen aus einem Metallrahmen, in
den der Blechabsorber (»Modulwanne«), die transparente Dämmschicht und die äußere Glasabdeckung eingesetzt werden. Die am Absorberblech erzeugte Wärme gelangt über Strahlung und Konvektion zur dahinterliegenden Massivwand. Unter und über der TWD-Fläche befinden sich Klappen, die im Sommer geöffnet werden, um
unerwünschte Solargewinne aus dem Luftspalt abzu-
führen. Die Klappen können manuell oder automatisch
gesteuert werden. Von außen wirken die Module ähnlich
wie ein Fensterelement.

**Ausführungsvarianten:**

auch ohne Klappen zur Hinterlüftung, wenn bauseits
Verschattung vorhanden oder nicht notwendig ist. Unterschiedliche TWD-Materialien als »Füllung« möglich.

**Verschattung:**

Entwärmung über konvektive Hinterlüftung

**Einsetzbarkeit:**

für Solarwandsysteme und konvektive Systeme

**Temperaturbeständigkeit des Gesamtsystems:**
bis 140 °C (mit Polycarbonat-TWD)

**Recyclingfähigkeit:** System vollständig trennbar,
gute Recyclingmöglichkeiten

**Brandschutz:** B1- und A2-Prüfung in Vorbereitung

**Bisher ausgeführt:** 100 m²

**Typische Kennwerte:** bisher keine Angaben

**Hersteller:**
Capatect Dämmsysteme GmbH, 64372 Ober-Ramstadt

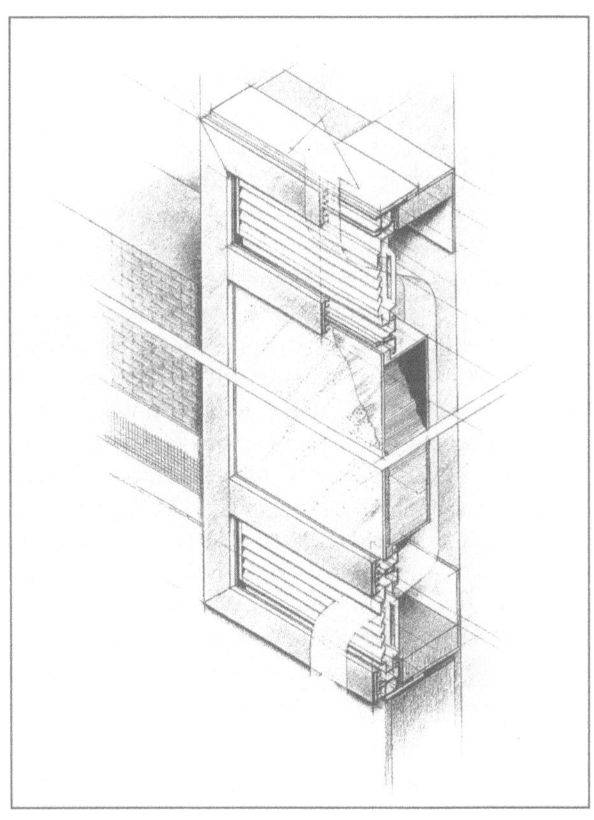

**Datenblatt**
**TWD-Komplettsysteme: Papierwaben-TWD**

**Aufbau:**
Bei der Papierwaben TWD-Fassade handelt es sich im
Prinzip um eine einfache Holz-Pfosten-Riegelkonstruktion. Das Besondere an diesem Produkt ist zweifellos das
»TWD«-Material. Es handelt sich dabei um eine Schicht
aus absorbersenkrechten Kartonwaben. Die solare Strahlung dringt nicht bis zur massiven Wand, sondern wird in
den äußeren Bereichen der 8 cm dicken Papierwabe absorbiert und in Wärme umgewandelt. Die Temperaturerhöhung im äußeren Wabenbereich führt im Winter zu einer Verringerung der Transmissionswärmeverluste. Im
Sommer steht die Sonne wesentlich steiler am Himmel,
und die Strahlung dringt kaum mehr in die Papierwaben
ein, so daß nur die äußere Grenzschicht erhizt wird. Der
Großteil des Querschnitts wirkt dann als klassische Wärmedämmung und verhindert den Wärmefluß zur
Massivwand. Eine Verschattung ist nicht nötig. Nachteilig im Vergleich zu den anderen, vorgestellten Systemen
ist allerdings der geringe g-Wert von nur 13 %.

**Ausführungsvarianten:**
auch als weiter vereinfachte Konstruktion mit kreuzwei-
ser Lattung und schuppenförmiger Glas-Außenbeklei-
dung z. B. für den Selbstbau

**Verschattung:** nicht notwendig

**Einsetzbarkeit:**
nur für Solarwandsysteme wegen konstruktionsbedingter Undichtigkeiten

**Temperaturbeständigkeit des Gesamtsystems:**
bis ca. 150 °C

**Recyclingfähigkeit:** System vollständig trennbar,
sehr gute Recyclingmöglichkeiten

**Brandschutz:** B2 geprüft (Normal entflammbar)

**Bisher ausgeführt:** ca. 800 m²
(Paneele und Komplettfassaden)

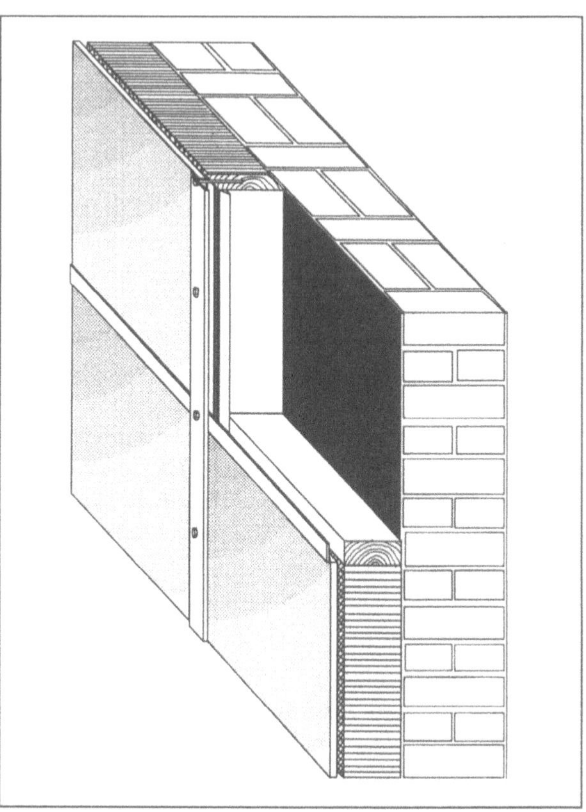

**Typische Kennwerte:**

| | |
|---|---|
| TWD-Dicke (einschl. Deckschichten) | ca. 110 mm |
| k-Wert [W/m²K] | 1,0 |
| Diffuser g-Wert [%] | 13 |
| Richtpreis einschl. Montage, ohne Gerüst und sonstige Nebenkosten,[DM/m²] | 350,– ... 500,– |

**Hersteller:**
Energie Systeme Aschauer, A-4362 Bad Kreuzen

**Literatur**

[4-1] Platzer, W.J. : Solare Transmission und Wärmetransportmechanismen bei transparenten Wärmedämmaterialien, Dissertation Albert-Ludwigs-Universität Freiburg, 1988

[4-2] Fricke, J. (Hrsg.): Tagungsband »3rd Int. Symposium on Aerogels«, Elsevier Science, North-Holland, 1992

[4-3] Platzer, W.J.: Recent Advances in Transparent Insulation Technology, Tagungsband »Transparent Insulation Technology – TI8« , Freiburg, 16. Sept. 1996, 1997

[4-4] Bregula, U.: Fenster und Fenstersysteme, ein Informationspaket, Fachinformationszentrum Karlsruhe, Gesellschaft für Wissenschaftlich-Technische Information mbH, Verlag TÜV Rheinland, Köln, 1993

[4-5] Platzer, W.J.: Fenster und Verglasungen, in: Thermische Nutzung der Solarenergie in Gebäuden (Hrsg. A. Marko, P. Braun), Springer-Verlag, Heidelberg, 1996

[4-6] Fachinformationszentrum Karlsruhe, Gesellschaft für Wissenschaftlich-Technische Information mbH, »Hochwärmegedämmte Fenstersysteme«, Projektinformation BINE Informationsdienst, Info Nr. 5/96, 1996

# 5. Tageslichtnutzung

## 5.1  Konzepte der Tageslichtnutzung

Die Hauptfunktion eines Fensters ist der Lichtdurchlaß in das Rauminnere. Ohne Tageslicht benötigen wir Kunstlicht, um unsere Umgebung wahrzunehmen; dies bedeutet im allgemeinen niedrigere Lichtqualität und zusätzliche Kosten. Die spektrale Verteilung des Tageslichts ist der des Kunstlichts überlegen; es wird auch diskutiert, daß die menschliche Widerstandskraft gegen Krankheiten durch Tageslicht gefördert wird. Die spektrale Empfindlichkeit des Auges ist dem Tageslicht angepaßt.

Die Intensität von Tageslicht ändert sich mit der Zeit und mit dem Wetter. Die maximale Intensität beträgt rund 110 kLux bei direkter Sonne. Oft müssen schnelle, zeitliche und räumliche Wechsel durch die Akkomodation des Auges ausgeglichen werden. Es gibt jedoch Grenzen dieser Fähigkeit: Sehr schnelle Wechsel innerhalb weniger Sekunden von direkter Sonne zu Dunkelheit und umgekehrt sind schwer zu adaptieren, daher werden solche Wechsel als nicht komfortabel empfunden.

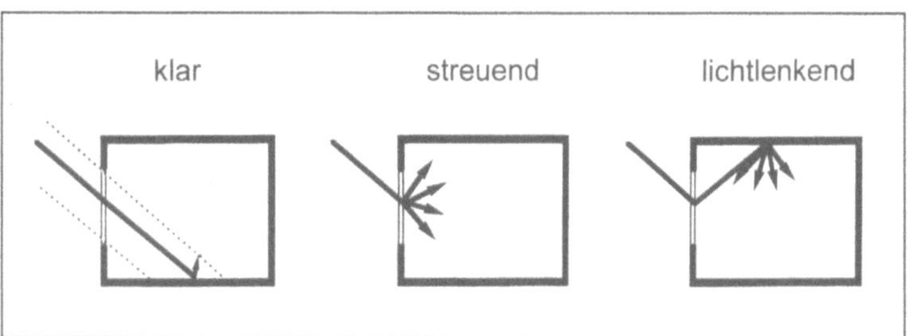


*Abbildung 5-1: Unterschiedliche Prinzipien der Tageslichtnutzung bei Fenstern*

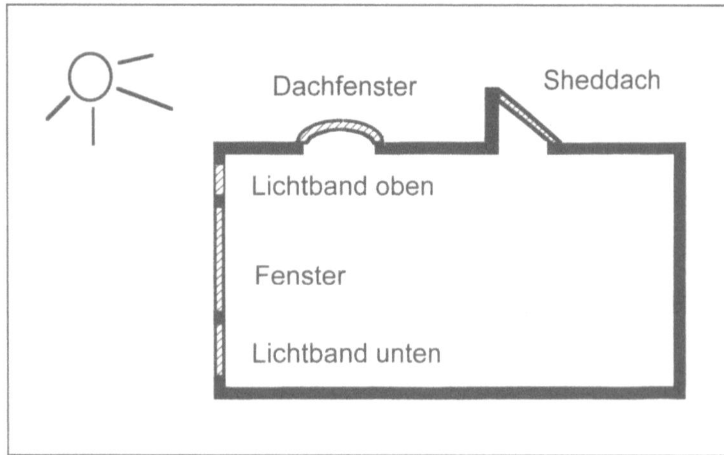


*Abbildung 5-2: Möglichkeiten der Positionierung von Verglasungen*

Die Tageslichtverteilung in einem Raum mit klaren Verglasungen hängt sehr stark von der Position des Fensters, von dessen Orientierung und zu einem geringeren Maße von der Himmelslichtverteilung ab. Bei direkter Sonne entsteht oft eine sehr hell beleuchtete Zone in der Nähe des Fensters in Kombination mit relativ dunklen Bereichen in der Raumtiefe. Ist die Sonnenhöhe niedrig, wandert der helle Fleck in die Raumtiefe und erreicht sogar die Wände. Diese Bewegung des Lichtflecks wird nicht eigentlich als störend empfunden, jedoch muß die Lichtsituation fest installierter Arbeitsbereiche angepaßt werden. Darüber hinaus können Reflexionen direkter Sonnenstrahlen Blendung hervorrufen.

Obwohl in manchen Situationen und Klimazonen gefärbte Gläser als angenehm empfunden werden, ist im allgemeinen eine farbneutrale Lichttransmission in Lebens- und Arbeitsbereichen erwünscht.

Fenster spenden nicht nur Licht, sondern eröffnen die Möglichkeit der Kommunikation mit der Umwelt. Sichtkontakt mit der Außenwelt wirkt sich positiv auf den Menschen aus. Wetter- und Tageszeitwahrnehmung geben den Bewohnern gewünschte Grundinformationen. Auf der anderen Seite sind Lärm und Abgase unerwünscht, deshalb sollten Fenster dicht sein und guten Schallschutz aufweisen.

Klare Verglasungen haben einen entscheidenden Vorteil: Die Bewohner können durch das Fenster sehen, der Sichtkontakt zur Außenwelt ist nahezu perfekt. Dagegen ist die Lichtverteilung bei direkter Sonne ungleichmäßig, die Kontraste sind hoch und Blendprobleme können auftreten. Kunstlicht wird oft in rückwärtigen Raumbereichen benötigt. Im Gegensatz dazu verteilen streuende Verglasungen das Licht viel besser in den Raum hinein, Kontraste werden minimiert. Der Sichtkontakt nach außen ist dagegen meist unmöglich, zumindest sehr eingeschränkt.

Bei sehr tiefen Räumen kann eine aktive Lichtlenkung notwendig werden. Statische und bewegliche Elemente wurden zur Verbesserung der Tageslichtnutzung in Abhängigkeit von Lichtbedarf und Sonnenstand entwickelt – oft in Verbindung mit einer Sonnenschutzfunktion.

Das konventionelle Fenster wird üblicherweise gewählt, um Sichtkontakt zu ermöglichen. Klarverglasungen oder Verglasungen mit minimal störenden Sichthindernissen in Augenhöhe werden hierzu benötigt.

Im Vergleich zu Wänden sind Lichtbänder im Fuß- oder Überkopfbereich eine Möglichkeit, entweder den Sichtbereich zu erweitern oder den Lichtstrom in den Raum zu vergrößern. Im letzteren Fall können streuende oder lichtlenkende Verglasungen eingesetzt werden. Die Energiebilanz sollte idealerweise sowohl im Sommer als auch im Winter verbessert werden. Wegen des thermischen Komforts im Fensterbereich dürfen die Oberflächentemperaturen der Verglasungen nicht zu niedrig werden. Verglasungen mit hohem Wärmedämmwert werden daher benötigt, der k-Wert sollte um 1,0 W/m²K oder darunter liegen. Außerdem ist es notwendig, bei großen Verglasungsflächen den Solargewinn an die Situation anzupassen. Bei Büroräumen sind aufgrund der hohen, internen Wärmelasten häufig niedrige Solargewinne wünschenswert, während bei Wohngebäuden in den Übergangszeiten und im Winter passive Sonnenenergienutzung sinnvoll ist. Eine bewegliche Verschattung erlaubt die Abschottung unerwünschter, solarer Wärmelasten.

Sehr große Räume, z. B. Fabrikhallen mit geringer vertikaler Fassadenfläche benötigen Dachfenster und Sheddächer zur homogenen Ausleuchtung. Meist sind Schlagschatten nicht erwünscht, daher sollten streuende oder lichtlenkende Verglasungen eingesetzt werden. Bezüglich der energetischen Bilanz sind ähnliche Überlegungen zu treffen wie bei den Lichtbändern. Analog zu bewerten sind Konzepte von Glas-Überdachungen zwischen Einzelgebäuden, wie sie in skandinavischen Ländern bereits verwirklicht wurden (Abbildung 5-3).

In den folgenden Abschnitten werden Verglasungen mit Funktionen diskutiert, die die Tageslichtausleuchtung unterstützen. Spezielle lichtlenkende und lichtstreuende Eigenschaften werden dabei hervorgehoben. Darüber hinaus existiert eine Reihe anderer Systeme, die zur Tageslichtnutzung eingesetzt werden können, z. B. Heliostaten mit Lichteinkopplung ins Gebäude über Spiegel, externe Jalousien und Lichtlenksysteme, Lichtkanäle (light pipes) sowie Lichtschwerter (light shelves).

Innerhalb dieses Werkes beschränken wir uns auf verglasungsintegrierte Systeme, bei denen TWD für die Verbesserung der Tageslichtnutzung verantwortlich ist, und auf direkte Konkurrenzprodukte. Eine Einbindung z. B. eines Heliostatensystems ist eher auf der Ebene der Haustechnikinstallation zu sehen. Weiterführende Literatur zur Tageslichttechnik findet der interessierte Leser in [5-1] und [5-13].

## 5.2 Verglasungen mit transparenten Wärmedämmaterialien

In diesem Abschnitt wird noch einmal kurz auf die TWD eingegangen, allerdings sollen die speziell für die Tageslichtnutzung wichtigen Eigenschaften dabei vorgestellt werden.

*Abbildung 5-3: Tageslichtnutzung durch transparent überdachte Atrien (Universität Trondheim)*

### 5.2.1 Verglasungen mit granularem Aerogel

Das bereits weiter oben beschriebene Produkt mit niedrigem k-Wert und rein diffuser Lichttransmission wurde innerhalb eines europäischen Projekts entwickelt [5-2]. Als lichtstreuende Verglasung können Aerogelverglasungen in Lichtbändern oder auch in Lichtwänden eingesetzt werden. Das gestreute Licht wird die Raumtiefe erhellen, wie in Abbildung 5-4 dargestellt (Berechnung mit PCLITE1.0). Die Abbildung zeigt die Möglichkeiten zusätzlicher oberer und unterer streuender Lichtbänder: Wenn die Direktstrahlung zu hoch ist, kann sie mit Jalousien am Fenster ausgeblendet werden, trotzdem ist die Beleuchtungstärke auf der Arbeitsebene mit 1–4 klx noch sehr hoch und gleichmäßig.

Potentielle Problemfelder sind die Langzeitstabilität des Randverbunds und die Farbverschiebung durch die Lichtstreuung. Von innen wirkt die Verglasung leicht gelblich, während von außen das reflektierte Licht dem Paneel einen bläulichen Schimmer verleiht. Beide Proble-

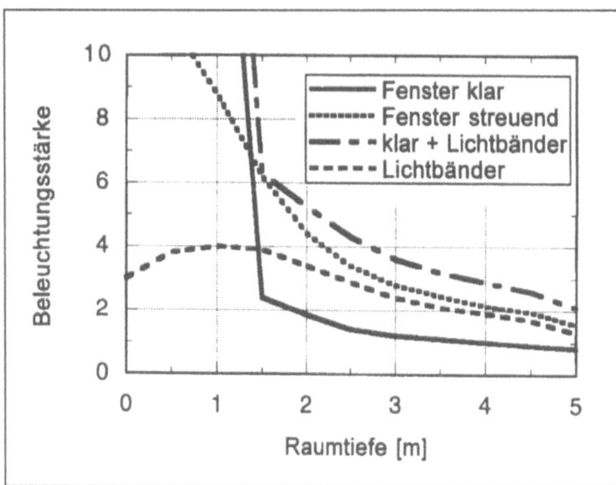

Abbildung 5-**4**: Beleuchtungstärkeverteilung in einem Büroraum 3,5 m x 5,0 m, Sonnenhöhe 50°, Süd, klarer Himmel (17 klx) und direkte Sonne (62 klx), Lichttransmission klar 36 %, streuend 40 % (in der Abbildung maximale Beleuchtungsstärke auf Arbeitsebene 10 klx)

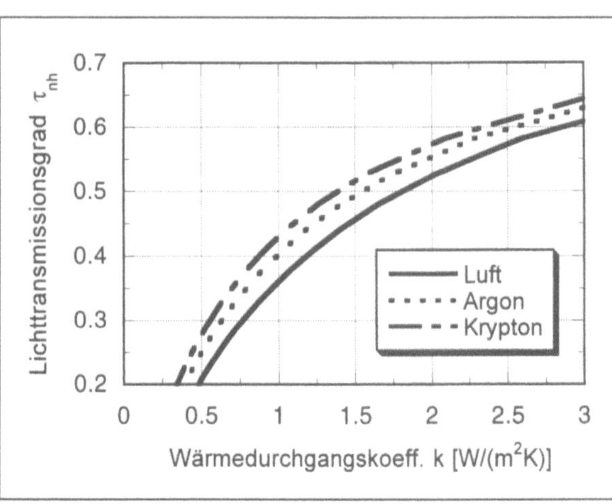

Abbildung 5-**5**: Lichttransmission in Abhängigkeit vom k-Wert der gefüllten Aerogel-Zweifachverglasung (Scheibenzwischen-raum/Fülldicke als Parameter)

me scheinen lösbar zu sein. Abbildung 5-5 zeigt die Lichttransmission gegen den k-Wert bei verschiedenen Füllgasen auf.

### 5.2.2   Waben- und Kapillarstrukturen

Bei Waben- und Kapillarstrukturen wird in das Material eintretendes, gerichtetes Licht auf Grund von Vielfachreflexionen kegelförmig aufgeweitet [5-3]. Dies ist auch bei Materialien mit nicht-kreisförmigem Querschnitt zu beobachten. Die Weite des Kegels hat dieselben Abmessungen wie die Verglasungsdimension, also z. B. die Breite des Fensters, wenn die Einzelzellen parallel und glatt sind (Glasröhrchen). Bei den geometrisch weniger perfekten Materialien (Kapillarstrukturen aus Kunststoff) ist dieser Kegel weiter ausgedehnt.

Abbildung 5-**7**: Lichtverhältnisse in einer klarverglasten Industriehalle (Tageslichtsimulation Linke-Hoffmann-Busch, Salzgitter, siehe auch Abschnitt 8.1.10)

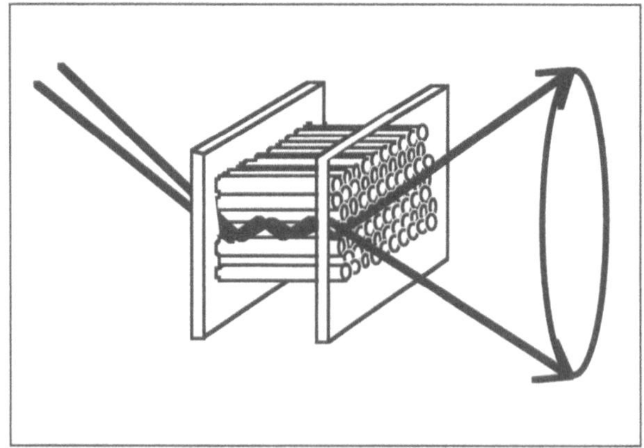

Abbildung 5-**6**: Illustration der kegelförmigen Lichtstreuung einer Wabenstruktur

Abbildung 5-**8**: Lichtverhältnisse in derselben Halle mit Kapillarstruktur-TWD-Elementen

Die kommerziell erhältlichen, offenen TWD-Paneele mit Wabenstrukturen erreichen sehr gute k-Werte bis unter 0,7 W/m²K. Die Lichttransmission ist, ähnlich wie die solare Transmission, sehr hoch und liegt etwas unter den Werten von Klarverglasungen mit gleichem k-Wert, der g-Wert ist jedoch größer. Für eine Absenkung des g-Wertes ohne Lichteinbußen gibt es keine Möglichkeit. Die Elemente sind relativ dick (50–120 mm) und können nicht als geschlossene Isolierglaseinheiten gebaut werden. Dies verbietet die Anwendung von empfindlichen, auf Sonnenschutz optimierten Silberschichten.

Einen Ausweg könnten mit Edelgas und Waben gefüllte, geschlossene Isolierglaseinheiten analog zum Paneel KAPILUX-H (siehe Kapitel 4.3) bieten. Statt einer Wärmeschutzfunktionsschicht auf Position 3 der Verglasung (Außenseite der Innenscheibe) müßte eine Sonnenschutzschicht auf Position 2 (Innenseite der Außenscheibe) aufgebracht werden. Die Paneelstärke für einen typischen Wert $k_V$ = 0,8 W/m²K läge bei circa 50 mm, der g-Wert wäre über die Auswahl der Funktionsschicht einstellbar.

## 5.3 Verglasungen mit lichtstreuenden Funktionen

Klar durchsichtige Zweifach- oder Dreifachverglasungen können mit im Lichtbereich transparenten hauchdünnen Schichten mit niedrigem Emissionsvermögen versehen werden. Die Beschichtungen können so optimiert werden, daß Sonnenschutzverglasungen mit niedrigen g-Werten und hoher Lichttransmission entstehen (siehe auch Kapitel 4.3) [5-4]. Es stellt sich die Frage, inwieweit dies auch mit streuenden Glastypen möglich wäre, die die Raumausleuchtung insgesamt verbessern können. Architekturglas mit aufgedruckten Mustern (Punkten, Rechtecke, Streifen etc.) mit variablem Anteil von streuenden, weißen und klaren Flächen wird mit steigendem Marktanteil verkauft. Die Muster bieten die Möglichkeit, sowohl die Lichtverteilung zu verbessern, als auch die Gebäudeansicht interessanter zu gestalten. In Kombination mit spektral-selektiven Funktionsbeschichtungen können niedrige k-Werte und gute Lichttransmissionswerte wie bei Klarverglasungen erzielt werden. Tabelle 5-1 deutet

**Tabelle 5-1: Eigenschaften teilweise bedruckter Verglasungen**

| Verglasung | Lage [mm] | k [W/(m²K)] | $\tau^L$ [%] | g [%] |
|---|---|---|---|---|
| IV-2 je 50 % weiß/klar | 5/14/*5 Luft | 2.9 | 57 | 53 |
| WSV-2 je 50 % weiß/klar | 5/14/*5 Argon | 1.3 | 53 | 44 |
| WSV-2 100 % weiß | 5*/14/5 Argon | 1.3 | 31 | 26 |

die Bandbreite der erzielbaren Werte bei Zweifachverglasungen an.

Lichtstreuende Verglasungen mit mäßig niedrigen k-Werten werden seit Jahren auf dem Markt angeboten. Meist werden Isolierverglasungen mit zusätzlichen im Scheibenzwischenraum liegenden Glasvliesen ausgestattet, die das Licht diffus streuen. Diese wirken jedoch nicht selektiv, bei niedrigem g-Wert wird auch die Lichttransmission sehr niedrig. Die luftgefüllten Einheiten werden zur Absenkung des k-Wertes auch mit dünnen Kapillarplatten oder Wabenstrukturen befüllt, die allerdings unser Kriterium einer transparenten Wärmedämmung nicht erfüllen. k-Werte um 1,5–2,0 W/m²K bei 20–50 % Lichttransmission sind typisch. Erst vor kurzem wurden auch vliesgefüllte geschlossene Isolierglaseinheiten entwickelt, die mit Hilfe einer niedrig emittierenden Funktionsschicht und Edelgasfüllung k-Werte um 1 W/m²K erzielen.

## 5.4 Verglasungen mit lichtlenkenden Funktionen

Abgesehen von transparenten Wärmedämmaterialien gibt es direktere Möglichkeiten, das Licht in die Tiefe des Raumes zu lenken. Diese Umlenkung kann statisch mit festen oder kontrollierbar mit beweglichen Elementen sein. Oft ist dies verbunden mit einer Sonnenschutzfunktion. Konventionelle Lösungen wie externe Stores, Jalousien, innenliegende Vorhänge oder auch Lichtshelves haben ähnliche Eigenschaften. Der spezifische Vorteil der scheibenintegrierten Systeme ist jedoch, daß sie vor der Umwelt geschützt und einfacher zu installieren sind.

### 5.4.1 Statische reflektierende Lamellensysteme [5-5, 5-6]

Lamellen oder lamellenartige Profile können in einer Doppelverglasung integriert werden. Die oben liegende Oberfläche der Lamellen oder Profile sollte reflektierend sein, um das auftreffende Licht an die Decke des Raumes zu lenken.

Generell versuchen diese Systeme, während des Sommers (hoher Sonnenstand) die direkte Sonnenstrahlung zu reflektieren und während der Heizperiode (niedriger Sonnenstand) in den Raum zu transmittieren (Abbildung 5-7). Verschiedene Lamellenprofile sind für vertikale Fassaden und Dachverglasungen entwickelt worden. Die Transmission für das diffuse Himmelslicht ist konstant. Allerdings gibt es immer Zeiten mit mittlerer Sonnenhöhe, wo die Ausblendung nicht mehr wie gewünscht funktioniert. Nur saisonale Anpassung ist möglich, d. h. Blendung durch direktes Sonnenlicht ist an einem Wintertag möglich. Grundsätzlich schwierig wird die Anpassung eines Lamellenprofils bei nicht hauptsächlich südorientierten Fassaden. Die entstehenden sich bewegenden Spiegelbilder der Sonne sind nicht immer erwünscht. Die Lamellen sind zu deutlich zu erkennen, um zumindest bei nahem Abstand ignoriert werden zu können. Sichtkontakt nach außen ist bei diesen Systemen eingeschränkt möglich (Abbildung 5-10).

Aus verspiegelten Kunststoffprofilen hergestellte Lichtrasterprofile für Dachverglasungen sind dann interessant, wenn grundsätzlich nur das diffuse Nordlicht des Himmels ins Gebäude hereingelassen wird. Auch als gestalterisches Element verdienen sie durchaus Beachtung (Abbildung 5-11).

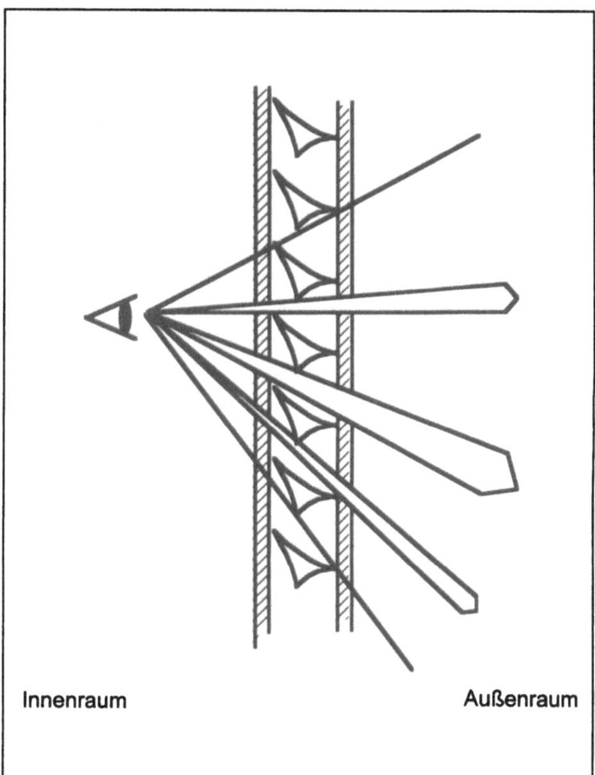


*Abbildung 5-**10**: Sichtkontakt bei statischen Lamellen*

### 5.4.2 Drehbare Lamellen

Mit internen drehbaren Lamellen kann eine Isolierverglasung an verschiedene Sonnenhöhen und Lichtsituationen angepaßt werden. Die Lamellen werden über magnetische Einkopplung von außen manuell gesteuert. Damit hat jeder Benutzer die Möglichkeit der individuellen Anpassung der Beleuchtungssituation. Die Transmission für diffuses Himmelslicht ist hoch bei weiß-glänzenden Beschichtungen. Im Falle der kompletten Abschattung ist der Sichtkontakt nach außen natürlich nicht mehr gegeben.

**Tabelle 5-2: Eigenschaften einer Isolierverglasung mit internen Lamellen**

| Lamellen | k (WSV/IV) [W/(m²K)] | Licht-transmission [–] | g-Wert [–] |
| --- | --- | --- | --- |
| offen | 1.5/3.0 | 0.80 | 0.70 |
| geschlossen | 1.0/2.5 | 0.05 | 0.10 |

### 5.4.3 Bewegliche integrierte Jalousien

Noch mehr Freiheiten verschaffen in ein hochwärmegedämmtes Fenster integrierte Jalousien, die völlig geöffnet werden können. Die Variation der Transmissionswerte

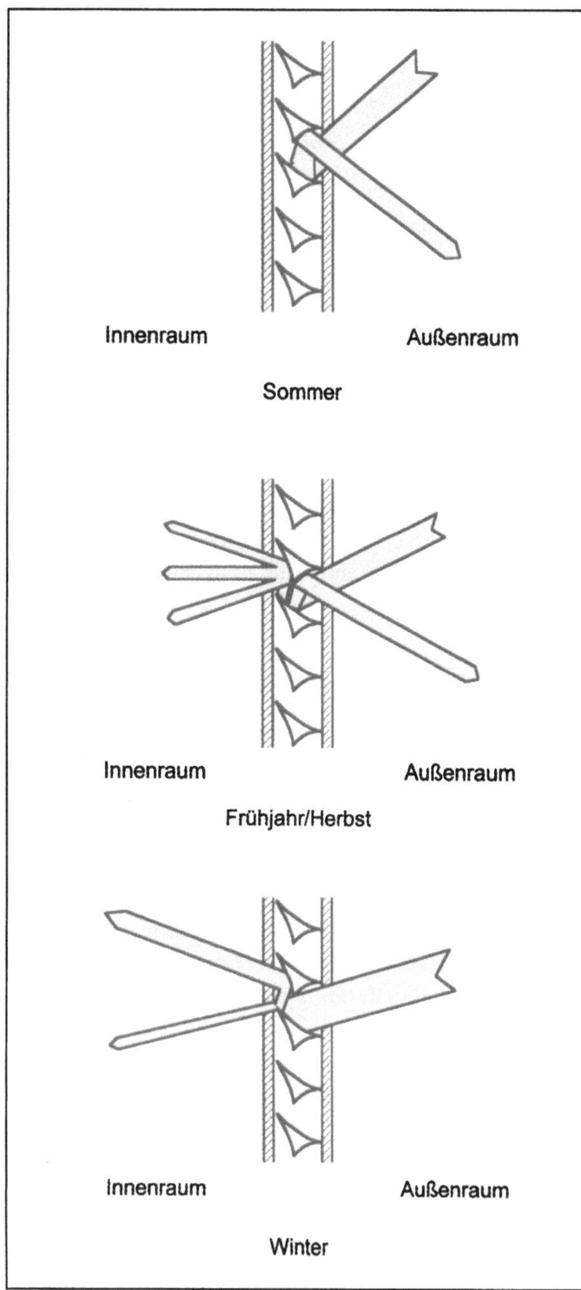


*Abbildung 5-**9**: Saisonaler Sonnenschutz bei statischen Lamellen*

*Abbildung 5-11: Lichtrasterdach des Design Centers Linz*

**Tabelle 5-3: Eigenschaften eines üblichen HIT-Fensters mit integrierter Jalousie**

| Position Jalousie | k [W/(m²K)] | Licht- transmission [–] | g-Wert [–] |
|---|---|---|---|
| oben | 0.9 | 0.64 | 0.54 |
| unten | 0.70 | 0.15 | 0.20 |

für Licht und Energie ist sehr hoch bei einem stets guten k-Wert des Fensters. Auch wird der k-Wert etwas durch die Lamellenstellung beeinflußt.

### 5.4.4 Statische und drehbare Prismenelemente

Prismenscheiben aus transparentem Acrylglas können sowohl Lichtlenk- als auch Sonnenschutzfunktionen haben, abhängig von ihrer Orientierung (Abbildung 5-12). Beim Sonnenschutz ist eine Prismenflanke mit einem reflektierenden Metall beschichtet. Die Massenproduktion ist nicht ohne Probleme und noch relativ teuer [5-9], [5-10]. Der Einbau der Prismen in eine transparente Gebäudehülle muß auf das Gebäude und seine Orientierung abgestimmt sein. Die leichten Variationen der Leuchtdichte und der Farberscheinung können reizvoll wirken (Abbildung 5-13).

Die Prismenscheiben müssen in eine geschlossene Verglasungseinheit eingebaut werden, um sie vor Staub und mechanischer Beschädigung zu schützen. Wenn die Lichtlenkung bei direkt beschienenen vertikalen Fassaden das Hauptziel ist, werden drehbar gelagerte, außenliegende Elemente mit vertikalen Verglasungen kombiniert (Abbildung 5-14).

### 5.4.5 Laser Cut Panels

Bei dieser Variante der Lichtumlenkung [5-11] an die Raumdecke wird das physikalische Prinzip der Totalreflexion benutzt. Licht innerhalb eines Mediums mit hohem Brechungsindex (PMMA, Brechungsindex n = 1.49) wird oberhalb eines Grenzwinkels von ca. 42° intern total reflektiert. Die Gestalt eines schiefwinkligen Rechtecks eignet sich gut, mittels dieses Prinzips Licht umzulenken (Abbildung 5-15). Die erste Lichtbrechung lenkt das einfallende Licht in Richtung Rauminneres, die Totalreflexion an der Unterkante nach oben, und die Austrittsbrechung noch weiter steil nach oben. Bei Laser Cut Panels (LCP) sind eine Reihe solcher Rechtecke linear aneinander gereiht. Hergestellt werden die LCPs aus PMMA, die Schlitze werden mittels einer Laserschneidetechnik in die transparente Platte geschnitten. Der Schnittwinkel d bestimmt die Art der Umlenkung; bei positivem d wird das Licht tiefer in den Raum hineingelenkt. Die Durchsicht ist

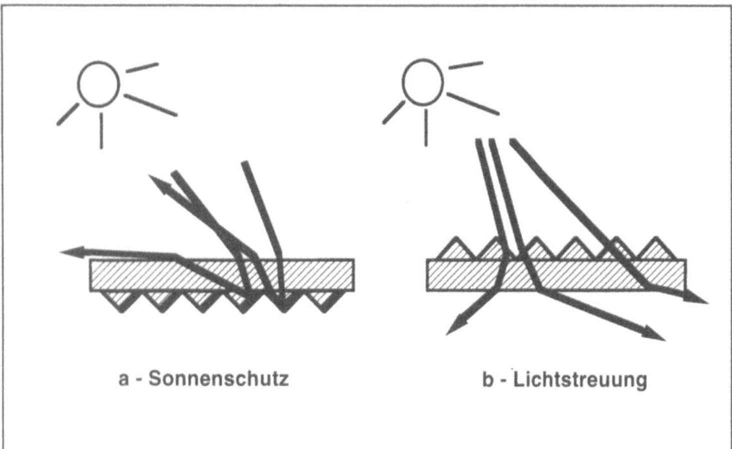



*Abbildung 5-12: Funktionsweise prismatischer Elemente (a – Sonnenschutz; b – Lichtstreuung)*

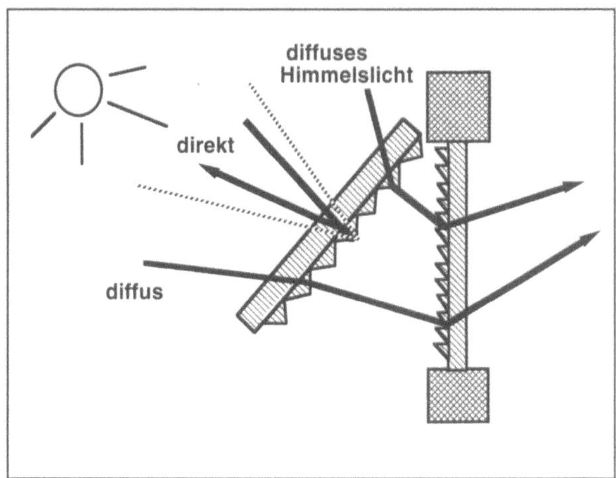



*Abbildung 5-14: Kombination drehbarer Sonnenschutzelemente mit lichtverteilenden Elementen in der Vertikalen (Skizze ohne schützende Verglasungen)*

*Abbildung 5-13: Dachausschnitt Haus der Geschichte, Bonn*

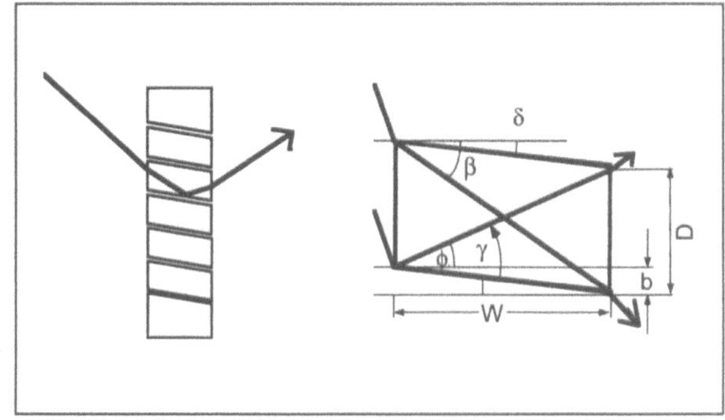

*Abbildung 5-15: Funktionsprinzipien Laser Cut Panel (LCP)*

### 5.4.6   Lichtlenkende Hologramme

Durch den physikalischen Effekt der Lichtbeugung ermöglichen es holografisch-optische Elemente (HOE), diffuses und direktes Licht an der Fassade umzulenken. Ein anwendungsspezifischer Entwurf sowie die Herstellung durch Belichtung eines besonderen Films mit Laser und anschließender chemischer Entwicklung wird am Institut für Licht- und Bautechnik an der Fachhochschule Köln, in Größen bis zu 1 m x 2 m durchgeführt. Eine Übertragung mit Filmeinbettung in Verbundsicherheitsglas (VSG) wird von der Glasindustrie vorgenommen. Der Ansatz ist vielversprechend, die HOE scheinen aber momentan nicht weit genug entwickelt, um weißes Licht innerhalb eines weiten Winkelbereichs umzulenken. Die Anwendung ist beschränkt auf Projekte, wo leichte Farbeffekte nicht stören oder sogar Farberscheinungen erwünscht sind.

bei diesen Elementen wegen der geringen Schneideflächen noch sehr gut, wenn man von schrägen Blickwinkeln absieht.

Die LCPs können geschützt in den Scheibenzwischenraum gewöhnlicher Isolierverglasungen eingebracht werden. Das Problem über den Tagesverlauf wandernder Sonnenreflexionen kann man durch sinusoidale Schnittlinien der horizontalen Schnitte vermindern. In der Regel sollten Laser Cut Panels nur im Überkopfbereich des Fensters angebracht werden, um Blendung durch nach oben reflektiertes Licht zu vermeiden.

Die in dünnen Filmen gespeicherten Brechungsindexstrukturen (Volumenhologramme) bewirken nicht nur eine Umlenkung, sondern auch eine Spektralzerlegung des weißen Lichtes. Um die in der Tageslichttechnik meist gewünschte Farbneutralität zu erreichen, müssen daher die

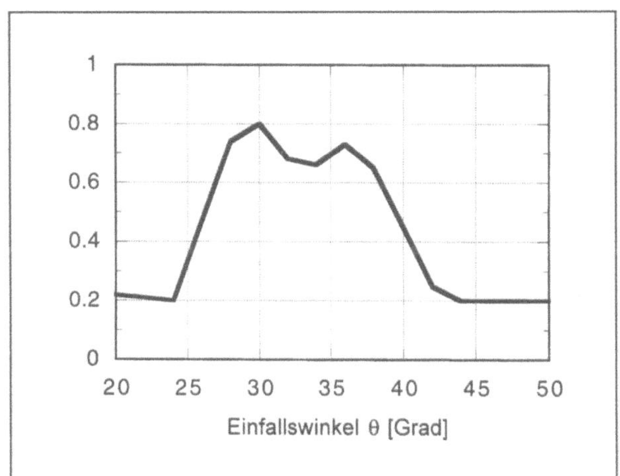



*Abbildung 5-**16**: Lichtbeugung eines holografischen Stapels aus zwei Gittern für den blauen und den roten Spektralbereich (aus [5-12])*

Farbeffekte durch Anordnung unterschiedlicher kleiner Elemente nebeneinander oder Stapeln von HOE hintereinander durch Farbrückmischung weitgehend ausgeglichen werden. Ein weiteres Merkmal der Hologramme ist die Beschränkung der Wirksamkeit auf enge Winkelbereiche. Dies bedeutet einerseits eine Einschränkung der Anwendungsbreite, andererseits auch die Durchsicht in den dazu komplementären, nichtbeugenden Winkelbereichen. Die Beugungswirksamkeit der Hologramme erreicht heutzutage rund 90 %, d. h. weniger als 10 % des durchgehenden Lichtes werden nicht umgelenkt [5-13].

Die Einsatzbereiche der HOEs zur Umlenkung von direkter, steil einfallender Sonnenstrahlung und von diffusem Himmelslicht liegen bei vertikalen Oberlichtern oberhalb der Fensterverglasung. Auch Umlenkvorrichtungen mit HOE in Dächern oder ausgestellten Glaselementen in Nordfassaden wurden bereits realisiert. Die Fertigung erlaubt auch die Schaffung farbiger, großflächiger Fassadendisplays, die sich aus einer Vielzahl monochromatischer Bildpunkte (HOEs) zusammensetzen.

Bei entsprechender Nachführung der HOEs ergibt sich ein Sonnenschutzsystem durch die Ausblendung der direkten Strahlung, wobei die Transparenz erhalten bleibt. In diesem Fall blenden die in Glas eingebetteten HOEs das Licht aus, indem sie es auf nichttransparente Streifen (Siebdruckstreifen) konzentrieren [5-14] oder indem nach starker Beugung an der Rückseite der Scheibe Totalreflexion auftritt.

## 5.5 Zusammenfassung

Die Nutzung von Tageslicht über Fassaden und Dachflächen wird wieder in zunehmendem Maße als Aufgabe der Architektur angesehen. Neben den konventionellen, klar verglasten Fenstern entwickelt sich ein Markt für neuartige lichtlenkende und lichtstreuende Verglasungsarten. Paneele mit transparenten Wärmedämmaterialien sind dabei eine Option, die sich gegen eine breite Konkurrenz beweisen muß. Die Wärmedämmwerte sind sicherlich ausreichend. Da aber in vielen Anwendungen aus Gründen des Überhitzungschutzes ein niedriger Gesamtenergiedurchlaßgrad g gefordert ist, wird TWD mit hohem g-Wert dort bereits ausgeschlossen. Eine Entwicklung der Paneele in Richtung niedriger solarer Gewinne ist jedoch möglich.

## Literatur

[5-1] Sick, F.: Tageslichtnutzung. In: Thermische Nutzung der Solarenergie in Gebäuden (Hrsg. A. Marko, P. Braun), Heidelberg: Springer-Verlag, 1996

[5-2] Dengler, J.; Wittwer, V.: Granular Aerogel Glazings: Final Report CEC-Contract JOUE-CT90-0057, 1993

[5-3] Platzer, W.J.; Apian-Bennewitz, P.; Wittwer, V.: Measurement of hemispherical transmittance of structured materials like transparent insulation materials: Conf. SPIE 1272, 297-308, 1990

[5-4] Platzer, W.J.: Fenster und Verglasungen. In: Thermische Nutzung der Solarenergie in Gebäuden (Hrsg. A. Marko, P. Braun), Heidelberg: Springer-Verlag, 1996

[5-5] Köster, H.: Wärmedämmfassaden und Dachelemente mit optischer Wärmeregelung. Kälte und Klimatechnik, Heft 6/7, 1983

[5-6] Herzog, T.: Designcenter Linz. Stuttgart:Verlag Gerd Hatje, 1994

[5-7] Glaszentrum Crailsheim, Informationsbroschüre zu Hunter-Douglas LUXACLAIR<MACFTD2> Produkte

[5-8] Geilinger AG, HIT Informationsbroschüre, Winterthur, 1995

[5-9] Bartenbach, C.; Daniels, K.: Tageslichtdurchflutung durch Sonnenschutz. Bauwelt, Heft 26, 1977

[5-10] Heusler, W.; Scholz, C.: Tageslichtsysteme, Bauphysik Heft 6,1993

[5-11] Edmonds, I. R.: Application of laser cut panels, collimating shades and mirror light pipes to improve daylighting in buildings. In: H. Müller (Hrsg.), Innovative Fassadentechnologie, Tagungsband vom 2.-4. November 1994, ILB der FH Köln, 1995

[5-12] Tholl, H.D.; Kubiza, R.; Stojanoff, C. G.: Stacked volume holograms as light redirecting elements, Proc. SPIE 2255, 1994

[5-13] H. Müller (Hrsg.), Innovative Fassadentechnologie, Tagungsband vom 2.-4. November 1994, ILB der FH Köln, 1995

[5-14] Burg, M.; Müller, H.; Wüller, D.: Eine intelligente Solarfassade. HLH 44, Heft 10, 1993

# 6. Verschattung von TWD-Systemen

## 6.1 Statische Verschattung

Eine günstige Möglichkeit, die Überhitzung bei TWD-Systemen zu vermeiden, ist die sogenannte statische Verschattung. Sie kann durch sowieso genutzte Bauteile wie Balkone realisiert werden und läßt sich dann praktisch ohne Mehrkosten herstellen. Eine andere Möglichkeit stellen Verschattungsbleche dar, wie sie von der Firma Ernst Schweizer AG entwickelt wurden.

Problematisch ist natürlich, daß durch die Ausblendung eines bestimmen Winkelbereichs auch Teile des diffusen Himmelslichts nicht mehr das TWD-Modul erreichen. Dadurch reduziert sich der Wirkungsgrad im allgemeinen um etwa 10–15 %. Auch sollte im Einzelfall geprüft werden, ob die rein saisonale Funktion der statischen Verschattung den Komfortanforderungen der Bewohner gerecht wird. Die fehlende Anpassung des Systems an unterschiedliche Klimabedingungen ist insbesondere in der Übergangszeit nicht optimal.

### 6.1.1 Überhänge und Auskragungen

Horizontal vorstehende Bauelemente (z. B. ein Balkon) werfen bei hochstehender Sonne im Sommer Schatten auf die Fassade, während bei niedrigstehender Sonne nur ein Teil der diffusen Himmelsstrahlung ausgeblendet wird. Der Vorsprung kann auch als Lamellenblech oder Gitter ausgebildet werden, so daß die Transmission dieses Bauteils durch den Lochanteil einstellbar ist.

Auskragungen sind gängige Bauteile, haben gestalterische und z. T. funktionale Bedeutung. Wartung und Unterhalt sind vernachlässigbar. Das Erscheinungsbild der Fassade wird nicht saisonal verändert. Allerdings funktioniert das System der fixen Beschattung nur für Fassaden mit einer geringen Abweichung (±15 Grad) von der Südorientierung. Um ein stockwerkshohes Element vollständig zu beschatten, braucht man sehr tiefe Auskragungen. Übliche Auskragungen sind eher für Fenster ab der Brüstung sinnvoll. Für eine nachträgliche Anbringung im Altbau eignen sich massive Auskragungen nicht.

### 6.1.2 Verschattungsbleche

Fixe Beschattungen durch Lamellen, die in einem festen Winkel aus einem Metallblech herausgefaltet oder gebogen werden, hat die Firma Ernst Schweizer AG Metallbau untersucht [6-1]. Die fixe Beschattung für hohen Sonnenstand ist hier möglich bei geringem Platzbedarf vor dem TWD-Element. Tief stehende Sonnenstrahlung wird durchgelassen, hoch stehende wird vom Blech absorbiert und als Wärme an die Umgebung abgegeben. Die Transmission des Bleches ist jahreszeitabhängig. Ausbildung und Dimensionierung der Lamellen sind innerhalb gewisser Grenzen wählbar. So können z. B. auch Verschattungsbleche für Südwestfassaden optimiert werden. Die Beschattung gibt der Fassade ein gleichmäßiges und unveränderliches Aussehen (Abbildung 6-1).

Ein zusätzlicher Vorteil ist eventuell der Schutz der außenliegenden Glasscheibe vor Beschädigungen. Allerdings dürfte auf lange Sicht die Frage der Reinigung und Witterungsbeständigkeit der Lamellen wichtig werden.

*Abbildung 6-1: TWD-Module mit statischen Verschattungsblechen. Fassade Mehrfamilienhaus Wollerau (CH)*

Abbildung 6-2 und 6-3 zeigen zwei unterschiedliche Fertigungsprinzipien für Bleche. In Abbildung 6-4 werden saisonale Transmissionskurven (für Direktstrahlung) in Abhängigkeit von der Lamellengeometrie angegeben.

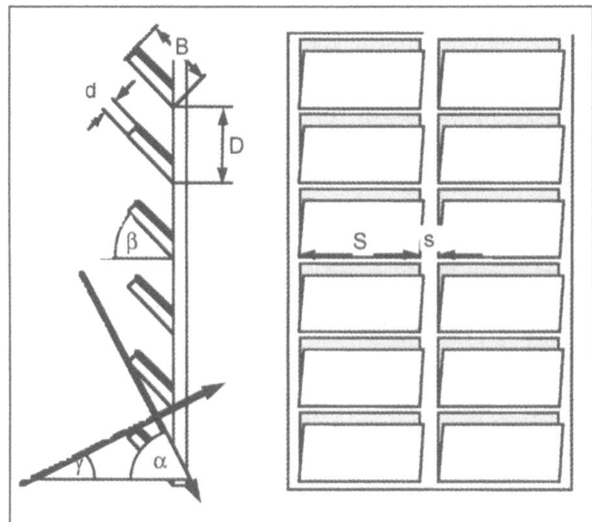

Abbildung 6-**2**: Streckblech

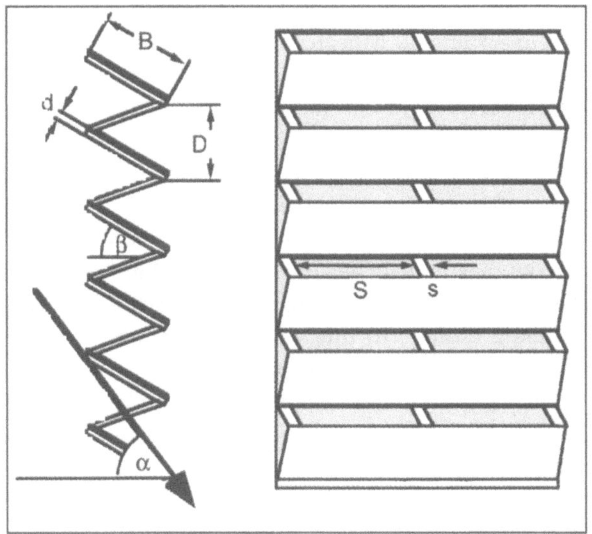

Abbildung 6-**3**: Faltblech

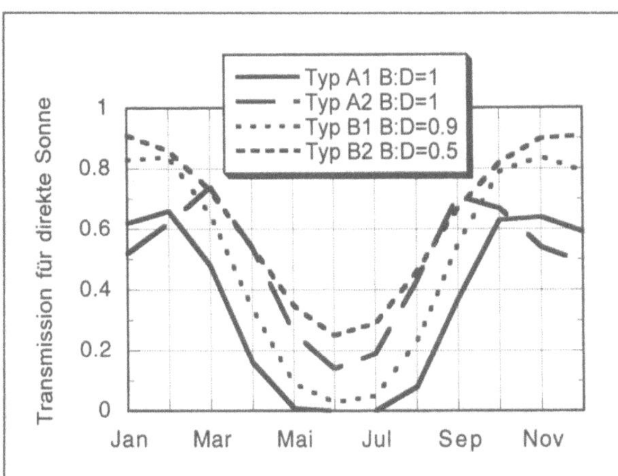

Abbildung 6-**4**: Monatliche Transmission für Direktstrahlung bei verschiedenen statischen Lamellenblechen in der Südfassade. Typen A: Streckbleche – Typen B: Faltbleche

## 6.2 Saisonale Verschattung

### 6.2.1 Begrünungen

Einsetzbar sind alle Pflanzen, die ihre Blätter im Herbst verlieren. Sie werden vor oder an der Fassade gepflanzt und werfen von Frühjahr bis Herbst Schatten. Wildpflanzen bedürfen normalerweise keiner Pflege, keiner Regelung und können architektonisch reizvoll eingesetzt werden. Vom ökologischen Standpunkt sind sie optimal. Die Kosten sind – je nach Pflanzenart – sehr gering bis erträglich.

Allerdings haben Pflanzen auch Nachteile: Sie brauchen längere Zeit zur vollen Entfaltung. Eine Beschattung ist normalerweise jedoch schon vorher notwendig. Auch während der Heizsaison reduziert sich der Solareintrag durch kahle Äste oder Zweige bzw. durch Klettergerüste vor der solaren Öffnungsfläche. Die Beschattung ist begrenzt auf Gebäude niedriger Höhe. Blütenstaub kann die Funktion beeinträchtigen und eine Reinigung notwendig machen.

### 6.2.2 Sonnensegel, Abdeckbleche

Am Ende der Heizperiode werden feste Abdeckungen oder Verschattungselemente wie z. B. Bleche oder Sonnensegel angebracht und erst zu Beginn der nächsten Heizperiode entfernt. Diese Methode eignet sich sicherlich nur für kleinere Objekte. Der Schalthub ist maximal, allerdings werden sich in der Übergangszeit Fehlanpassungen ergeben, da die Heizperiode nicht exakt definiert werden kann.

Hinsichtlich Gestaltung und Farbgebung ist der Planer relativ frei, sofern für eine ausreichende Abkoppelung von der Verglasung gesorgt wird (z. B. durch hinterlüftete Bleche). Die Ästhetik ist nicht in jedem Fall zufriedenstellend zu lösen. Während der Heizperiode muß ein Aufbewahrungsort für die Verschattungselemente gefunden werden. Die arbeitsintensive Lösung entspricht oft nicht mehr heutigen Komfortansprüchen.

## 6.3 Bewegliche Verschattung

### 6.3.1 Rollos

Bewegliche Rollos aus Textil- oder Kunststoffolien bieten sich vor allem aus energetischer Sicht für einen Überhitzungsschutz an, denn sie erlauben eine optimale Regelung. Erwünschte Strahlung kann vollständig transmittiert, unerwünschte nahezu vollständig blockiert werden. In der Nacht bieten Rollos zusätzlichen Wärmeschutz, insbesondere, wenn sie metallisch beschichtet sind. Je nach Intelligenz der Steuerung können 90–100 % der möglichen TWD-Gewinne erzielt werden. Eine pragmatisch optimierte Steuerung geht vom 24-Stunden-Mittel der Außenlufttemperatur, der Absorberwandtemperatur und der Einstrahlung aus [6-2]. Dadurch werden zusätzlich zum Überhitzungsschutz auch ein nächtlicher Wärmeschutz (Rollos zu) und eine Temperaturbegrenzung für die Speicherwand realisiert.

Nachteilig bei Rollos sind die Störanfälligkeit und die damit verbundene Wartungshäufigkeit. Rollos werfen Falten und verhaken gerne bei langen Lauflängen. Die Integration in die Fassadenkonstruktion erhöht die Kosten beträchtlich. Die Färbung der Außenseite sollte hell sein, um unnötige Materialerwärmung und damit verbundene Belastungen zu vermeiden.

Innenliegende Rollos sind gegen die Witterung geschützt, erfordern aber konstruktiven Aufwand für die Fassadenintegration. Die Anfälligkeit gegenüber Temperaturbelastungen steigt. Außenliegende Rollos sind effektiver im Sonnenschutz, da hinterlüftet. Ein zusätzlicher Wärmeschutz kann nicht erreicht werden. Der Wartungsaufwand ist gering, allerdings werden stabile, witterungsbeständige Konstruktionen benötigt.

### 6.3.2  Lamellenstores

Lamellenstores werden wie Rollos eingesetzt. Daher gilt grundsätzlich für sie das gleiche wie für Rollos. Im Gegensatz zu Rollos weisen sie jedoch eine erhöhte Eigenstabilität auf, die weniger mechanische Probleme verursacht. Die Justage der Führung erfordert weniger Präzision. Das Erscheinungsbild ist klarer und gegliederter. Außenliegende Lamellen verschmutzen in gewissem Umfang, allerdings sind sie als Sonnenschutz sehr effektiv.

*Abbildung 6-5: Geschlossene Rolloverschattung an der TWD-Fassade. Mehrfamilienhaus Freiburg-Sonnenäckerweg*

*Abbildung 6-6: Außenliegende Lamellen an Fenster und TWD-Fassade Haus Kilian / Stuttgart*

### 6.3.3 Plisseestores

Um den Wärmeschutz während der Nacht zu erhöhen, können Textilbahnen als Plisseestores kombiniert werden, wobei sich Luftkammern bilden. Bei einer zusätzlichen metallischen Beschichtung der Kammerwände kann somit ein sehr effektiver Wärmeschutz erreicht werden. Im aufgerollten Zustand entweicht die Luft aus den Kammern, die beiden Rollobahnen werden im Kontakt aufeinander aufgewickelt. Die Firma MHZ-Hachtel entwickelte für TWD-Elemente der Firma Okalux ein derartiges System.

## 6.4 Neuentwicklungen

### 6.4.1 Thermochrome und thermotrope Verglasungen

Bei thermochromem Material verändert sich die Farbe, zusätzliche Absorption tritt auf. Der Schalthub dieses Typs scheint sehr begrenzt [6-3]. Bei thermotropem Verhalten ändert sich die Lichtstreuung einer Materialschicht abhängig von der herrschenden Temperatur. Zusätzliche Absorptionsbanden treten nicht auf.

Die Lichtstreuung bei thermotropen Materialien tritt oberhalb einer kritischen Temperaturgrenze auf, das ursprünglich klare Material wird trüb-weiß. Verwendet werden spezielle Polymer-Wasser- oder Polymer-Polymer Gemische, deren Zusammensetzung die Schalttemperatur bestimmt. Die Schichten sind typischerweise einige 100 μm dick. Eine Steuerung oder Wartung ist nicht notwendig. Temperaturspitzen werden auf einfache Art und Weise vermieden. Die thermotrope Schicht läßt sich nach Erfordernis, hauptsächlich und am sinnvollsten wohl in der Abdeckschicht integrieren. Die Schalttemperatur, bei der sich die Transmission ändert, kann in relativ weiten Grenzen durch die chemischen Bestandteile eingestellt werden (Abbildung 6-8).

Allerdings wird unabhängig vom tatsächlichen, momentanen Heizbedarf geschaltet. Ein Teil der möglichen TWD-Gewinne wird daher abgeblockt. Die Optimierung der Schalttemperatur sollte stets den Heiz- und Kühlenergiebedarf bzw. die Heiz- und Kühlgrenze des jeweiligen Gebäudes in Betracht ziehen (Abbildung 6-9).

Thermotrope Systeme sind im Entwicklungsstadium bereits recht weit fortgeschritten, und in den USA unter dem Namen »cloudgel« schon auf dem Markt verfügbar (Suntek, USA) [6-4]. Fraglich ist allerdings die Witterungsstabilität dieses in Folien eingeschweißten wasserhaltigen Kunststoffproduktes. Die anwendungsorientierten Probleme bei Hydrogelen und Polymerblends werden mit großem Einsatz in einer Kooperation zwischen der BASF AG, Anwenderfirmen und dem Fraunhofer-ISE

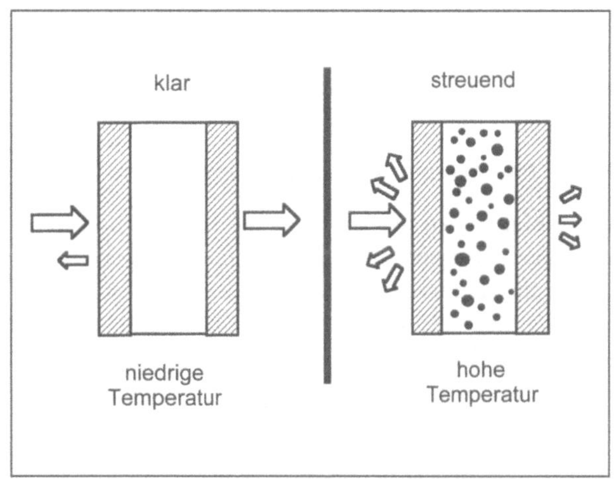



*Abbildung 6-**7**: Prinzipielle Funktionsweise thermotroper Schichten*

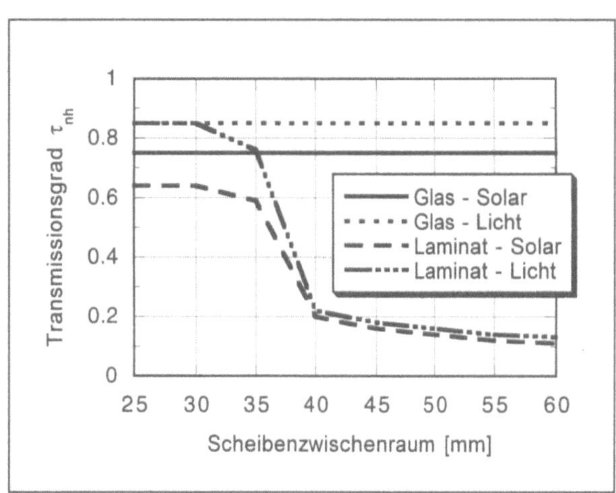



*Abbildung 6-**8**: Temperaturabhängiges Transmissionsverhalten von Hydrogelen (zwischen zwei Glasscheiben)*

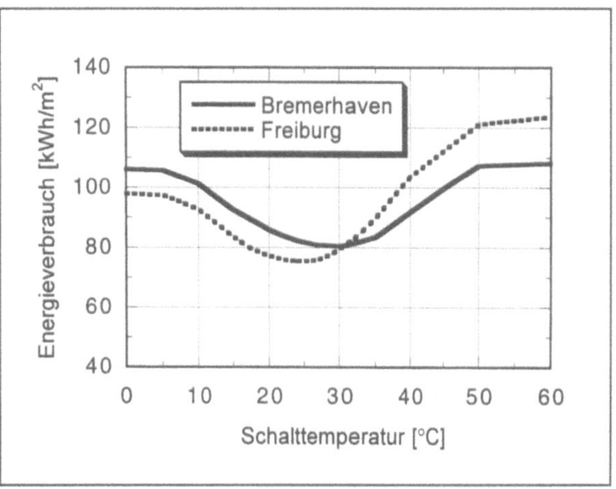



*Abbildung 6-**9**: Optimale Schalttemperatur mit Energieeinsparung Heizen und Kühlen*

bearbeitet [6-5]. Ein weiteres wäßriges Entwicklungsprodukt wird unter dem Namen TALD vom Fraunhofer-Institut für Bauphysik in Stuttgart entwickelt [6-6].

### 6.4.2  Photochrome und phototrope Schichten

Diese Materialien reagieren auf die Einstrahlungsintensität, sind sonst jedoch vergleichbar mit den oben geschilderten thermotropen und thermochromen Schichten. Da im Sommer selbst niedrigere Strahlungsintensitäten schon zur Überhitzung führen können, während in der Heizsaison gerade hohe Strahlungsgewinne erwünscht sind, ist dieser Typus für die Regelung der TWD-Gewinne nicht geeignet.

### 6.4.3  Elektrochrome Verglasungen

Elektrochrome Schichten färben sich ein, wenn ihnen durch Anlegen einer Spannung positiv geladene Ionen entzogen oder zugeführt werden. Man spricht dann von kathodischem bzw. anodischem Verhalten. Die Zuführung, typischerweise von Wasserstoff- oder Alkalimetallionen, muß über eine externe Spannungsquelle gesteuert werden. Daher benötigen elektrochrome Systeme transparente Elektroden zumindest auf einer, meist aber auf beiden Seiten der Schicht. Ebenso benötigt das System für einen Schaltzustand einen Ionenspeicher. Abbildung 6-10 zeigt einen typischen Mehrschichtenaufbau für ein elektrochromes System [6-7]. Die überwiegende Anzahl der Systeme basiert auf dem Material Wolframoxid. Ein amerikanischer Hersteller verwendet organisches Preussisch-Blau als aktive Schicht. Die Hauptanwendung liegt momentan im Bereich der Abdunklung von Autorückspiegeln. Die japanische Firma Asahi Glass kann jedoch bereits kleinere Glasscheiben komplett produzieren.

Die Alterung sowie die Zyklenfestigkeit dieser Systeme muß noch untersucht werden. Vorteilhaft ist sicherlich das Fehlen mechanischer Teile. Reflektierend-schaltende Schichten haben sich als nicht genügend effektiv herausgestellt, daher basieren fast alle heutigen Systeme auf absorbierendem, amorphem Wolframoxid. Dies bedeutet im geschlossenen Zustand eine erhebliche Temperaturbelastung der Scheibe bei hohen Strahlungsintensitäten. Die Kosten für ein derartiges System sind noch nicht bekannt, dürften jedoch auf Grund der komplexen Herstellung hoch sein. Die transparenten Elektroden reduzieren den Strahlungsgewinn auch im transparenten Zustand erheblich, was bei solaren Anwendungen nachteilig ist.

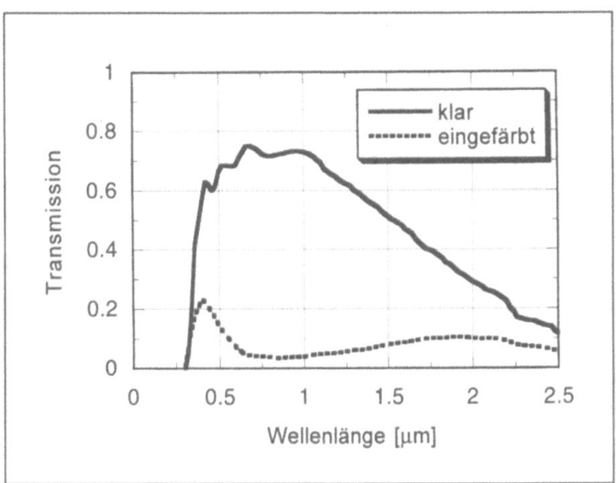


*Abbildung 6-**11**: Typische spektrale Transmissionskurven für ein elektrochromes Fenster im transparenten und eingefärbten Zustand [6-7]*

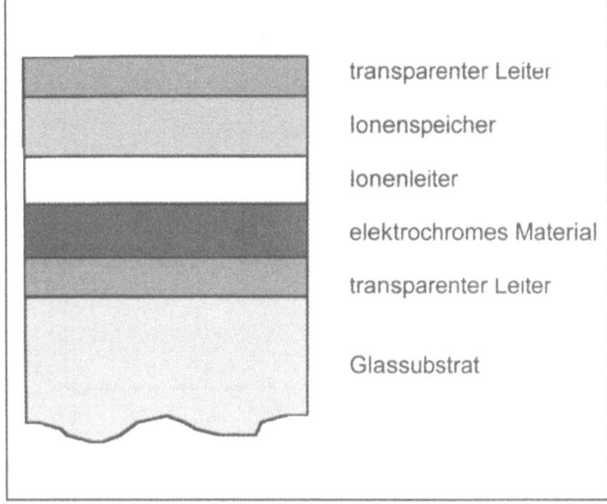


*Abbildung 6-**10**: Exemplarischer Schichtaufbau einer elektrochromen Scheibe*

### 6.4.4  Gasochrome Systeme

Gasochrome Systeme basieren auf denselben physikalischen Grundlagen wie elektrochrome Systeme. Allerdings werden hier die Ionen nicht über elektrische Stromkreise transportiert, sondern durch die katalytische Abspaltung von Wasserstoffionen aus der Gasphase an der Oberfläche gewonnen. Geringe Mengen an Wasserstoff genügen, so daß keine explosive Mischung von Gasen notwendig ist. Die Schaltung funktioniert flächig, daher ist die Schaltzeit bei großen Flächen wesentlich kürzer als bei elektrochromen Systemen. Da keine transparenten Elektrodenschichten benötigt werden, ist der Gesamtenergiedurchlaß im entfärbten Zustand sehr hoch; bei einer Zweifachverglasung wurde ein Schalthub der solaren Transmission von 75 % auf 2 % erreicht. Unerforscht sind bisher Probleme der Zyklenhäufigkeit, der Temperaturbelastung, der Alterung und der Einbindung in die Fas-

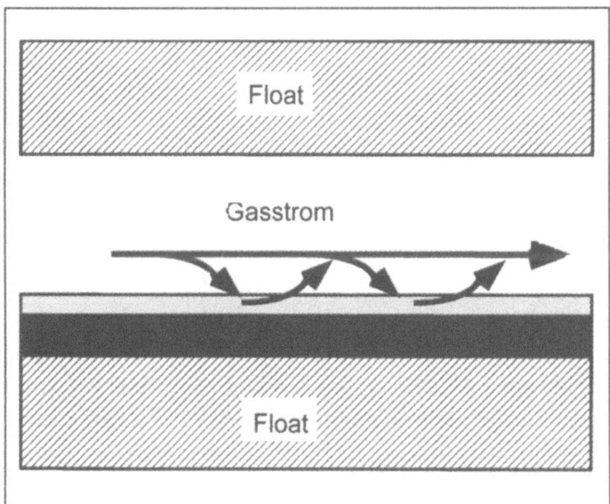


*Abbildung 6-12: Prinzipielle Funktionsweise gasochromer Verglasungen*

sade. In etwa zwei bis drei Jahren hofft man aber hier, einen Durchbruch erreicht zu haben.

## 6.5 Kombinationsmöglichkeiten Verschattung-Tageslichtsysteme

Natürlich sind die vorgestellten Verschattungssysteme nicht nur für TWD-Solarwände nutzbar. Zumindest die beweglichen oder veränderbaren Verschattungsvorrichtungen werden auch im Fensterbereich und bei Glasfassaden eingesetzt, um den solaren Direktgewinn steuern zu können. Gerade für den Nichtwohnungsbau sind solche Verschattungssysteme notwendig, wegen der tageszeitlichen Nutzung parallel zur Sonneneinstrahlung und wegen hoher interner Wärmequellen.

Da Verschattungsvorrichtungen im allgemeinen auch die Sicht nach außen behindern und das Tageslicht aus dem Gebäude fernhalten, bedeutet dies, daß ein Zielkonflikt zwischen thermischem und visuellem Komfort vorhanden ist.

Insbesondere im Sommer wird man versuchen, den solaren Energieeintrag ins Gebäude zu minimieren und gleichzeitig hohe Tageslichtausnutzung zu erreichen. Spektralselektive, nur für sichtbares Licht transparente Schichten (vgl. Kap. 4.3) sind nicht immer ausreichend. Die Maxime wird sein, nur das benötigte Licht in das Gebäude eindringen zu lassen, und unerwünschte Anteile zu reflektieren. Dies ist der Ansatz, wo Lichtlenkung und Verschattung sich treffen. Direktes Sonnenlicht, das zu Blendung und Überhitzung führt, wird weitgehend reflektiert, abgeschwächt und umgelenkt, so daß die visuellen Arbeitsbedingungen (z. B. am Bildschirmarbeitsplatz) ebenso optimal sind wie die thermische Behaglichkeit.

Wichtig ist dabei, daß das wesentlich gleichmäßiger vorhandene diffuse Himmelslicht maximal ausgenutzt wird.

Im Winter drehen sich bei den meisten Gebäuden, aber nicht allen, die Vorzeichen um. Solare Energiegewinne sind erwünscht, um den Heizenergieverbrauch zu reduzieren. Trotzdem sollte eine Blendung durch tiefstehende Sonne nicht zu Beeinträchtigungen führen. Die Verschattungsvorrichtung des Sommers wird jetzt idealerweise zu einem lichtlenkenden System umfunktioniert, das Blendung durch direkte Sonne oder Reflexe vermeiden hilft, aber Energie und Licht in das Rauminnere hereinläßt.

Eine jahreszeitlich abhängige Steuerung wird häufig über passive Maßnahmen versucht, d. h. das Design der Systeme wird optimiert. Unbestreitbar ist jedoch, daß individuell steuerbare Systeme den Nutzern die größte Zufriedenheit verschaffen.

Für die Menschen ist auch der Aspekt des Umweltkontaktes wichtig. Die visuelle Kommunikation mit der Außenwelt sollte trotz sonstiger Abschottung möglich sein. Dies führt in der Konsequenz zu einer Fassadengestaltung mit unterschiedlich gestalteten Bereichen. Oberlichter mit Lichtlenkungseigenschaften können kombiniert werden mit Sonnenschutzsystemen im Durchsichtbereich, welche einen Sichtkontakt nach außen noch ermöglichen.

Um die genannten Ziele mit vertretbarem, wirtschaftlichen Aufwand zu erreichen, ist es notwendig, nach Lösungen zu suchen, die mit einem technischen System alle Anforderungen weitestgehend abdecken. Daher ist die gezielte Lichtlenkung durch traditionelle Verschattungssysteme, und umgekehrt die Reduktion der solaren Gewinne durch lichtlenkende Einheiten ein wichtiger Synergieeffekt.

### 6.5.1 Gezielte Lichtlenkung durch Verschattungssysteme

Einige Verschattungsysteme können gezielt oder ungezielt Licht in das Innere eines Raumes lenken. Nichttransparente Lamellensysteme reflektieren einen Teil des auffallenden Lichtes im allgemeinen auch in das Rauminnere. Spiegelnde Lamellen sind bei entsprechender Winkeleinstellung sehr effektiv, diffus reflektierende vermeiden zu große Helligkeitskontraste. Problematisch ist allerdings, daß auch die gesamte Energie in den Raum eingetragen wird. Es erfolgt lediglich eine Verdunkelung in dem bewußt ausgewählten Fensterbereich.

Benutzt man halbdurchlässige Materialien wie z. B. Rollostoffe zur Verschattung, d. h. zur Reduktion des Energieeintrages, so wird das restliche transmittierte Licht diffus am Fenster gestreut. In Kombination mit spektralselektiven Sonnenschutzverglasungen können hohe Tageslichtquotienten mit vertretbarem Wärmeeintrag verbunden werden.

### 6.5.2 Gezielte Verschattung durch Tageslichtsysteme

Einige Tageslichtsysteme eignen sich hervorragend, um auch Verschattungsfunktionen zu übernehmen. Insbesondere gilt dies für bewegliche Lamellen, Hologramme und Prismenstrukturen. Der enge Winkelbereich, in dem die Sonnenstrahlung ausgeblendet und meist reflektiert wird, wird dem aktuellen Sonnenstand angepaßt. Die reflektierte Strahlung kann bei entsprechendem Design der Produkte auch in das Rauminnere gerichtet werden. Dem saisonal variablen Sonnenstand können die Eigenschaften angepaßt werden. Die nachführbaren, aktiv steuerbaren Systeme haben jedoch, wie bei den Verschattungen, die größte Effizienz.

### 6.6 Zusammenfassung Verschattungssysteme

Betrachtet man den Stand der Technik bei den heute verfügbaren Systemen, so läßt sich feststellen, daß die Auswahl eines Verschattungssystems stets im Spannungsfeld zwischen Kosten und Effizienzwirksamkeit stattfinden muß. Die relativ kostengünstigen, statischen Verschattungssysteme lassen sich sicherlich nur dann einsetzen, wenn nicht auf eine effiziente Verschattung geachtet werden muß. Dies ist wohl der Fall bei Projekten mit Teilbelegungen, d. h. mit kleinen TWD-Gewinnflächen und bei Projekten, wo die Bewohner gewisse Komforterwartungen zurückschrauben. Vorzugsweise gilt dies für Ein- und Zweifamilienwohnhäuser, wo die Nutzer des Gebäudes individuell auf Überhitzungssituationen reagieren können.

Schwieriger wird der Einsatz im Geschoßwohnungsbau oder gar im Bürohausbereich, wo die Komfortansprüche wesentlich höher anzusetzen sind. Hier ist die bewegliche Verschattung durch Rollos und integrierte oder externe Lamellensysteme die im Augenblick sinnvollste Lösung. Der mit diesen Systemen erzielbare Komfort ist hoch, da die Regelbarkeit der Fassade extrem gut ist, jedoch liegen die Kosten bei diesen Systemen deutlich über den preiswerten Systemvarianten der statischen Verschattung. Zusätzlich zu den Kosten für das reine Verschattungssystem müssen auch noch Kosten gerechnet werden, die aufgrund von komplexeren und aufwendigeren Fassadenkonstruktionen entstehen.

Ähnlich wie die statischen Verschattungen besitzen saisonale Beschattungsmöglichkeiten eher im niedriggeschosssigen Wohnungsbau Bedeutung. Kletterpflanzen oder saisonal anbringbare Verschattungsflächen dürften hauptsächlich bei eigengenutzten Wohnhäusern sinnvoll einzusetzen sein.

Von der Kostenseite und von der Wirksamkeit interessante Systeme stellen das thermotrope Verschattungssystem und die Hinterlüftung der TWD-Fassade dar. Allerdings müssen bei diesen Systemen noch technologische Probleme überwunden werden. Bei den passiv reagierenden, thermotropen Systemen ergibt sich die Frage, ob die Parameter des Systems sich so einstellen lassen, daß zum überwiegenden Teil des Jahres optimale Komfortbedingungen herrschen. Außerdem müssen Materialprobleme gelöst werden, insbesondere die Frage der Haltbarkeit. Bei den hinterlüfteten Systemen werden dagegen Fragen zu klären sein, die die Luftströmung und die Gestaltung von Ein- und Auslaßöffnung betreffen.

Die High-Tech-Lösung elektrochromer Verschattungssysteme, entweder als elektrochrome transparente Glasscheiben oder als elektrochrom schaltbare Absorber, dürfte wenigstens mittelfristig nicht interessant sein, da der Schalthub der Systeme aufgrund der transparenten Elektroden begrenzt ist. Weiterhin sind die zu erwartenden Kosten sehr hoch wegen des komplexen Schichtaufbaus des Gesamtsystems. Bisherige Erfahrungen lassen darauf schließen, daß auch die Langzeitstabilität noch verbessert werden muß.

Einen knappen Überblick über die Möglichkeiten der Verschattung bei TWD-Wänden bietet Tabelle 6-1. Hier ist zusätzlich die Option der hinterlüfteten TWD-Fassade aufgeführt. Dabei handelt es sich strenggenommen um keine Verschattung des TWD-Systems, durch die abgeführte Wärme bei passiver Hinterlüftung wird jedoch ein gleichartiger Effekt erzielt: Die Wärme wird zum großen Teil vom Gebäude abgehalten. Die Schaltung erfolgt nicht optisch, sondern über eine Steuerung der Luftströmung [6-8].

**Tabelle 6-1: Übersicht und Beurteilung Verschattungssysteme**

|  | Schalthub | TWD-Gewinn | Kosten [DM/m²] |
|---|---|---|---|
| **Fixe Beschattung** | | | |
| Lamellenblech | mittel | 50 – 70 % | 50 – 200 |
| Auskragungen | mittel | 50 – 80 % | 100 – 200 |
| **Saisonale Beschattung** | | | |
| Pflanzen | mittel | 70 – 90 % | 10 – 500 |
| Abschattvorrichtungen (Bleche) | hoch | 100 % | 10 – 50 |
| **Bewegliche Beschattung** | | | |
| Rollos, Lamellen | hoch | 100 % | 200 – 500 |
| **Veränderliche Beschattung** | | | |
| Thermotrop | hoch | 80 % | 100 |
| Elektrochrom | mittel | 60 % | 600 – 800 |
| **Hinterlüftung** | hoch | 90 % | 100 – 200 |

**Literatur**

[6-1] Hartwig, H.; Haller, A.; Schneiter, P.: Gebäude mit transparenter Isolation – Optimierung des Überhitzungsschutzes, Schlußbericht zum gleichnamigen Forschungsprojekt, Ernst Schweizer AG, CH-Hedingen, 1995

[6-2] Verbesserung solarer Systeme durch Optimierung der Solaraperturfläche, Endbericht zum Forschungsvorhaben BMFT-0335003A, Freiburg: Fraunhofer Institut für Solare Energiesysteme, 1992

[6-3] Granqvist, C.G.: (Ed.), Materials science for solar energy conversion systems. Oxford: Pergamon Press plc., 1991

[6-4] Chahroudi, D.: Weather panel development and architecture, Tagungsband Transparent Insulation Technology TI5, 24.-26. Mai 1992, Freiburg, 1992 Patentschrift JP 06214240 (5.8.94) Affinity KK

[6-5] Wilson, H.R. u. a.: Thermotropic Glazing. In: Tagungsband Window Innovations '95, Toronto, 1995, ISBN 0-660-16085-4

[6-6] Munding, M.; Bagheri, H.: Entwicklung eines thermotropen Sonnenschutzes für die Integration in LEGIS-Systeme (TALD), in: Passive Solarenergienutzung und Energieeinsparung in Gebäuden, BMFT- Statusbericht, 1991

[6-7] Granqvist, C.G. (Ed.): Materials science for solar energy conversion systems, Oxford: Pergamon Press plc., 1991

[6-8] Liersch, G.: Untersuchung des Energietransportes in einer konvektiv hinterlüfteten Wärmedämmfassade. Düsseldorf: VDI-Verlag, 1993

# 7. Transparente Wärmedämmung im Gesamtsystem Gebäude

## 7.1 Transparent gedämmte Gebäudehüllflächen als Teil des »Energiesystems Gebäude«

In der Heizperiode besteht ein Gefälle zwischen Gebäude-Innentemperatur und Außentemperatur, das zu Wärmeströmen von innen nach außen führt. Eine angenehme Raumtemperatur kann nur aufrechterhalten werden, wenn die Wärmeverluste durch Zufuhr von Energie ausgeglichen werden. Es muß also ein Gleichgewicht zwischen abfließender und zugeführter Energie bestehen. Bei Zufuhr von Energie entstehen darüber hinaus systembedingte Umwandlungsverluste, da der Wirkungsgrad von Heiz- oder Solarsystemen stets kleiner als eins ist. Auch diese nicht genutzten Energiemengen müssen durch Energiezufuhr abgedeckt werden. Vereinfacht ergibt sich folgende Systemgleichung:

Wärmeverluste des Gebäudes (Transmission, Lüftung)
+ Systemverluste Heizung bzw. Solarsysteme
= Zugeführte Energie (Interne Wärmegewinne, Solargewinne, Heizenergie)

Die auf der Zufuhrseite liegenden internen Wärmegewinne und solaren Gewinne werden stets weitestmöglich ausgenutzt. Eigentliche Steuergröße zur Erhaltung des Fließgleichgewichts ist die Zufuhr von Heizenergie. Alle Bemühungen des energiesparenden Bauens versuchen letztlich, diese Zufuhr so gering wie möglich zu halten.

Die Wirkung einer TWD-Fassade im »Energiesystem Gebäude« ist in Abbildung 7-1 dargestellt: Durch die Lichtdurchlässigkeit der TWD wird eine solare Öffnungsfläche geschaffen, die es ermöglicht, das Energiepotential der Sonneneinstrahlung zu nutzen. Aufgrund der guten Wärmedämmung der lichtdurchlässigen Hülle sinken die Systemverluste der solaren Gewinnfläche (z. B. gegenüber Einfach- oder Doppelverglasungen). Die Transmissionsverluste werden im transparent gedämmten Bereich im zeitlichen Mittel meist vollkommen aufgehoben und verwandeln sich in Transmissionsgewinne. Durch verringerte Energieabflüsse und erhöhte Energiezuflüsse kann die Zufuhr von Heizenergie gedrosselt werden.

Bei Direktgewinnsystemen können weiterhin Beleuchtungsstromeinsparungen erzielt werden, wenn die transparente Wärmedämmung zur verbesserten Raumausleuchtung eingesetzt wird.

## 7.2 Wärmeschutzstandards und TWD-Effizienz

Um den Einfluß des Gebäudewärmeschutzes auf die TWD-Gewinne zu quantifizieren, wurde in [7-2] ein typisches Mehrfamilienhaus mit vier Geschossen und 16 Wohnungen untersucht. Mit dem Simulationsprogramm TRNSYS wurde die Energieeinsparung einer TWD-Fassade bei unterschiedlichen Wärmeschutzniveaus des Gebäudes berechnet. Gleichbleibend sind dabei jeweils 40 % der Südfassade mit TWD belegt.

Die ersten beiden Rechenvarianten »WschVo 82« und »WschVo 95« erfüllen die jeweilige Wärmeschutzverordnung, wobei sich WschVo 95 nicht an den Mindestwerten der gültigen Wärmeschutzverordnung orientiert, sondern etwa den Standard nachzeichnet, den energiebewußte Bauherren heute realisieren, ohne größere Mehrkosten befürchten zu müssen. Im dritten Fall »Niedrigenergie« wird ein Gebäude definiert, in dem sich die Gren-

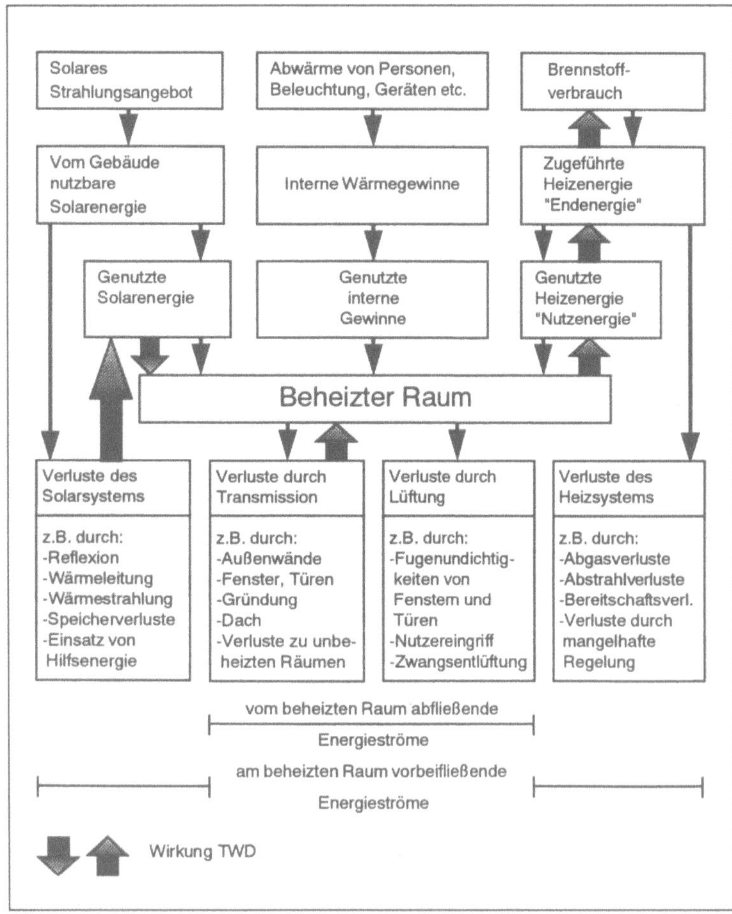


*Abbildung 7-1: Einfluß von TWD-Systemen auf das »Energiesystem Gebäude« [7-1]*

zen des heute technisch Machbaren widerspiegeln, allerdings ohne den Stand der Technik zu verlassen. Eine Hülle mit hohem Wärmeschutz, sehr gut gedämmte Fenster und eine Zwangslüftung mit Wärmerückgewinnung bringen das Gebäude auch ohne TWD schon weit in den »Niedrigenergiehaus«-Bereich.

Abbildung 7-2 zeigt, wieviel Prozent des Heizenergiebedarfs anteilig durch die transparente Wärmedämmung abgedeckt werden. Es wird deutlich, daß der solare Deckungsbeitrag von 20 auf über 30 % ansteigt, wenn der Wärmeschutzstandard verbessert wird. Dies ist mit ein Grund, warum viele Verfechter der Solarenergie propagieren, daß Solarsysteme nur in gut gedämmten Gebäuden sinnvoll sind.

Andererseits muß festgehalten werden, daß die Erhöhung des solaren Deckungsbeitrages nicht durch größere Solargewinne verursacht wird, sondern durch den wesentlich geringeren Energiebedarf des Gebäudes bei verbessertem Wärmeschutz. Die Absolutwerte der Solargewinne werden tatsächlich kleiner (Abbildung 7-3). Durch die Verbesserung des Gebäude-Wärmeschutzes sinkt die Energieeinsparung von über 110 auf unter 70 kWh pro Quadratmeter TWD-Fläche ab. Es zeigt sich, daß TWD-Systeme an weniger gut gedämmten Gebäuden mehr Einsparungen bringen und wirtschaftlicher sind, als an Gebäuden mit geringem Heizenergiebedarf. Es wird aber auch deutlich, daß bei maßvoller TWD-Belegung die TWD-Gewinne erst dann stark absinken, wenn die übrigen Energiesparmaßnahmen in extreme Bereiche vorangetrieben werden.

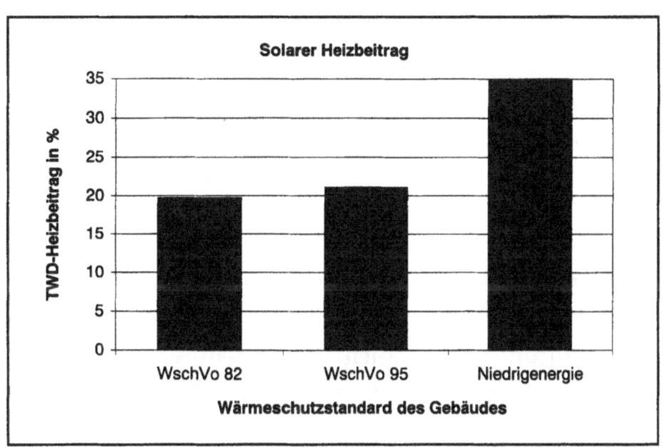


*Abbildung 7-2: Solarer Deckungsbeitrag in Prozent abhängig vom Wärmeschutzstandard des Gebäudes*

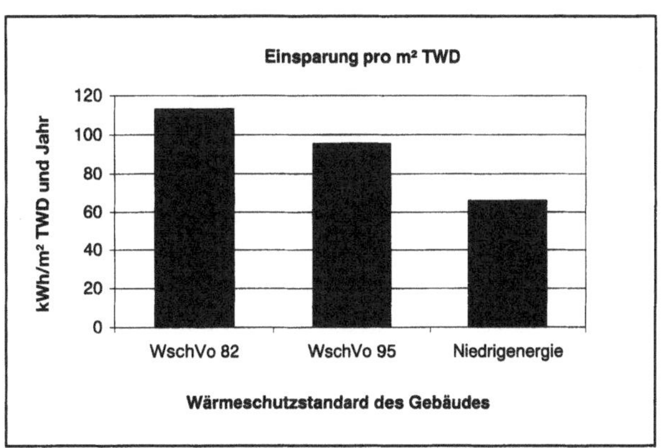


*Abbildung 7-3: TWD-Energieeinsparung, abhängig vom Wärmeschutzstandard des Gebäudes*

**Tabelle 7-1: Wärmeschutzstandards und Energieverbräuche eines typischen Mehrfamilienhauses**

| | WschVo 82 | WschVo 95 | Niedrigenergie |
|---|---|---|---|
| k-Wert Außenwand | 0,48 W/m²K | 0,32 W/m²K | 0,28 W/m²K |
| Dämmstoffdicke | 6 cm | 10 cm | 12 cm |
| k-Wert Dach | 0,31 W/m²K | 0,24 W/m²K | 0,19 W/m²K |
| Dämmstoffdicke | 12 cm | 16 cm | 20 cm |
| k-Wert Kellerdecke | 0,54 W/m²K | 0,35 W/m²K | 0,26 W/m²K |
| Dämmstoffdicke | 2 + 4 cm | 2 + 8 cm | 2 + 12 cm |
| k-Wert Fenster | 2,80 W/m²K | 1,40 W/m²K | 0,90 W/m²K |
| g-Wert Fenster | 0,75 | 0,59 | 0,41 |
| Verglasungstyp | Isolierglas | Zweifach-Wärmeschutzglas | Dreifach-Wärmeschutzglas |
| Luftwechsel | 0,8 1/h | 0,8 1/h | 0,8 1/h |
| Lüftungstyp | Freie Lüftung | Freie Lüftung | Zwangslüftung 50 % Wärmerückgewinnung |
| Nutzenergieverbrauch ohne TWD-Fassade | 67 kWh/m²a | 53 kWh/m²a | 22 kWh/m²a |
| Nutzenergieverbrauch mit TWD-Fassade | 53 kWh/m²a | 41 kWh/m²a | 14 kWh/m²a |

Diese extremen Maßnahmen sind teilweise kritisch zu diskutieren. Beispielsweise hat die Lüftungswärmerückgewinnung, welche die Hauptursache für den Energieverbrauchsunterschied zwischen »WschVo95« und »Niedrigenergievariante« ist, meist mit Akzeptanzproblemen seitens der Nutzer zu kämpfen. Daß in der Heizperiode die Fenster nicht geöffnet werden sollen, wird von den Bewohnern häufig nicht eingesehen. Der Einsparanteil der LWR verschlechtert sich durch begleitende Fensterlüftung beträchtlich. Außerdem verursacht die Lüftungswärmerückgewinnung in der Regel einen nennenswerten Stromverbrauch, der die Wirtschaftlichkeit der Maßnahme herabsetzt. Nur durch überdimensionierte Anlagen mit geringen Strömungswiderständen können niedrige Stromverbräuche erreicht werden, allerdings steigen dann die Investitionskosten. Außerdem wird bei großen Kanalquerschnitten der Einbau, vor allem in Altbauten, problematisch. Insofern wird die LWR auf absehbare Zeit eine umstrittene Alternative der Energieeinsparung bleiben.

Prinzipiell kann man festhalten, daß Wärmeschutz- und Solarmaßnahmen in einem konkurrierenden Verhältnis stehen, sie schwächen sich gegenseitig in ihrer Wirkung ab. Ein schlecht gedämmtes Haus kann solare Gewinne besser verwerten als ein Gebäude mit gutem Wärmeschutz und geringem Heizenergiebedarf. Solarfassaden erbringen deshalb bei Gebäuden mit hohem Energiebedarf größere Einsparungen als bei gut gedämmten Gebäuden. Allerdings sind die Gewinne einer TWD-Fassade auch bei heute üblichen qualitativ guten Dämmstandards noch relativ hoch. Erst im Niedrigenergiehausbereich mit extremen Dämmstoffdicken und Lüftungswärmerückgewinnung muß der Einsatz von TWD kritisch hinterfragt werden.

### 7.3 Konzeptionelle Aspekte bei TWD-Fassaden

Gebäude mit passiven Solarsystemen nehmen über ihre Hülle Umweltenergien auf und reagieren ähnlich wie ein Organismus auf wechselnde Bedingungen des äußeren Klimas. Das Haus selbst wird zum Sonnenkollektor, die Rohbaukonstruktion zum Wärmespeicher. Beheizung, Beleuchtung, Verschattungssysteme müssen auf die solaren Gewinne reagieren können, um das solare Angebot optimal auszunutzen. All dies bedeutet für die Planung, daß:

- zwischen unterschiedlichsten Planungsbereichen und Gewerken eine enge Zusammenarbeit stattfinden muß (z. B. wird eine Wand nicht nur nach ihrer Tragfähigkeit, sondern auch ihrer Wärmespeicherung ausgelegt),
- im engeren Bereich der TWD-Fassade mit unüblichen Betriebszuständen zu rechnen ist (z. B. thermische Dehnungen, Maximaltemperaturen, Tauwasserproblematik),

- spezielle Berechnungsverfahren zur Optimierung von Gebäude, Solarsystemen und Heizungssystem bzw. deren Zusammenspiel eingesetzt werden sollten (z. B. dynamische Simulationen).

Eine ganze Anzahl von Kriterien und Randbedingungen sind beim Einsatz von TWD zu beachten, so daß vor allem bei größeren und komplexen Bauvorhaben die Einschaltung eines TWD-Experten von Vorteil ist.

### 7.3.1 Standort, Orientierung

TWD-Anwendungen bringen dort die größten Einsparungen, wo in der Heizperiode kalte Außentemperaturen mit hohen Einstrahlungswerten verknüpft sind. Kann eine TWD-Fassade im gemäßigten, mitteleuropäischen Klima beispielsweise um die 100 kWh/m²a an Einsparungen verbuchen, so erbringt sie im trocken-kalten Wüstenklima der USA bereits etwa 150 kWh/m²a und im sonnenreichen, hochalpinen Bergklima Österreichs über 250 kWh/m²a, jeweils gegenüber einer üblichen, opaken Dämmung. Darin liegt übrigens auch begründet, warum in Österreich und der Schweiz der transparenten Wärmedämmung großes Interesse entgegengebracht wird (siehe Abschnitt 8.2).

Ein transparentes Wärmedämmsystem kann seine volle Effektivität bei reiner Südorientierung entwickeln. Abweichungen bis 30 Grad bringen nur geringe Verschlechterungen, Abweichungen bis 45 Grad sind noch tolerierbar. Bei Ost- oder Westorientierung der TWD-Fassade sinken die Energieeinsparungen dagegen schon auf die Hälfte der Südorientierung. Weiterhin wirkt sich bei

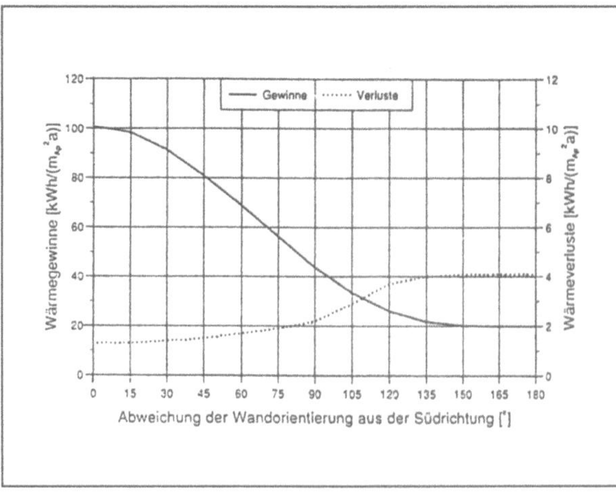


*Abbildung 7-4: Energiebilanz einer transparent gedämmten Kalksandsteinwand in Abhängigkeit von der Wandorientierung. Die Angaben sind Summenwerte für die verkürzte Heizperiode von Niedrigenergiehäusern (Oktober – März) und beziehen sich auf die solare Öffnungsfläche [7-3].*

größeren Abweichungen von der Südrichtung die Umgebungsverschattung durch Topographie und Nachbargebäude wesentlich kritischer aus, wegen des tieferen Sonnenstandes in der Heizperiode.

### 7.3.2 Anwendung, Gebäudetypen, Nutzungsart

Jede TWD-Anwendung sollte auf das entsprechende Gebäude abgestimmt werden. Solarwandsysteme eignen sich beispielsweise eher für kontinuierliche Nutzungen, weil sich die unverzögerten Solargewinne durch Fenster und die zeitlich verschobenen Gewinne über die Solarwand gut ergänzen. Direktgewinnsysteme sind für Nutzungen wie Bürogebäude, Schulen etc. sinnvoll, wo der nur tagsüber vorhandene Wärmebedarf tendenziell Solarsysteme ohne Zeitverzögerung begünstigt. Weiterhin kommt bei diesen Gebäuden mit ihren großen Raumtiefen häufig die verbesserte Tageslichtnutzung durch TWD als zusätzlicher, positiver Effekt hinzu.

### 7.3.3 Gebäudegeometrie

Die Forderung nach einem möglichst geringen Oberflächen-Volumen-Verhältnis, d. h. einer möglichst großen Kompaktheit, die in der Vergangenheit für energiesparende Gebäude erhoben wurde, gilt bei der Anwendung fassadenintegrierter Solarsysteme nicht mehr. TWD-Gebäude oder generell Solarhäuser öffnen sich nach Süden, südgerichtete, energiesammelnde Fassadenflächen werden maximiert, nordgerichtete Wärmeverlustflächen werden minimiert. Im Extremfall entstehen dadurch trichterförmige oder kreissegmentartige Gebäudegeometrien (siehe Abbildung 7-5).

### 7.3.4 Grundrisse, Zonierung

Grundsätzlich ist bei der Anordnung von TWD-Fassaden die Nutzung des dahinterliegenden Raumes zu beachten. Nur wenige Bewohner von TWD-Gebäuden werden beispielsweise Gefallen daran finden, wenn eine solare Wärmewelle um 23.00 Uhr die Speicherwand durchquert hat und ihr Schlafzimmer aufheizt. Ideal dagegen sind südost- bis südwestorientierte Solarwandsysteme im Wohnbereich, die vom späten Nachmittag bis zum späten Abend ein Maximum an Wärme liefern.

Nachteilig für die Ausnutzung von TWD-Solargewinnen wirkt sich aus, daß die solar erzeugte Wärme bei geschlossenen Grundrissen in den südorientierten Räumen »hängen bleibt«. Wenn möglich, sollte man daher durchgehenden Raumsituationen oder zu öffnenden Raumverbindungen den Vorzug geben, so daß sich die von der solaren Speicherwand abgegebene Wärme in weiten Bereichen verteilen kann (siehe Abbildung 7-6). Innenliegende Treppen, Galerien etc. erlauben die Nutzung der solaren

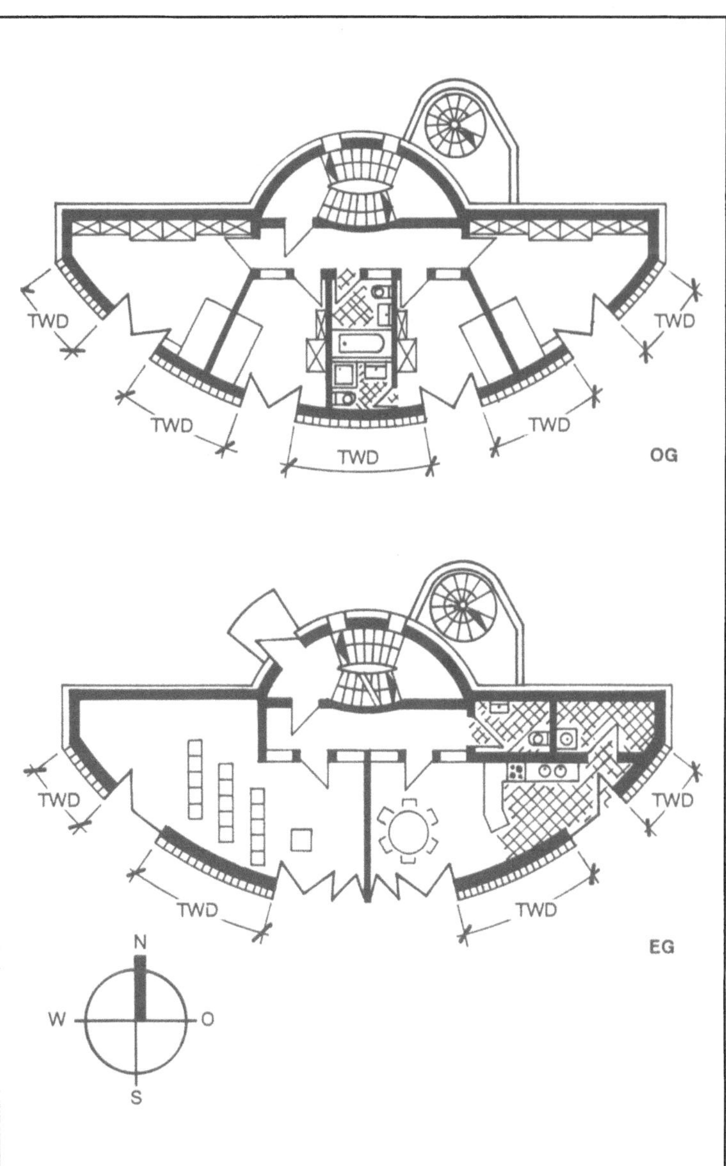


*Abbildung 7-5: Kreissegmentartige Gebäudegeometrie des energieautarken Solarhauses in Freiburg. Die Fläche der Südfassade wurde maximiert (siehe auch Abbildungen 7-15 und 7-18)*

Energie auch über mehrere Geschosse. Sehr gut eignen sich weiterhin großräumige Hallensituationen zum Einsatz von TWD-Systemen z. B. im Industriebau, bei Werkstätten etc.

### 7.3.5 Ergänzung Fenster/ Direktgewinn und Solarwand

Transparente Dämmsysteme bringen ihre maximalen Energiegewinne nicht im Tiefwinter, sondern in den Übergangszeiten, wo ein größeres Solarpotential bei geringe-

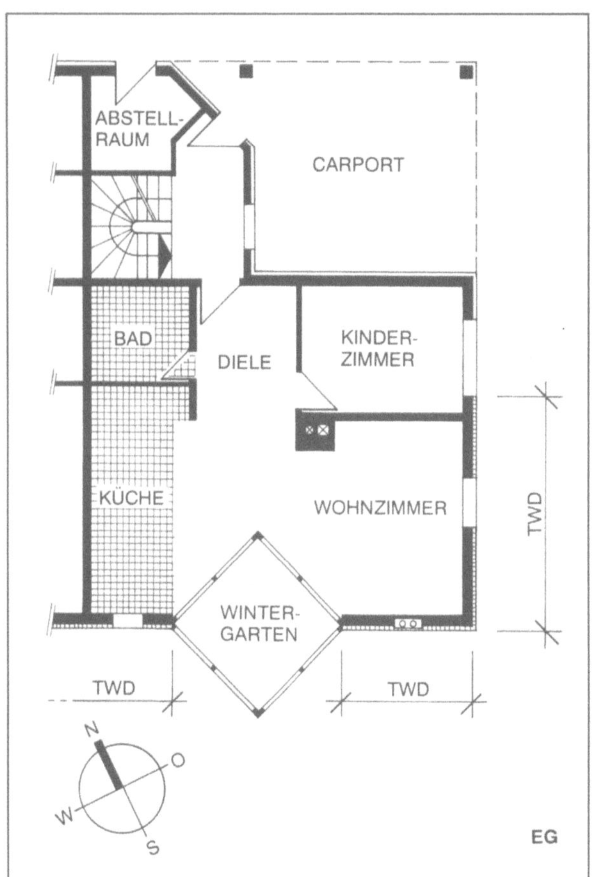



*Abbildung 7-**6**: Offene Grundrißlösungen (Haus Bollin, Freiburg-Tiengen) ermöglichen die Verteilung der solaren Wärme über weite Bereiche*

## Kennwerte Haus Bollin

**TWD-Fläche:**
70 m², Südost- und Südwestfassade

**Systemtyp:**
Solarwand und integrierter Speicherkollektor

**Materialien, Konstruktion:**
10 cm Polycarbonatwaben in Holzmodulkonstruktion

**Verschattung:**
Integrierte Folienrollos

**Baujahr TWD:**
1988

**Ausführungsniveau:**
Handwerker

**k-Wert Solarwand:**
0,5 W/m²K (Verschattung oben)
0,45 W/m²K (Verschattung unten)

**g (diffus):**
60 %

**Heizenergieverbrauch des Gebäudes:**
38 kWh/m²a (gemessen)

**Architekt:**
Novakov, CH-Ardon; Bollin, Freiburg

*Abbildung 7-**7**: Ansicht Haus Bollin*

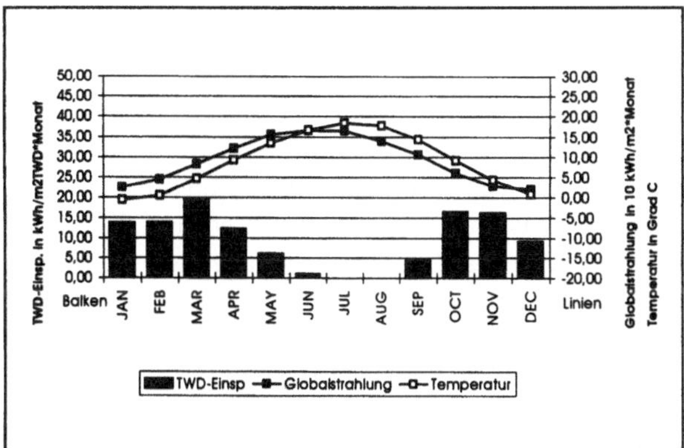



*Abbildung 7-**8**: Monatliche Verteilung der Energieeinsparungen eines TWD-Systems gegenüber konventioneller Dämmung für mittlere, deutsche Klimabedingungen [7-2]*

rem Wärmebedarf vorhanden ist (Abbildung 7-8). Gerade für diese Jahreszeiten ist es wichtig darauf zu achten, daß die solaren Gewinne sich möglichst über den Tag verteilen, weil es sonst zu nicht nutzbaren Gewinnspitzen kommt, die abgelüftet werden müßten. Abgesehen von anderen Kriterien wie Funktionszuordnung, Grundrißausbildung wäre aus energetischer Sicht beispielsweise eine Kombination von ost- und südorientierten Fenstern mit einer südorientierten Solarwand sehr günstig: Wärmegewinne stehen in diesem Fall von morgens bis spätabends zur Verfügung, ohne daß es zu Überschneidungen der einzelnen Systeme kommt. Äußerst ungünstig würde sich die Kombination einer südostorientierten Solarwand mit südwestorientierten Fenstern auswirken. Beide Systeme liefern etwa zur gleichen Zeit ihre Energie an den Innenraum, was schnell zur Überwärmung, d. h. zur Nichtnutzbarkeit eines Teils der Gewinne führt.

### 7.3.6 Schnittstelle TWD-System – Heizungssystem

Besonders bei TWD-Direktgewinnsystemen ist eine Heizungsanlage mit geringer Trägheit sinnvoll, damit kurzfristig auftretende Solargewinne nicht weggelüftet werden müssen. Ideal sind Luftheizungen oder Konvektoren, als ungeeignet erweisen sich sehr träge Heizsysteme wie Fußbodenheizungen. TWD-Solarwandsysteme dagegen können wegen ihres thermischen Beharrungsvermögens und ihrer nur langsamen Temperaturänderungen auch mit trägen Heizungssystemen kombiniert werden.

In der Heizperiode gibt es in der Regel einige trübe Tage mit sehr geringen Solargewinnen, dann wirkt sich nur der »Wärmedämmeffekt«, also der thermische k-Wert einer TWD-Fassade aus. Für die Heizungsauslegung sollte deshalb der thermische k-Wert von TWD-Fassaden herangezogen werden, d. h. ohne Berücksichtigung von Solargewinnen. Man befindet sich damit auf der sicheren

Seite, mit dynamischer Simulationsrechnung (z. B. TRNSYS, TAS) können in der Regel etwas geringere Heizleistungen abgeleitet werden. Dies beruht auf der Tatsache, daß die kältesten Wintertage meist nicht mit starker Bewölkung, sondern mit klarem bis leicht bedecktem Himmel , d. h. entsprechenden Solargewinnen verbunden sind.

Die Koppelung solarer Wärmeeintrag – Heizungsleistung findet wie bei sonstigen, internen Wärmequellen über die Raumtemperatur statt: Sobald die Innentemperatur (aufgrund von Solargewinnen) den Sollwert übersteigt, regelt das Thermostatventil den Heizkörper niedriger ein, bzw. der Raumthermostat sendet ein entsprechendes Signal an den Zonenverteiler oder den Wärmeerzeuger. Intelligente, zukünftige Regelsysteme werden die Heizleistung bereits zurücknehmen, bevor die solare »Wärmewelle« die Speicherwand durchquert hat, um das thermische Beharrungsvermögen der Konstruktion auszunutzen und Solargewinne noch effizienter zu nutzen.

Bei Gebäuden mit geringem Wärmebedarf und hohen Solargewinnen kann das ganze Heizungssystem aufgrund der kurzen Heizperiode vereinfacht werden. Klein dimensionierte Wärmeerzeuger, einfachere Rohrsysteme mit innenliegenden Heizkörpern oder die Kombination von Belüftung und Luftnachwärmung unter Verzicht auf ein konventionelles Heizsystem sind einige Möglichkeiten.

Durch die höheren Oberflächentemperaturen einer TWD-Solarwand werden Zugerscheinungen aufgrund von Wärmeabstrahlung verhindert, die Wand wirkt als großflächiger Niedertemperatur-Strahlungsheizkörper. Übereinstimmend wird von den Bewohnern transparent gedämmter Wohnungen der hohe thermische Komfort gelobt (siehe Abschnitt 8.3).

### 7.4 Konstruktive Aspekte bei TWD-Fassaden

### 7.4.1 Lastabtragung

Besonders im Gebäudebestand muß geprüft werden, ob die zusätzlichen Lasten einer TWD-Fassade von der Massivwand aufgenommen werden können. Pfosten-Riegel- oder Modulkonstruktionen wiegen je nach Aufbau 20 bis 40 kg/m². TWD-Verbundsysteme sind mit ca. 6 kg/m² wesentlich leichter, sie benötigen jedoch außerdem eine ebene und tragfähige Außenoberfläche der Massivwand, da sie auf diese aufgeklebt werden. Je nach Zustand des vorhandenen Außenputzes können hier erhebliche Mehraufwendungen entstehen.

### 7.4.2 Absorberausbildung

Als Absorber wurde bei den meisten Solarwandsystemen ein schwarzer Wandanstrich eingesetzt. Farbige Absorber z. B. blau oder grün, müssen relativ dunkel sein, um eine gute Absorption zu gewährleisten. Sie wirken deshalb, von außen durch die TWD gesehen, ebenfalls fast schwarz. Sogenannte selektive Absorber mit hoher Absorption im Solarspektrum, aber geringer Wärmeabstrahlung sind in Form von Klebefolien oder Metallbeschichtungen realisierbar. Für TWD-Systeme mit Blechabsorbern (z. B. konvektiv entwärmtes System) bieten sie eine Möglichkeit, den Systemwirkungsgrad zu erhöhen.

### 7.4.3 Geeignete Wandbaustoffe

Die massive Speicherwand nimmt die am Absorber erzeugte solare Wärme auf und gibt sie zeitversetzt an den Innenraum ab. Für eine möglichst große Speicherkapazität und gute Wärmeleitung nach innen sind Materialien mit hoher Rohdichte erforderlich. Als Baustoffe haben sich massiver Beton, Kalksandstein und Vollziegel gut bewährt. Die Rohdichte sollte auf jeden Fall über 1200 kg/m³, besser über 1600 kg/m³ betragen, günstige Wanddicken liegen zwischen 20 und 30 cm. Je schwerer die Wand ist, desto geringer sind die maximalen Absorbertemperaturen, da die Wärme leichter nach innen abfließen kann. Können bei einer Leichtziegelwand beispielsweise ohne weiteres 100 Grad an der Absorberfläche überschritten werden, so liegen die Maximaltemperaturen bei schweren Betonwänden im Bereich von 70 bis 80°C. Die inneren Oberflächentemperaturen erreichen dann ca. 35–40°, die Zeitverzögerung (Temperaturmaximum außen zu Temperaturmaximum innen) liegt bei 6–8 Stunden.

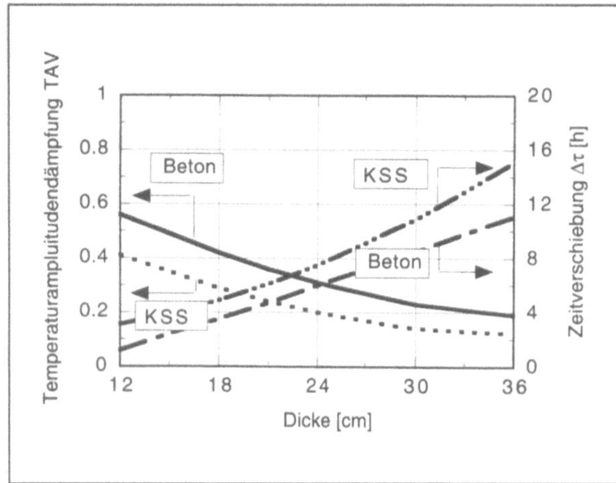


*Abbildung 7-9: Temperaturamplitudendämpfung und Phasenverschiebung bei Beton- und Kalksandsteinwänden unterschiedlicher Dicke*

### 7.4.4 Thermische Dehnungen und ihre Beherrschung

Sowohl Speicherwand als auch TWD-Fassade verformen sich unter den thermischen Belastungen. Die TWD-Fassade dehnt sich hauptsächlich in der Einbauebene, während die Wand sich zusätzlich aufschüsselt, solange die Wärme auf einer Seite des Querschnitts konzentriert ist. Je nach Rahmenmaterial müssen in der Fassade also Schiebe- und Dehnpunkte vorhanden sein. Holzprofile sind dabei eher unkritisch zu sehen, problematisch sind dagegen Aluminiumkonstruktionen mit ihren hohen thermischen Ausdehnungskoeffizienten. Solare Speicherwände im Neubau sollten in Abschnitte unterteilt werden. Besonders geeignet zur Aufnahme thermischer Verformungen ist das planerische Konzept, nichttragende Speicherwandabschnitte in ein thermisch isoliertes Tragskelett einzubauen. Im Gebäudebestand sollten die Abmessungen einer zusammenhängenden TWD-Fläche, abhängig vom Wandbaustoff, bestimmte Größenordnungen nicht überschreiten, um der Gefahr von Rissen zu begegnen [7-4]. Eine andere Möglichkeit zur Begrenzung thermischer Verformungen ist die Verschattung der TWD-Fassade bei Überschreiten einer Absorber-Grenztemperatur.

### 7.4.5 Vorfertigung von TWD-Fassaden

Wurde bei den ersten TWD-Fassaden häufig das TWD-Material noch direkt an der Baustelle in die Rahmenkonstruktion eingesetzt, so geht die Entwicklung heute immer mehr zu vorgefertigten Paneelen bzw. Modulen. Die Gefahr von Beschädigung und Verschmutzung des TWD-Materials sinkt, die Verarbeitung wird einfacher. Für die meisten Paneele bzw. Module werden minimale und maximale Größen vorgegeben, um Herstellung, Transport und Montage zu vereinfachen und die Elementbelüftung sicherzustellen oder, bei geschlossenen Paneelen, die thermisch verursachten Volumenänderungen und Durchbiegungen zu begrenzen. Für die solaren Gewinne günstiger sind stets die größeren Abmessungen, da der Rahmenanteil bzw. die Schachtwirkung von Begrenzungsflächen geringer wird. Bei einigen Projekten wurden auch bereits ganze Fassadenabschnitte vorgefertigt und auf der Baustelle aneinandergesetzt.

### 7.4.6 Dampfdiffusion, Kondensat

Bei transparent gedämmten Massivwänden ist die äußere Wandoberfläche über die Heizperiode im Mittel wärmer als die Innenoberfläche, das Dampfdiffusionsgefälle dreht sich um. Die äußere Verglasung, die quasi als Dampfsperre wirkt, stellt somit kein bauphysikalisches Problem dar, wie es bei klassischen Wandaufbauten zu erwarten wäre. Zusätzlich wird bei Konstruktionen mit beidseitig verglaster TWD der Luftraum zwischen TWD-Paneel und Speicherwand über kleine Öffnungen mit der Außenluft verbunden, die dem Partialdruckausgleich und der Druckentspannung dienen. Diese Öffnungen befinden sich am untersten Punkt des Luftspalts, um konvektive Wärmeverluste aus dem Spalt zu minimieren.

Probleme bei mehreren Vorhaben bereitete die Entstehung von Tauwasser an der Innenseite der TWD-Außenscheibe. Was war passiert? TWD-Paneele mit rund 10 cm Dicke sind stets »belüftet«, d. h. kleine Öffnungen bilden eine Verbindung zwischen Paneelinnenraum und Außenluft. Dadurch werden thermisch verursachte Volumenänderungen der eingeschlossenen Luft verhindert, die im Extremfall zur Zerstörung des Randverbundes oder der Glasscheibe führen könnten. Bei Abkühlen des Paneels wird Außenluft eingesaugt. Ist diese, z. B. nach einem Regenguß sehr feucht und wird im Paneel unter ihren Taupunkt abgekühlt, so kommt es zu Kondensat an der kältesten Stelle, der Innenseite der Außenscheibe. Eine weitere Ursache für Kondensaterscheinungen ist das Austreiben von gebundenem Wasser aus dem TWD-Material (hauptsächlich bei PMMA), wenn der Kunststoff durch die Sonneneinstrahlung erwärmt wird.

Im allgemeinen stellen Kondensationserscheinungen nur kurzzeitige Ausnahmen dar, die Funktion der Fassade wird dadurch nicht beeinträchtigt. Nur unter sehr ungünstigen Randbedingungen traten Kondensaterschei-

nungen häufiger auf und führten dann im Extremfall sogar zur Auswechslung von Paneelen. Holzfassaden verhalten sich hinsichtlich Kondensaterscheinungen generell unkritischer als Aluminiumkonstruktionen, vermutlich wegen der Feuchtespeicherung des Holzes und den etwas größeren Undichtigkeiten. Die Kondensatproblematik führte zur Entwicklung geschlossener Paneele (mit Restriktionen hinsichtlich Größe und Einsatztemperatur), zur Verwendung unkritischer TWD-Materialien wie Glas und zum Einbau von Trockenmitteln in die Hohlkammern des Randverbundes.

Auch durch Montagefehler oder falsche Montageabläufe können Kondensationserscheinungen bedingt sein, wenn während der Bauzeit Wasser in eine TWD-Fassade eingedrungen ist (Abbildung 7-10)

### 7.5 Gestalterische Aspekte bei TWD-Fassaden

TWD als fassadenintegriertes Solarsystem beeinflußt die Architektur eines Gebäudes in hohem Maße. Gestalterisch unbefriedigende TWD-Anwendungen haben bei einigen Planern das Vorurteil geweckt, daß mit TWD keine qualitativ hochwertige Architektur machbar sei.

### 7.5.1 Einzelelemente und Gesamtfassaden

Charakteristikum aller TWD-Modulfassaden und Pfosten-Riegelkonstruktionen sind die Glasflächen und Fassadenprofile. Von der optischen Assoziation eines einzelnen Fensters in einer Lochfassade bis zur gebäudeumspannenden Glasfassade sind dabei alle Abstufungen möglich (Abb. 7-11 und 7-12).

### 7.5.2 Integration statt Applikation

Die Gestaltung und Integration einer TWD-Fassade findet weniger über die eigentliche solare Öffnungsfläche statt als vielmehr über die Farbgebung, Proportionen und den Rhythmus der Fassadenprofile. Ein bewährtes Mittel zur Integration einer TWD-Fassade ist es, Rhythmus und Proportionen anderer Fassadenelemente auch auf die Solarfassade zu übertragen, so daß die Gesamtaußenansicht zwar mit unterschiedlichen Materialien bzw. Außenoberflächen, aber nach einem einheitlichen, gestalterischen Prinzip erstellt ist (Abb. 7-13 und 7-14).

*Abbildung 7-**10**: Kondensat in einem TWD-Paneel. Während der Montage waren die oberen Belüftungsöffnungen des Paneels über mehrere Tage geöffnet, ohne daß das äußere Glashalteprofil der Aluminiumkonstruktion montiert war. Niederschlagswasser konnte eindringen.*

*Abbildung 7-**11**:
Gestalterisch wie ein Fenster
wirkendes TWD-Einzelelement:
Sanierung eines
Mehrfamilienhauses in Bremen
mit konvektiv entwärmten
TWD-Modulen (Planung:
Capatect GmbH, Ober-
Ramstadt)*

*Abbildung 7-**12**: Gestalterisch einer Glasfassade ähnelnde TWD-Modulfassade am Technologiezentrum Düsseldorf
(Architekt: Gottfried Böhm, Köln)*

*Abbildung 7-**13**: Jugendbildungsstätte Windberg, Südseite mit TWD-Fassade*

*Abbildung 7-**14**: Die feine Gliederung der TWD-Flächen findet sich auch in der Unterteilung der nordorientierten Holzfassade mit Traufblechen.*

### Kennwerte Jugendbildungsstätte Windberg

| | |
|---|---|
| **TWD-Fläche:**<br>150 m², Südfassade | **k-Wert Solarwand:**<br>ca. 0,7 W/m²K |
| **Systemtyp:**<br>Solarwand | **g (diffus):**<br>ca. 55 % |
| **Materialien, Konstruktion:**<br>5 cm PC-Kapillaren in<br>Holzrahmenkonstruktion | **Heizenergieverbrauch des Gebäudes:**<br>44 kWh/m²a (gemessen) |
| **Verschattung:**<br>außenliegende Jalousien | **Architekt:**<br>Thomas Herzog, München |
| **Baujahr TWD:**<br>1991 | |
| **Ausführungsniveau:**<br>Fassadenbauer | |

### 7.5.3  Reaktive Fassaden: das Haus als Chamäleon

Gestaltungsprägend wirkt stets das Verschattungssystem einer TWD-Fassade, vor allem wenn es sich um außenliegende Lamellen oder Rollos handelt. Über die Farbgebung, Rhythmisierung und Detailausbildung sind unterschiedlichste Wirkungen und Gestaltungsaussagen erzielbar. Äußere Verschattungssysteme verstärken tendenziell den Charakter von Glasarchitektur, da sie aus diesem Bereich bekannt sind. Systemintegrierte Verschattungen wie innenliegende Rollos oder schaltbare Schichten (thermochrom, elektrochrom) verleihen der TWD-Fassade eine Art »Chamäleon-Charakter«. Ohne daß sich deutlich sichtbar Strukturen verändern (wie z. B. beim Schließen oder Öffnen von außenliegenden Verschattungen), verändert die TWD-Fassade ihre Farbe von grau oder schwarz nach weiß oder silbern. Licht wird dann nicht mehr absorbiert, sondern reflektiert. Bei derartigen Regelungsmechanismen hat man am ehesten den Eindruck vom Gebäude als agierendem und reagierendem Organismus (siehe Abbildung 7-15 und 7-18).

**Kennwerte Energieautarkes Solarhaus**

| | |
|---|---|
| **TWD-Fläche:**<br>*84 m², Südfassade* | **k-Wert Solarwand:**<br>*0,54 W/m²K (Verschattung oben)*<br>*0,36 W/m²K (Verschattung unten)* |
| **Systemtyp:**<br>*Solarwand* | |
| **Materialien, Konstruktion:**<br>*10 cm PMMA-Kapillaren in vorgestellter Aluminium-Pfosten-Riegelkonstruktion* | **g (diffus):**<br>*66 %*<br><br>**Heizenergieverbrauch des Gebäudes:**<br>*2 kWh/m²a (gemessen)* |
| **Verschattung:**<br>*integrierte Folienrollos* | |
| **Baujahr TWD:**<br>*1992* | **Architekt:**<br>*Dieter Hölken, Vörstetten (Vorentwurf: A. Lohr, Köln)* |
| **Ausführungsniveau:**<br>*Fassadenbauer* | |

*Abbildung 7-**15**: Energieautarkes Solarhaus mit offenen Rollos im Kollektorbetrieb (siehe auch Abbildung 7-5)*

*Abbildung 7-**16**: Hocheffiziente, mit Hilfe von Spiegeln beseitig bestrahlte Kollektoren zur Warmwasserbereitung. Darüber die Paneele des Photovoltaiksystems*

*Abbildung 7-**17**: Das Gebäude von Norden. Hochwertige Dämmung und minimierte Fensterflächen sichern geringste Wärmeverluste*

*Abbildung 7-**18**: Energieautarkes Solarhaus mit geschlossenen Rollos als Verschattung oder temporärer Wärmeschutz*

### 7.5.4   Das transparente Wärmedämmverbundsystem: Erscheinungsbild und Materialehrlichkeit

Beim transparenten Wärmedämmverbundsystem fällt optisch nur die gläsern-grau schimmernde Putzoberfläche ins Auge. Profile oder andere Gliederungs- oder Begrenzungselemente sind nicht vorhanden. Auf den ersten Blick erscheint es fremd oder zumindest ungewohnt, die Textur einer Putzoberfläche mit der Farbwirkung eines Glases kombiniert zu sehen. Wenn man jedoch an die ästhetische Kritik denkt, die Wärmedämmverbundsystemen häufig entgegengebracht wird, daß sie nämlich Massivität vortäuschen, obwohl sie nur Bekleidung sind, dann kann man das transparente Wärmedämmverbundsystem guten Gewissens als die »ehrlichere Alternative« bezeichnen: Hier wird deutlich, daß es sich nicht um eine massive Schale handelt. Der glasartige Putzcharakter läßt erahnen, daß das Licht eindringen kann. Die Gestaltungsmöglichkeiten beim TWDVS beschränken sich auf die Flächenproportionen des TWDVS in der Gesamtfassade (Abbildung 7-17).

*Abbildung 7-**19**: Sorgfältig proportionierte Teilflächenbelegung mit transparentem Wärmedämmverbundsystem am Treppenhaus eines Büro- und Lagergebäudes*

### 7.5.5   Gestaltungsverbesserung durch TWD-Sanierung

Ein wichtiger Aspekt, mit dem es sich zu beschäftigen lohnt, ist die TWD-Sanierung und damit die gestalterische Verbesserung vorhandener Gebäude. Naturgemäß wird das Verbesserungspotential dabei um so größer, je schlechter die Ausgangslage ist.

Weil Glasfassaden eher an Neubauten zu finden sind, ist die Architektur vorhandener Gebäude durch TWD-Sanierungen mit verglasten TWD-Systemen jeweils stark verändert worden. Dabei konnten unansehnliche Gebäude mit stark geschädigten Putzfassaden in gestalterisch reizvolle Häuser mit interessanten Außenansichten verwandelt werden.

Mit transparenten Wärmedämmverbundsystemen wird der vorhandene Gebäudecharakter weniger stark verändert. Das TWDVS eignet sich deshalb gut für behutsame Sanierungen oder für Altbauten, deren architektonische Qualität durch auffällige Glasfassaden gestört würde.

### 7.6   TWD-Kollektoren zur Warmwasserbereitung

Transparente Wärmedämmstoffe verbessern zwar die Verlustbilanz von Kollektoren, reduzieren aber deren optischen Wirkungsgrad. Dadurch verändert sich die Wirkungsgradkennlinie. Bei kleinen Einstrahlungen oder sehr hohen Temperaturdifferenzen wird der TWD-Kollektor besser abschneiden als der konventionelle Flachkollektor mit selektiver Oberfläche. Bei hohen Einstrahlungen und relativ kleinen Temperaturdifferenzen zwischen Kollektorfluid und Umgebung arbeitet der TWD-Kollektor dagegen mit geringerem Wirkungsgrad.

Neben dieser Wirkungsgradverschlechterung gibt es weitere Gesichtspunkte, die eher für den Einsatz von konventionellen Flachkollektoren sprechen können. Die Technologie ist ausgereift, der Platzbedarf der Kollektoren ist gering. Der zusätzliche Aufbau, der durch den Einsatz von transparenten Wärmedämmaterialien notwendig wird, erhöht die Kosten von Kollektorsystemen.

Grundsätzlich kann man festhalten, daß es sowohl aus energetischen als auch aus wirtschaftlichen Gründen nicht sinnvoll ist, im konventionellen Einsatzbereich von Flachkollektoren, nämlich bei der solaren Warmwasserbereitung, TWD-Kollektoren einzusetzen. Flachkollektoren mit transparenter Wärmedämmung werden nur dann interessant, wenn hohe Einsatztemperaturen gefordert werden, d. h. wenn die geforderten Temperaturniveaus im Bereich von etwa 100 °C oder darüber liegen. Dies ist der Fall bei Anwendungen im Bereich Meerwasserentsalzung, Waschanlagen oder bei der solar unterstützten Kühlung [7-5].

*Abbildung 7-**20**: Sonnenäckerweg vor der Sanierung*

**Kennwerte Mehrfamilienhaus Sonnenäckerweg**

**TWD-Fläche:**
120 m², Südost- und Südwestfassade

**Systemtyp:**
Solarwand

**Materialien, Konstruktion:**
10 cm PC-Waben in
Holzmodulkonstruktion

**Verschattung:**
integrierte Folienrollos

**Baujahr TWD:**
1989

**Ausführungsniveau:**
Handwerker

**k-Wert Solarwand:**
ca. 0,5 W/m²K (Verschattung
oben)
ca. 0,4 W/m²K (Verschattung
unten)

**g (diffus):**
ca. 60 %

**Heizenergieverbrauch des
Gebäudes:**
42 kWh/m²a (gemessen)

**Architekt:**
Rolf Disch, Freiburg

*Abbildung 7-**21**: Sonnenäckerweg nach der Sanierung mit TWD-Fassade und vorgestellten Balkonen*

Wenn zur Warmwasserbereitung sogenannte Speicherkollektoren benutzt werden, kann der Einsatz von transparenter Wärmedämmung dagegen sehr sinnvoll sein. Ein Speicherkollektor integriert den Warmwasserspeicher eines traditionellen Warmwassersystems in die Kollektorkonstruktion, die beiden Bauteile sind zusammengefaßt. Im Speicher befindet sich Trinkwasser unter Leitungsdruck. Es werden keine Wärmetauscher benötigt, es wird kein Wasser-Glykol-Kreislauf zwischen Kollektor und Speicher erforderlich, und ein aktives Umpumpen des Wärmeträgermediums ist ebenfalls nicht notwendig. Sowohl Motorpumpen als auch die Steuerung können entfallen. Aufgrund des Anschlusses an das Trinkwassernetz muß der Speicher allerdings druckfest ausgeführt werden. Üblicherweise geschieht dies dadurch, daß man den Speicher in einer zylindrischen Form ausführt. Der Mantel des Speichers wird mit normaler schwarzer Farbe oder mit niedrig emittierender, selektiv schwarzer Beschichtung beschichtet. Den prinzipiellen Aufbau zeigt Abbildung 7-20.

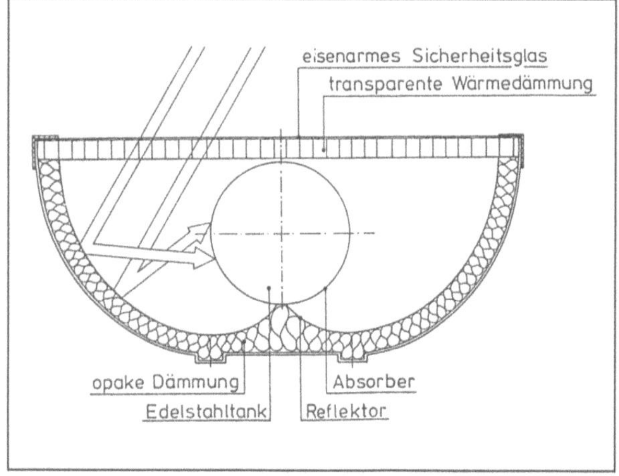


*Abbildung 7-**22**: Integrierter Speicherkollektor mit TWD-Abdeckung und einer Röhre [7-6]*

Das durch die transparente Abdeckung einfallende Licht wird über eine gekrümmte Spiegelfläche auf den zylindrischen Absorber der Speichers reflektiert. Bei der dargestellten Konstruktion findet keine Konzentration des Sonnenlichtes statt. Die transparente Abdeckung wird aus praktischen Gründen eben ausgeführt. Sie verhindert die Wärmeverluste des Speichers nach außen. Die Eigenschaften der transparenten Wärmedämmung – ein guter Wärmeschutz bei hohem Strahlungsdurchlaß – sind hier sehr von Vorteil, da bei einem Speicher die thermischen Verluste 24 Stunden, also rund um die Uhr zum Tragen kommen, während sie bei einem normalen Flachkollektor nur während der Kollektorlaufzeit wichtig sind.

Da integrierte Speicherkollektoren auf viele Bestandteile einer üblichen Kollektoranlage verzichten können, besitzen sie potentiell ein großes wirtschaftliches Potential. In unseren Breiten kann man durch eine ausreichend dicke transparente Dämmschicht sicherstellen, daß die Systeme auch im Winter nicht einfrieren. Abhängig von der Absorberbeschichtung erreicht der dargestellte Kollektortyp bei einer Abdeckung mit 4 cm TWD k-Werte zwischen 2,0 und 2,9 W/m²K (bezogen auf die Aperturfläche). Die Leistungsfähigkeit der Systeme ist wegen der geringen Wärmeverluste, der nicht benötigten Wärmetauscher und der niedrigeren Arbeitstemperatur sehr gut. Bei einer solaren Deckungsrate von 50 % erreichen Speicherkollektoren Systemnutzungsgrade um 35 %.

Eine einzige Röhre als Speicher führt zu einer Bautiefe des Kollektors, bei der eine Aufdachmontage nicht mehr möglich ist. Dies wird bei anderen Bauformen mit mehreren Röhren oder mit druckfestem Flachtank vermieden. Die Herstellungskosten sind dann allerdings höher. Ungünstig für den praktischen Einsatz kann sich das hohe Gewicht von Speicherkollektoren auswirken. Es muß im Einzelfall geprüft werden, ob die Lastreserven der Dachkonstruktion ausreichend sind.

Bei der Integration in die Brauchwasserversorgung stellt sich primär die Frage der geeigneten Nachheizung. Als einfachste Systemvariante gilt die Nacherwärmung mit einem Durchlauferhitzer. Dabei muß berücksichtigt werden, daß das im Speicher befindliche Wasser zu kalt, aber auch zu heiß für die direkte Nutzung sein kann. Das Gerät muß deshalb für hohe Wassereintrittstemperaturen geeignet sein. Eine Lösung ist der geregelte Gasdurchlauferhitzer mit Temperaturbegrenzung durch Kaltwasserbeimischung. Einige Hersteller haben bereits eine Temperaturbegrenzung in das Nachheizgerät integriert. In der Praxis ist es oft schwierig, die schnelle Regelung von kleinen Leistungen mit geringen Energieverlusten zu realisieren.

Eine regelungstechnisch einfache Alternative bietet ein nachgeschalteter Elektroboiler oder ein von der Heizanlage beschickter Brauchwasserspeicher. Kurze Leitungslängen zwischen Kollektor und Speicher sind notwendig, um gerade bei kleinen Zapfmengen Auskühlverluste zu vermeiden. Aufwendige Lösungen, wie komplexe Regelungen mit Zirkulation sowie mit Pumpen und Stellventilen sind nur in Ausnahmefällen sinnvoll. Da bei modernen Heizungsanlagen in Ein- und Zweifamilienhäusern zunehmend Dachheizzentralen eingebaut werden, können mit moderner Brennwerttechnik und Speicherkollektoren effiziente, kompakt installierte Systemkonfigurationen entstehen. [7-7]

**Literatur**

[7-1] Weidlich, B.; Kerschberger, A.; Lohr, A.; Alexa, B.: Systemstudie Lichtdurchlässige Wärmedämmung; Berlin, Köln, 1989. Erstellt im Auftrag des Fraunhofer-Instituts für Solare Energiesysteme

[7-2] Kerschberger, A.: Transparente Wärmedämmung zur Gebäudeheizung. Dissertation an der Universität Stuttgart, 1994.

[7-3] Voss, K.: Transparente Wärmedämmung – Konsequenzen für den architektonischen Entwurf. In: Transparente Wärmedämmung in der Architektur. Begleitbuch zum gleichnamigen Seminar. Freiburg, Fraunhofer-Institut für Solare Energiesysteme, 1993.

[7-4] Bondzio, G.; Brandstetter, K.; Sulzer, P.; Al Bosta, S.; Schäfer, K.; Rath, J.: Untersuchung des Einflusses von transparenten Wärmedämmsystemen auf altbauübliche inhomogene Außenwandkonstruktionen. Schlußbericht zum BMBF-Forschungsvorhaben 0335003 P. Heft 1 bis 5. Stuttgart: Institut für Baukonstruktion, Lehrstuhl 1, Universität Stuttgart, 1993

[7-5] Rommel, M.; Wagner, A.: Application of transparent insulation materials in improved flat-plate collectors and integrated collector storages , Solar Energy Heft 5,1992

[7-6] Gerber, A.; Rommel, M.; Wagner, A.: TWD-Kollektor – Hoher Wirkungsgrad bei einfacher Systemtechnik, Sonnenenergie Heft 2, 1992

[7-7] Gerber, A.: Kompaktanlagen und standardisierte Zweikreisanlagen, in: Thermische Nutzung der Solarenergie in Gebäuden (Hrsg. A. Marko, P. Braun). Heidelberg: Springer-Verlag, 1996

# 8. Realisierte Projekte

## 8.1 Vorstellung von Einzelprojekten

Seit den ersten Testfassaden zu Beginn der achtziger Jahre sind knapp hundert Gebäude mit TWD-Fassaden errichtet worden. Eine komplette Darstellung aller Objekte würde den Rahmen dieses Werkes sprengen. In Ergänzung zu den sieben ausführlich dargestellten, beispielhaften TWD-Projekten aus Kapitel 3 werden im folgenden 18 interessante Projekte beschrieben, welche unterschiedliche, typische Anwendungen und Gebäudearten repräsentieren.

Bei der Zusammenstellung der jeweiligen Projektkennwerte bezieht sich der k-Wert stets auf den gesamten Wandaufbau einschließlich massiver Speicherwand (sofern vorhanden). Der g(diffus)-Wert bezieht sich auf die solare Öffnungsfläche ohne Berücksichtigung von Rahmen und Profilen.

Den nachfolgenden, statistischen Auswertungen in Abschnitt 8.2 liegt eine Projektrecherche aller TWD-Fassaden zugrunde, die in Deutschland, Österreich und der Schweiz realisiert worden sind. Wir beschränkten uns dabei auf TWD-Anwendungen mit einer Flächengröße von über 20 m², um die zahlreichen kleinen Versuchs- und Musterfassaden auszuschließen, die zu Testzwecken errichtet worden sind. Dadurch entfallen auch einige kleinere »echte« Anwendungen bei Einfamilienhäusern. Die absoluten Zahlen der realisierten Flächen verändern sich allerdings kaum.

## 8.1.1 Haus Goetzberger, Freiburg-Merzhausen

Das 1982 installierte TWD-System am Haus von Professor A. Goetzberger, dem ehemaligen Institutsleiter des ISE Freiburg, gilt allgemein als erste an einem Wohngebäude montierte TWD-Fassade und wurde deshalb, obwohl unter 20 m² groß, mit in die Projektdokumentation aufgenommen. Zwischen Holzrahmen, die auf der Westseite des Gebäudes auf das schwarz gestrichene Ziegelmauerwerk gedübelt worden waren, wurden zunächst 2 x 16 mm dicke, transluzente Acrylschaumplatten eingesetzt. Als Witterungsschutz diente eine Kunststoffolie.

Der experimentelle Charakter der mit 12 m² bestückten TWD-Fassade war nicht zu übersehen. Nicht architektonische Gesichtspunkte, sondern allein die wissenschaftliche Bestätigung der Leistungsfähigkeit von TWD-Elementen unter den Randbedingungen eines bewohnten Gebäudes standen hierbei im Vordergrund. Dabei zeigte

sich einerseits die Effizienz der TWD-Fassade zur winterlichen Wärmegewinnung, andererseits wurde man durch sommerliche Überhitzungserscheinungen auch auf die Notwendigkeit einer TWD-Verschattung aufmerksam gemacht. In das weiterentwickelte System integrierten die Freiburger Solarforscher deshalb 1985 aluminiumbeschichtete, witterungsgeschützte Folienrollos, nachdem die Acrylschaumplatten durch Kapillarplatten und die Kunststoffolie durch eine Glasscheibe ersetzt worden waren.

### Kennwerte Haus Goetzberger

*TWD-Fläche:*
12 m², Westfassade

*Systemtyp:*
Solarwand

*Materialien, Konstruktion:*
10 cm PC-Kapillaren in Holzmodulkonstruktion

*Verschattung:*
integrierte Folienrollos

*Baujahr TWD:*
1. Version: 1982,
2. Version 1984

*Ausführungsniveau:*
Handwerker

*k-Wert Solarwand:*
0,6 W/m²K (Verschattung oben)
0,45 W/m²K (Verschattung unten)

*g (diffus):*
ca. 35 %

*Planung:*
FhG-Institut für Solare Energiesysteme, Freiburg

*Abbildung 8-1: Die erste TWD-Fassade an einem Wohnhaus: Haus Goetzberger, 1983*

### 8.1.2 Haus Rath, Waldenbuch

Beim Wohnhaus der Familie Rath in Waldenbuch bei Stuttgart kommt das transparente Wärmedämmverbundsystem (TWDVS) der Sto AG zum Einsatz. Das Gebäude liegt an einem steilen Südhang, die TWD-Fassade wird durch vorgestellte Balkone saisonal verschattet. Um die Fenster in die Dämmebene legen zu können und die Anschlüsse zwischen Fenstern, TWDVS und opaker Dämmung zu vereinfachen, wurde auf der Massivwand zunächst eine Holzrahmenkonstruktion angebracht, die mit den unterschiedlichen Hüllelementen ausgefacht wird. Ziel der Bauherren war es, möglichst geringe Energieverbräuche mit einem integrierten Gesamtenergiekonzept zu erreichen, das einerseits bezahlbar war und andererseits aus bewährten, unproblematischen Maßnahmen bestand. Folgende Einzelkomponenten tragen dazu bei:

– 16 cm bis 25 cm dicke Wärmedämmschichten
– Luftdichte Gebäudehülle mit mechanischer Lüftungsanlage und Wärmerückgewinnung
– Passive Sonnenenergienutzung durch südorientierte Fensterflächen und TWD-Systeme
– Thermisch abgekoppelte Balkone mit saisonaler Verschattungsfunktion
– Flachkollektoranlage zur Brauchwassererwämung
– Niedertemperaturheizung mit Brennwertkessel

**Kennwerte Haus Rath**

| | |
|---|---|
| *TWD-Fläche:*<br>22 m², Südfassade | *Ausführungsniveau:*<br>Handwerker |
| *Systemtyp:*<br>Solarwand | *k-Wert Solarwand:*<br>0,53 W/m²K |
| *Materialien, Konstruktion:*<br>Transparentes Wärmedämmverbundsystem mit 12 cm PC-Kapillaren | *g (diffus):*<br>ca. 45 % |
| *Verschattung:*<br>Balkone (saisonal) | *Heizenergieverbrauch des Gebäudes:*<br>ca. 50 kWh/m2 Wohnfläche und Jahr |
| *Baujahr TWD:*<br>1996 | *Architekt:*<br>Gaß + Raisch-Gaß, Aichtal |

*Abbildung 8-2: Haus Rath, Ansicht der Südfassade*

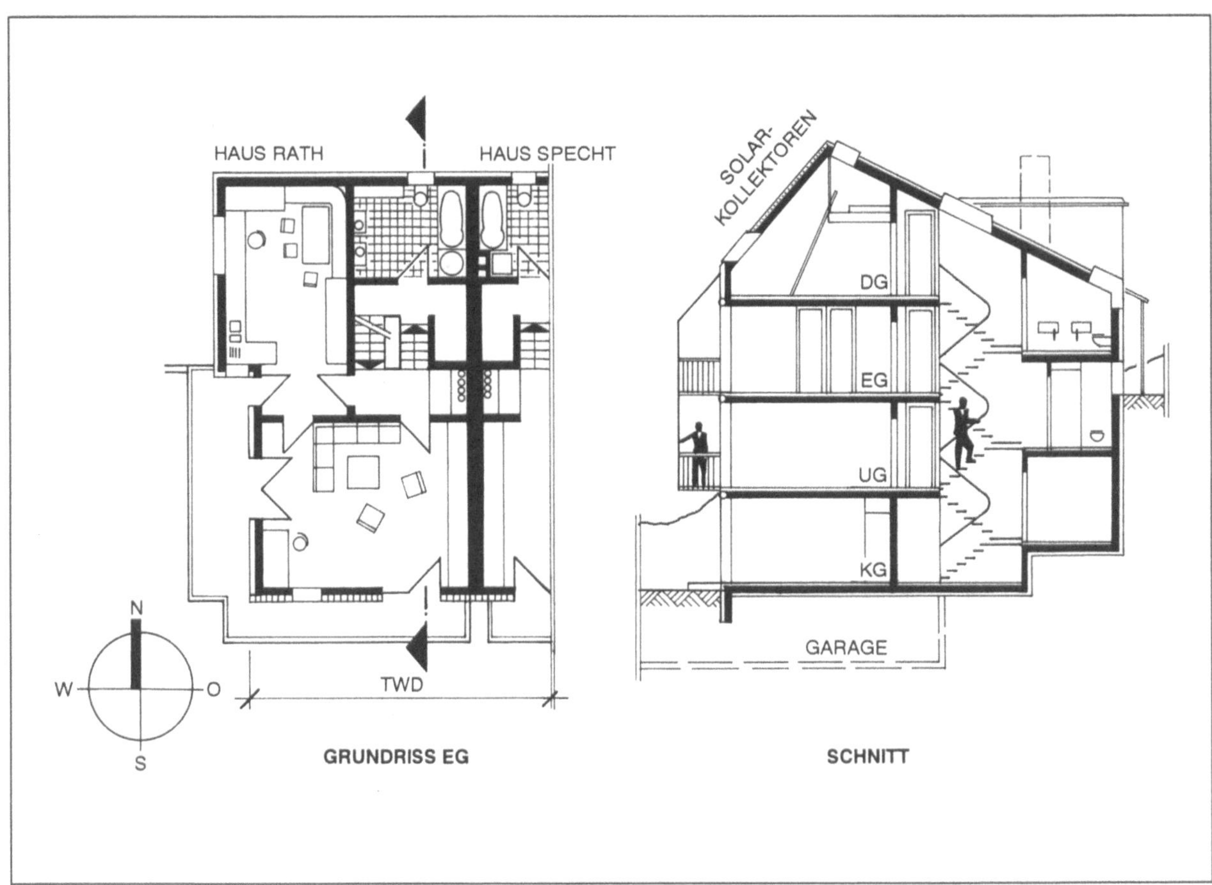


*Abbildung 8-3: Haus Rath, EG-Grundriß und Schnitt durch das Gebäude*

### 8.1.3  Niedrigenergiehaus Maier, Stutensee-Blankenloch

In Stutensee-Blankenloch wurde 1996 ein dreigeschossiges Mehrfamilienhaus mit 9 Wohnungen errichtet. Das Souterrain wird von der örtlichen Sozialstation genutzt. Durch ein konsequentes energetisches Gesamtkonzept liegt der nach Wärmeschutzverordnung errechnete Heizenergiebedarf bei 20 kWh/m²a (ohne Wärmegewinne durch die TWD). Die kompakte Gebäudeform ohne Vor- und Rücksprünge ermöglichte ein optimales O/V-Verhältnis. Von der Fundamentsohle bis zum First ist das Haus in eine dicke Dämmhülle gepackt. Die Dämmschichtdicke der Außenwand liegt bei 20 cm, im Dach bei 27 cm, unter der Bodenplatte bei 16 cm. In den Fenstern wurden Xenonverglasungen mit einem k-Wert von 0,4 W/m²K eingesetzt. Ca. 100 m² transparente Wärmedämmverbundsystemflächen an der Süd-, Ost- und Westfassade ergänzen zeitversetzt die solaren Gewinne über die Fenster. Die Wohnungen sind mit Abluftanlagen zur kontrollierten Lüftung ausgestattet, für die Sozialstation kam eine Lüftungsanlage mit Wärmerückgewinnung

zum Einsatz. Die Niedertemperatur-Heizanlage für die insgesamt 814 m² Wohn- und Nutzfläche entspricht mit einer Wärmeleistung von 30 kW der eines durchschnittlichen Einfamilienhauses.

Mit 18 m² Vakuum-Röhrenkollektoren wird außerdem etwa die Hälfte des Energiebedarfs für die Warmwasserbereitung gedeckt. Eine Besonderheit des Projektes ist die schnelle Bauzeit von 7 Monaten, die auch aufgrund des Einsatzes moderner Techniken im Außenwandaufbau und bei der Estrichverlegung möglich wurde. Weiterhin erwähnenswert sind die geringen Baukosten von 1960 DM/m², die das Gebäude trotz Mehraufwendungen beim Energiekonzept in den Bereich »Kostensparendes Bauen« bringen.

*Abbildung 8-**4**: Ansicht des Niedrigenergiehauses in Stutensee-Blankenloch*

## Kennwerte Haus Maier

| | |
|---|---|
| **TWD-Fläche:**<br>100 m² an Ost-, Süd- und Westfassade | **Ausführungsniveau:**<br>Handwerker |
| **Systemtyp:**<br>Solarwand | **k-Wert Solarwand:**<br>0,4 W/m²K |
| **Materialien, Konstruktion:**<br>Transparentes Wärmedämm-verbundsystem mit 20 cm PC-Kapillaren, KSV-Speicherwand | **g (diffus):**<br>ca. 45 % |
| | **Heizenergieverbrauch des Gebäudes:**<br>12–15 kWh/m2 Wohnfläche und Jahr (geschätzt) |
| **Verschattung:**<br>keine | **Architekt:**<br>Heinz Maier, Stutensee |
| **Baujahr TWD:**<br>1996 | |

*Abbildung 8-**5**: Ausschnitt der Außenwand mit Fenster und außenliegendem Rolladenkasten*

### 8.1.4   Stüdlhütte, Großglockner

Die nur im Sommerhalbjahr geöffnete Stüdlhütte befindet sich auf 2800 m Höhe in den österreichischen Alpen. Benutzt wird sie hauptsächlich von Bergsteigern, die hier die Nacht vor dem Aufstieg zum nahen Großglockner verbringen. Mit dem Neubau der Hütte sollte ein ökologisches Zeichen für den bewußten Umgang mit der Natur gesetzt werden. Um die Montage vor Ort möglichst zu vereinfachen, besteht das statische Gerüst des Gebäudes aus einer Holz-Fertigteilkonstruktion. Das thermische Energiekonzept setzt sich aus hochwertigem Wärmeschutz, Gebäudezonierung in Aufenthalts- und Pufferzonen sowie passiver Solarnutzung durch Fenster und TWD zusammen. Aufgrund der isolierten Lage werden auch Strom und Warmwasser mit 30 m² Flachkollektoren und 30 m² Photovoltaikdachfläche weitgehend solar erzeugt. Den Restbedarf an Wärme und Strom deckt ein kleines Blockheizkraftwerk. Als Speichermasse für die TWD-Gewinne kommen Betonvollsteine zum Einsatz, die sich zwischen den Holzständern befinden. Ungewöhnlich ist die äußere Verschattung durch Rolläden, welche jedoch mehr dem Schutz der TWD-Elemente in der besucherlosen Winterhälfte als dem Schutz vor Überwärmung dienen. Aufgrund der hohen solaren Einstrahlungen und der – auch in der Sommerhälfte – kühlen Außentemperaturen können deutlich höhere Solargewinne als im üblichen mitteleuropäischen Klima erwartet werden.

### Kennwerte Stüdlhütte

| | |
|---|---|
| **TWD-Fläche:**<br>40 m², Südwest-, Südost-, Nordwestfassade | **Ausführungsniveau:**<br>Fassadenbauer |
| **Systemtyp:**<br>Solarwand | **k-Wert Solarwand:**<br>0,57 W/m²K |
| **Materialien, Konstruktion:**<br>15 cm Kapillaren in Holz-Pfostenriegelkonstruktion | **g (diffus):**<br>ca. 55 % |
| **Verschattung:**<br>Rolläden | **Heizenergieverbrauch des Gebäudes:**<br>keine Angabe, nur Sommerbetrieb |
| **Baujahr TWD:**<br>1995 | **Architekt:**<br>Albin Glaser, Überacker |

*Abbildung 8-**6**: Ansicht der Stüdlhütte mit heruntergefahrenen Rolläden vor den TWD-Elementen an der Giebelseite*

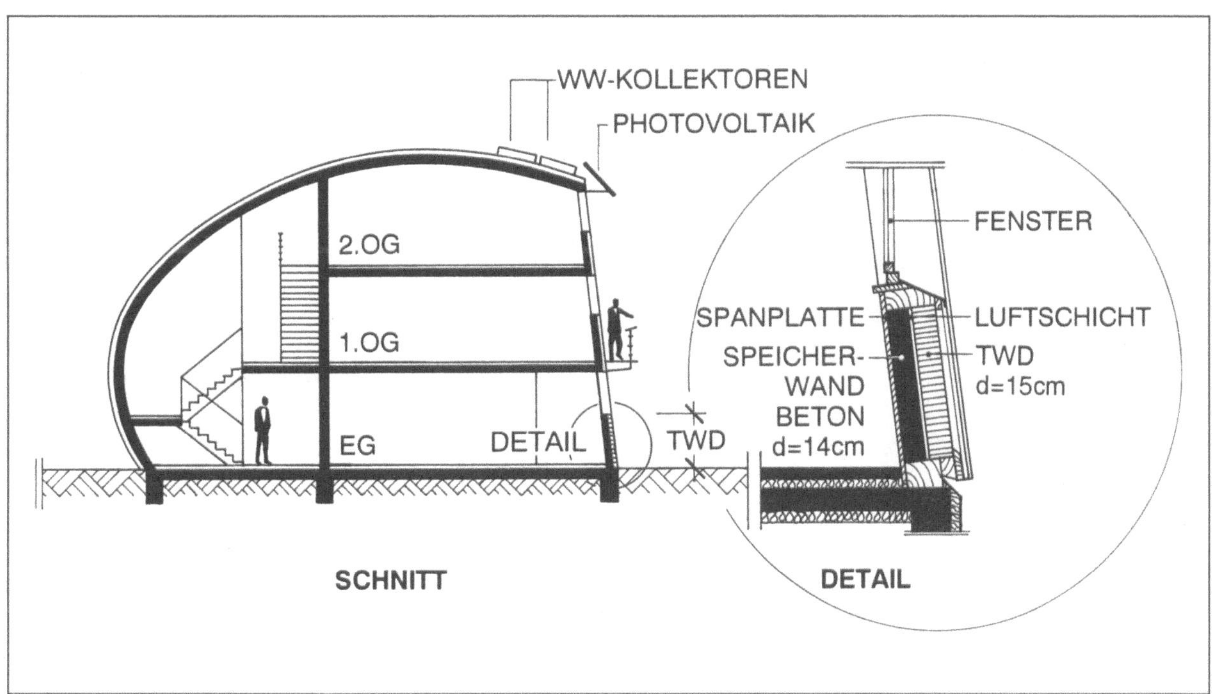


*Abbildung 8-7: Gebäudequerschnitt und Detail der TWD-Brüstungskollektoren an der leicht geneigten Südwestfassade*

### 8.1.5  Paul-Robeson-Schule, Leipzig

Die Paul-Robeson-Schule ist eine Typenbauschule aus den 60er Jahren, wie es in den neuen Bundesländern noch ca. 400 weitere gibt. Schwere Bau- und Konstruktionsmängel machten zusammen mit überhöhten Heizenergieverbräuchen die konstruktive und energetische Sanierung nötig. Im Rahmen eines BMBF-Demonstrationsvorhabens sollte hierbei erstmals der Einsatz transparenter Wärmedämmung an einem Typenbau der ehemaligen DDR erprobt werden. Probleme ergaben sich durch Versätze der vorhandenen Betonfertigteilplatten bis zu 10 cm, mangelnde Festigkeit der Oberflächenschichten und geringe Traglastreserven der Konstruktion. Die TWD-Brüstungselemente wurden deshalb in eine vorgehängte, über die gesamte Gebäudehöhe laufende Leimholzkonstruktion montiert, die auch die neuen Fenster aufnimmt. Alle TWD-Module bestehen aus einem beidseitig verglasten Sperrholzrahmen mit 80 mm Kapillarplatteneinlage und integrierter Verschattung in Form von Folienrollos. Die Brandschutzbestimmungen für den Schulbau erforderten zahlreiche Änderungen gegenüber der ursprünglichen Planung, wie nicht entflammbare Ummantelungen für die tragenden Fassadenbauteile und Außenscheiben aus Drahtspiegelglas. Die Kosten erhöhten sich dadurch beträchtlich. Ergänzend zur TWD-Fassade an der Südseite erhielten die restlichen Fassaden, das Dach und die Kellerdecke eine konventionelle Zusatzdämmung. Auch sämtliche Fenster wurden erneuert, wobei Wärmeschutzverglasungen mit k = 1,3 W/m²K zum Einsatz kamen. Außerdem wurde die Heizungsregelung modernen Standards angepaßt. Im Ergebnis konnte der Heizenergieverbrauch des Gebäudes halbiert werden. Neuere Sanierungsprojekte dieser Art (z. B. Typenbauschule Wurzen) operieren mit außenliegender Verschattung und leichteren, direkt auf die Wand zu montierenden TWD-Modulen.

**Kennwerte Paul-Robeson-Schule**

| | |
|---|---|
| **TWD-Fläche:**<br>*340 m², Südwestfassade* | **k-Wert Solarwand:**<br>*0,54 W/m²K* |
| **Systemtyp:**<br>*Solarwand* | **g (diffus):**<br>*ca. 50 %* |
| **Materialien, Konstruktion:**<br>*Holzmodule in Leimholzkonstruktion mit 8 cm PMMA-Kapillaren* | **Heizenergieverbrauch des Gebäudes**<br>*– vor Sanierung:*<br>*ca. 180 kWh/m² Nutzfläche und Jahr* |
| **Verschattung:**<br>*systemintegrierte Folienrollos* | *– nach Sanierung:*<br>*ca. 80 kWh/m² Nutzfläche und Jahr* |
| **Baujahr TWD:**<br>*1993* | **Architekt:**<br>*M. Buchmann, Leipzig-Projekt* |
| **Ausführungsniveau:**<br>*Fassadenbauer* | |

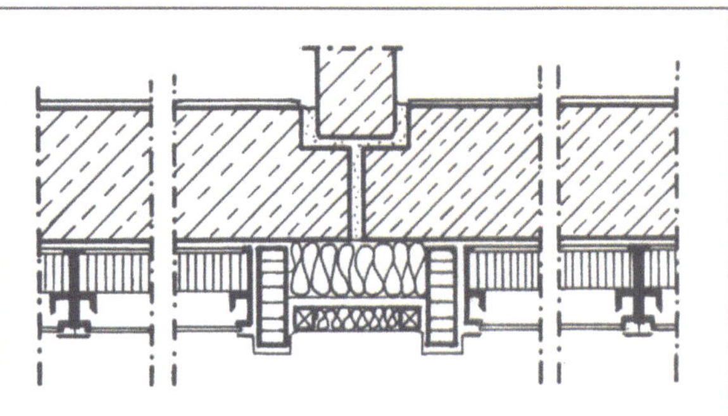

*Abbildung 8-**10***: Aufbau der TWD-Fassade im Horizontalschnitt

*Abbildung 8-**8***: Paul-Robeson-Schule; Südfassade vor Sanierung

*Abbildung 8-**9***: Paul-Robeson-Schule; Südfassade kurz vor Beendigung der Bauarbeiten

### 8.1.6 Grundschule, Langen

Der Neubau der Grundschule in Langen bei Frankfurt/M. wurde mit der pädagogischen Konzeption geplant, den Schülern durch ihre gebaute (Schul-)Umwelt Erfahrungen und Handlungsanforderungen für das spätere Leben zu vermitteln. Die planerische Zielsetzung orientiert sich deshalb an den Prinzipien des energie- und umweltbewußten Bauens. Mit einbezogen wurde eine ökologisch bewußte Baustoffauswahl, die passive Nutzung der Solarenergie, eine elektronische Heizungsprogrammierung, der Einsatz von Dachbegrünungen, eine Anlage zur Regenwassernutzung und die Schaffung von Biotopen im Außenbereich.

Die dreigeschossige Südfassade des Gebäudes wird zur Licht- und Wärmegewinnung genutzt. Jedes Geschoß besitzt drei Fassadenbereiche:

– eine Oberlichtzone mit Isolierglaselementen und integrierten Lichtlenklamellen
– eine Mittelzone mit Sichtfenstern
– einen Brüstungsbereich mit TWD-Paneelen als Direktgewinnsystem

Feststehende Sonnenschutzelemente aus Gitterrosten zur Vermeidung von Blendung und Überwärmung wurden über den Sichtfensterflächen montiert. Gleichzeitig dienen diese als Revisionsbalkone und Feuerwehraustritte. Durch die geringen Flächenanteile der TWD-Brüstungselemente war für die im Sommer hochstehende Sonne keine Verschattung notwendig. Weitere Komponenten des Energiekonzeptes sind die tageslichtabhängige Steuerung der Beleuchtung, ein guter Wärmeschutz der Gebäudehülle, eine Lüftungsanlage mit Wärmerückgewinnung sowie die Beheizung über einen hocheffizienten Gasheizkessel mit Brennwertnutzung.

*Abbildung 8-11: Grundschule Langen, Ansicht der Südfassade*

*Abbildung 8-**12**: Innenansicht der Südfassade; oberes Feld mit verspiegelten Verschattungslamellen, mittleres Feld als Fenster bzw. Festverglasung, unteres Feld als TWD-Direktgewinnsystem*



### Kennwerte Grundschule Langen

| | |
|---|---|
| **TWD-Fläche:**<br>58 m², Südfassade | **k-Wert Direktgewinnsystem:**<br>0,8 W/m²K |
| **Systemtyp:**<br>Direktgewinnsystem | **g (diffus):**<br>ca. 56 % |
| **Materialien, Konstruktion:**<br>10 cm PMMA-Kapillaren in Holz-Pfosten-Riegelkonstruktion | **Heizenergieverbrauch des Gebäudes:**<br>64 kWh/m² Nutzfläche und Jahr (Rechnung) |
| **Verschattung:**<br>keine Verschattung | **Architekt:**<br>Remo Gualdi, Dreieich |
| **Baujahr TWD:**<br>1993 | |
| **Ausführungsniveau:**<br>Fassadenbauer | |

*Abbildung 8-**13**: Grundschule Langen, schematischer Schnitt durch die Südfassade*

## 8.1.7   Low Energy Office, Köln

*Abbildung 8-**14***: Ansicht der Südfassade des Low Energy Office

Planungsschwerpunkt beim Bürohausneubau für eine Kölner Softwarefirma war es, den Energieverbrauch für Heizen und Beleuchten bei gleichzeitig hohem Nutzerkomfort zu minimieren. Ein ausgefeiltes Tageslichtkonzept ermöglicht die gleichmäßige und quantitativ hohe Tagesbelichtung aller Räume. Transparente Wärmedämmung vor der massiven Außenwand der südlich orientierten Einzelbüros trägt zur Senkung der Heizkosten bei.

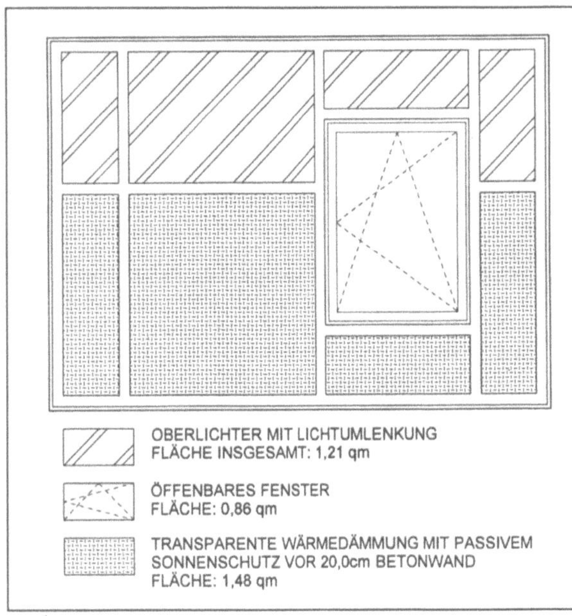



*Abbildung 8-15: Ausbildung des Südfensters vor den Büros des Low Energy Office*

**Kennwerte Low Energy Office**

*TWD-Fläche:*
*100 m² in Einzelelementen a 1,5 m², Südfassade*

*Systemtyp:*
*Solarwand*

*Materialien, Konstruktion:*
*10 cm PMMA-Kapillaren in Aluminium-Pfosten-Riegelkonstruktion*

*Verschattung:*
*saisonal vorgehängte Verschattungsbleche*

*Baujahr TWD:*
*1994*

*Ausführungsniveau:*
*Fassadenbauer*

*k-Wert Solarwand:*
*0,8 W/m²K*

*g (diffus):*
*ca. 60 %*

*Heizenergieverbrauch des Gebäudes:*
*ca. 30 kWh/m2 Nutzfläche und Jahr (berechnet nach Wärmeschutzverordnung)*

*Architekt:*
*Gabi Willbold-Lohr und Alex Lohr, Büro für energiegerechtes Bauen, Köln*

Die Verglasung des zentralen Atriums öffnet sich nach Süden und ermöglicht so Licht- und Wärmegewinne. Durch hochwertigen Wärmeschutz der thermischen Hülle und eine effektive Heizungs- und Lüftungstechnik kann die Heizleistung für 2800 m² beheizte Fläche auf 49 kW beschränkt werden. Weitere Komponenten des Energiekonzeptes sind: Erdkanal zur Vorkühlung bzw. Vorwärmung der Zuluft, Nachtkühlung des Gebäudes mit Außenluft, Verknüpfung der Regelung aller energetischen Komponenten mit dem Zutrittskontroll- und Sicherheitssystem durch BUS-Technik. Weiterhin wurde eine Regenwassernutzungsanlage für die Toilettenspülung installiert.

### 8.1.8   Berliner Stuhlvertrieb, Berlin

In Berlin wurde 1995 ein Wohn- und Geschäftshaus aus der Gründerzeit mit dem Ziel der passiven Solarenergienutzung umgebaut und erweitert. Vor den neu errichteten Obergeschossen wurden auf der Südfassade unbeheizte Wintergärten angeordnet. Diese belichten und belüften die Wohnzimmer. Außerdem dienen sie im Winter als thermische Pufferzone und erzielen in der Übergangszeit solare Wärmegewinne. Im Sommer können sie durch Öffnen der Verglasungen in Balkone oder Loggien umgewandelt werden. Als Überhitzungsschutz dienen bewegliche, äußere Sonnenschutzmarkisen.

Zwischen den außenliegenden Wintergärten wurden vertikal angeordnete TWD-Streifen angebracht. Die TWD-Kapillarplatten befinden sich in einer Aluminium-

Rahmenkonstruktion auf dem mit schwarz gestrichenem Putz versehenen Kalksandsteinmauerwerk. Den sommerlichen Überhitzungsschutz übernehmen integrierte, elektrisch gesteuerte Jalousien.

Eine Sonnenkollektoranlage auf dem südorientierten Steildach mit direkt darunter liegendem Pufferspeicher deckt ca. 45 % des Energiebedarfs für die Warmwasserbereitung ab. Das Vorhaben zeigt, daß solares Bauen im innerstädtischen Umfeld auch unter Berücksichtigung vorhandener Bausubstanz und Umgebungsbebauung zu ansprechenden Ergebnissen führen kann. Das Objekt erhielt den Berliner Solarpreis 1995 für Solararchitektur.

*Abbildung 8-**16***: Die TWD auf der Südseite des Berliner Stuhl-
vertriebs fügt sich fast spielerisch in das Fassadenbild ein. Die
Höhenabstufung der Elemente resultiert aus der Verschattungs-
situation durch die Nachbarbebauung.

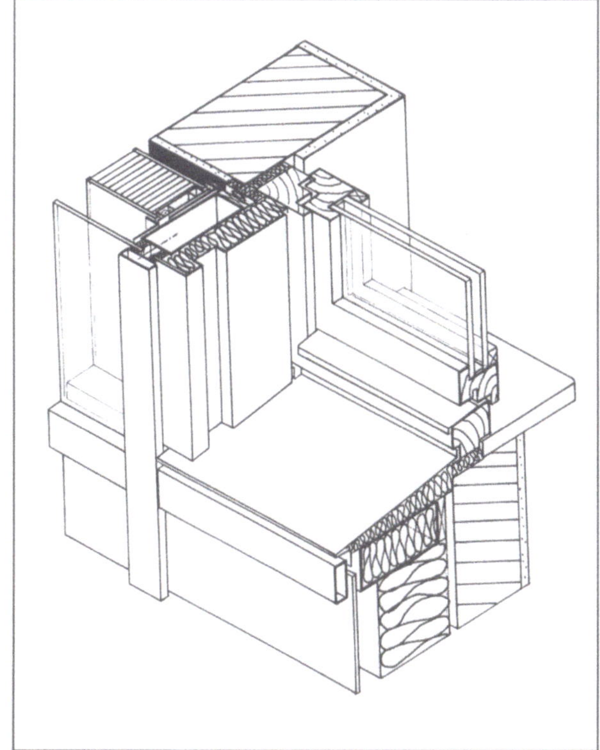

*Abbildung 8-**17***: Planungsdetail der TWD-Konstruktion

### Kennwerte Berliner Stuhlvertrieb

***TWD-Fläche:***
50 m², Südfassade

***Systemtyp:***
Solarwand

***Materialien, Konstruktion:***
8 cm PMMA-Kapillaren in
Aluminiumrahmen-Konstruktion,
drei Verglasungsebenen

***Verschattung:***
automatisch gesteuerte,
integrierte Jalousien

***Baujahr TWD:***
1995

***Ausführungsniveau:***
Fassadenbauer

***k-Wert Solarwand:***
0,56

***g (diffus):***
ca. 45 %

***Heizenergieverbrauch des
Gebäudes:***
ca. 60 kWh/m²a (berechnet)

***Architekt:***
sol-id-ar, Löhnert und Ludewig,
Berlin

### 8.1.9   Greenpeace, Hamburg

Der Hallenanbau des Werkstatt- und Lagergebäudes von Greenpeace Deutschland im Hamburger Hafengebiet wurde 1994, im Rahmen einer Gesamtsanierung des Komplexes, mit einer TWD-Fassade ausgestattet. Die Pfosten-Riegel-Konstruktion aus Kiefernholzprofilen und Aluminium-Deckleisten, die sich vor einer 30 cm dicken Kalksandsteinmauer befindet, enthielt zunächst belüftete Stufenfalzpaneele mit 80 mm TWD-Kapillaren. Aufgrund des hartnäckigen Kondenswasseranfalls an der Innenseite der äußeren Glasscheibe der TWD-Paneele wurden diese später gegen hermetisch dichte Paneele mit nur noch 30 mm TWD-Kapillaren, aber gleichem k-Wert, ausgetauscht, womit das Problem gelöst war. Die Gründe für den Kondenswasseranfall lagen wohl in einer Kombination mehrerer Ursachen: Das PMMA-Material, aus dem die TWD-Kapillaren bestehen, gibt in der ersten Zeit bei Erwärmung im Material gebundenes Wasser ab. Dieses Kondensat konnte nur sehr verzögert verdunsten, was vermutlich mit einer zu gering dimensionierten Paneel- oder Fassadenentlüftung, der relativ kurzen Besonnungszeit durch Ostorientierung und Umgebungsverschattung sowie hohen Luftfeuchtigkeitswerten aufgrund der Lage am Wasser zusammenhing.

Da die Halle über zwei große Tore quergelüftet werden kann und durch die Ostorientierung der TWD-Fassade keine übermäßige Überhitzung zu erwarten ist, verzichtete man auf eine Verschattungsanlage.

Die TWD-Anwendung ist bei dieser Sanierung Bestandteil eines umfangreichen Energiekonzeptes, das sowohl aus dämm- als auch aus haustechnischer Sicht einen hohen ökologischen Standard aufweist. So kommt neben TWD zum Beispiel auch eine Photovoltaik-Fassade zum Einsatz.

*Abbildung 8-**18***: *Die TWD-Fassade der Greenpeace-Montagehalle.*
*Das im Vordergrund sichtbare Tor wird bei sommerlicher Überwärmung geöffnet.*

**Kennwerte Hallenanbau Greenpeace**

| | |
|---|---|
| *TWD-Fläche:*<br>150 m², Ostfassade | *k-Wert Solarwand:*<br>0.65 W/m²K |
| *Systemtyp:*<br>Solarwand | *g (diffus):*<br>63 % |
| *Materialien, Konstruktion:*<br>30 mm Kapillaren in hermetisch<br>dichten Paneelen, Pfosten-<br>Riegel-Konstruktion | *Heizenergieverbrauch des*<br>*Gebäudes:*<br>keine Angaben (schwach<br>beheizte Halle) |
| *Verschattung:*<br>keine | *Architekt:*<br>Beratende Ing.VBI, Windels,<br>Timm, Morgen, Hamburg |
| *Baujahr TWD:*<br>1994/95 | |
| *Ausführungsniveau:*<br>Fassadenbauer | |

*Abbildung 8-**19**: Detailansicht der TWD-Fassade mit den ursprünglich montierten 80-mm-Paneelen. Der Kondenswasseranfall ist deutlich zu erkennen. Durch neue, hermetisch geschlossene Paneele wurde das Problem zwischenzeitlich gelöst.*

## 8.1.10 Linke-Hoffmann-Busch, Salzgitter

Die im Jahre 1940 erbaute Industriehalle der Firma Linke-Hoffmann-Busch in Salzgitter gehört mit einer Grundfläche von 41 200 m² und einer Glasfassadenfläche von insgesamt 8000 m² zu den größten ihrer Art in Europa. Die Fassadenkonstruktion besteht im wesentlichen aus Einfachverglasungen zwischen Stahlträgern, die im Abstand von 10 m auf einem Stahlbeton-Ringanker befestigt sind, im unteren Bereich befindet sich ein Mauerwerksockel.

Hohe Heizkosten und schlechte Tageslichtverhältnisse aufgrund der über Jahrzehnte verschmutzten Glasscheiben veranlaßten das Unternehmen zu einer Sanierung mit TWD, die durch das BMBF unterstützt wurde.

Die Glasfeldgrößen von bis zu 12 m Höhe führten zu einer Entscheidung zugunsten von Profilbaugläsern. Eine Pfosten-Riegel-Konstruktion aus Holz oder Aluminium wäre aus statischen Gründen sehr aufwendig und teuer geworden.

TWD und Profilglasbahnen werden auf der Baustelle zusammengesetzt. Der obere und untere Abschluß erfolgt mit thermisch getrennten Aluminiumprofilen, die Fugen werden abgedichtet, wobei eine endlose Aneinanderreihung und eine Höhe von 7 m bis zum nächsten Querriegel möglich ist. Eine Verschattungsanlage ist nicht vorgesehen.

Die Sanierung läuft seit 1995 und soll bis 1998 die gesamte Glasfläche von 8000 m² umfassen. Durch die Anwendung von TWD reduziert sich der Energieverbrauch für künstliche Beleuchtung und für die Beheizung in erheblichem Maße, wobei abschließende Ergebnisaussagen erst nach Fertigstellung der weiteren Fassaden und Auswertung der gemessenen Daten möglich sind.

**Kennwerte Industriehalle Linke-Hoffmann-Busch**

| | |
|---|---|
| *TWD-Fläche:*<br>Stand 1996: ca. 4000 m² | *k-Wert Direktgewinnsystem:*<br>ca. 1,6 W/m²K |
| *Systemtyp:*<br>Direktgewinn | *g (diffus):*<br>ca. 52 % |
| *Materialien, Konstruktion:*<br>4 cm PMMA-Kapillaren in 6 cm<br>dicken Profilbaugläsern | *Heizenergieverbrauch des*<br>*Gebäudes:*<br>keine Angaben, Maßnahme<br>noch nicht abgeschlossen |
| *Baujahr TWD:*<br>1995–1998 | *Planung:*<br>A. Galetzki, Linke-Hofmann-<br>Busch, Salzgitter |
| *Verschattung:*<br>keine | |
| *Ausführungsniveau:*<br>Fassadenbauer | |

*Abbildung 8-**20**: Linke-Hoffmann-Busch; Ansicht der TWD-Profilglasfassade von außen*

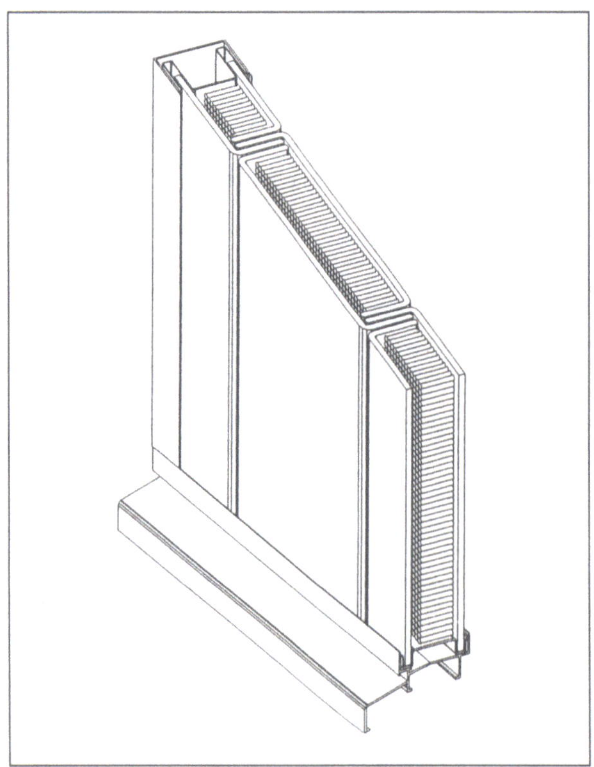

*Abbildung 8-**21**: Schematischer Aufbau der TWD-Profilglasfassade*

### 8.1.11 Doppeleinfamilienhaus Stadlin/Bertschi, CH-Zug

Das Doppeleinfamilienhaus der Familien Stadlin und Bertschi zeigt, daß Gußglaselemente, die ursprünglich vorwiegend in Industriebauten und Treppenhäusern Verwendung fanden, in Kombination mit TWD auch architektonisch reizvoll in moderne Wohnhausfassaden integriert werden können. Kennzeichnend für das Gebäude, das auf einem Hanggrundstück mit Seeblick steht, sind die großzügig verglaste Südseite und die vorgehängte, hinterlüftete Fassade mit Bekleidung aus Aluminiumwellplatten. TWD wurde in Gußglaselementen vor Beton und Backstein auf Teilbereichen der Ost-, Süd-, West- und Nordseite eingesetzt. Im Gestaltungskonzept bilden die TWD-Elemente nicht nur die äußere Hülle der Solarwand, sondern sie finden sich auch im großzügigen, zur Erschließung beider Häuser dienenden Windfang als Motiv wieder.

Zur sommerlichen Entwärmung dient eine thermostatgesteuerte Zwangsentlüftung an der Südfassade. Diese ist Bestandteil einer Lüftungsanlage, mit der die Zuluft in der kalten Jahreszeit hinter einem Teil der TWD angesaugt und so vorgewärmt wird.

Auf dem Dach befinden sich Sonnenkollektoren zur Warmwasserbereitung und eine Regenwassersammelanlage für Toilettenspülung und Waschmaschine.

*Abbildung 8-22: Mit TWD in Gußglaselementen läßt sich auch eine Wohnhausfassade gut gestalten*

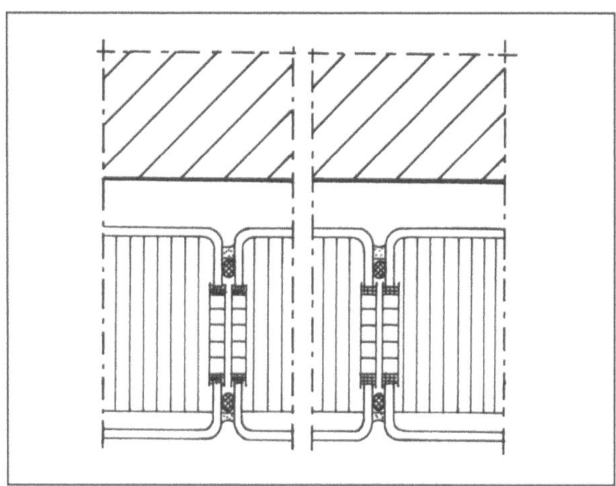

*Abbildung 8-**23**: Haus Stadlin/Bertschi; Horizontalschnitt durch die TWD-Fassade*

**Kennwerte Doppelfamilienhaus Stadlin/Bertschi, Zug**

| | |
|---|---|
| ***TWD-Fläche:*** <br> *124 m²* | ***g (diffus):*** <br> *53 %* |
| ***Systemtyp:*** <br> *Solarwand* | ***Heizenergieverbrauch des Gebäudes:*** <br> *59 kWh/m²a (berechnet)* |
| ***Materialien, Konstruktion:*** <br> *14,5 cm Kapillaren in Gußglaselementen* | ***Architekt:*** <br> *artevetro architekten ag, CH-Liestal* |
| ***Verschattung:*** <br> *Thermostatgesteuerte Zwangsentlüftung* | |
| ***Baujahr TWD:*** <br> *1994* | |
| ***Ausführungsniveau:*** <br> *Fassadenbauer* | |
| ***k-Wert Solarwand:*** <br> *ca. 0,6 W/m²K* | |

### 8.1.12 Nullenergiehäuser Schwarz, CH-Domat/Ems

In Domat/Ems errichtete der Schweizer Architekt Dietrich Schwarz zwei Einfamilienhäuser, die kompromißlos auf den Solarenergiegewinn mit TWD, Solarkollektoren und Photovoltaik ausgelegt sind. Die Baukörper wurden mit der Längsseite nach Süden ausgerichtet und besitzen nur eine geringe Tiefe. Sämtliche Fassaden bestehen entweder aus TWD oder aus Fenstern. Während auf der Süd-, West- und Ostseite eine Betonwand als Speichermasse angeordnet wurde, ist die Nordfassade transluzent und dient vor allem der Belichtung. Eingebracht ist die TWD in eine Pfosten-Riegel-Konstruktion aus schichtverleimtem Holz mit Alu-Abdeckprofilen.

Durch die gewinnmaximierende Auslegung mußte dem sommerlichen Überhitzungsschutz besondere Aufmerksamkeit gewidmet werden. Dazu wurde ein Fassadensystem mit konvektiver Entlüftung der TWD-Module konzipiert. Der Schichtaufbau der Solarwand von außen nach innen sieht folgendermaßen aus : gehärtetes Glas, 10 cm TWD, im Abstand von 2 cm ein schwarz verchromtes, selektives Absorberblech, 10 cm Luftspalt und dann die Betonwand als Wärmespeicher. Ober- und unterhalb der zweigeschoßhohen TWD-Module sitzen Klappen mit integrierten Stellmotoren. Im Heizfall sind die Klappen geschlossen, das System wirkt als Solarwand. Bei Überhitzungsgefahr werden die Klappen geöffnet, und der Absorber wird mit Außenluft konvektiv gekühlt.

Die Lichtwand der Nordfassade besteht aus außenliegender Sonnenschutzverglasung mit niedrigem g-Wert und 15 cm PC-Wabenmaterial. Die Sonnenschutzverglasung erwies sich als notwendig, weil im Sommer durch die nördlich auf- und untergehende Sonne relativ hohe nordorientierte Wärmegewinne erzeugt werden, die ansonsten zu Überhitzung führen. Zusätzlich sorgt ein Erdreichwärmetauscher dafür, daß im Sommer kühle Zuluft ins Gebäudeinnere gelangt.

Da die Häuser im Sommer 1996 fertiggestellt wurden, konnten bisher noch keine längeren Betriebserfahrungen gesammelt werden. Laut Simulation soll der Restheizbedarf je Gebäude rund 1000 kWh betragen. Bei einer Wohnfläche von ca. 180 m² entspricht dies 5 bis 10 kWh/m²a, die durch eine photovoltaisch versorgte Elektroheizung gedeckt werden.

**Kennwerte Nullenergiehäuser in Domat/Ems**

| | |
|---|---|
| ***TWD-Fläche:*** <br> *2 x 250 m²* | ***Ausfürungsniveau:*** <br> *Handwerker* |
| ***Systemtyp:*** <br> *S-/O-/W-Fassade:* <br> *Solarwand mit Konvektion* <br> *N-Fassade: TWD-Lichtwand* | ***k-Wert Solarwand:*** <br> *0,7 W/m²K (einschließlich Massivwand)* |
| ***Materialien, Konstruktion:*** <br> *PC-Waben in Holz-Pfosten-Riegel-Konstruktion* <br> *10 cm TWD-Dicke in der Solarwand* <br> *15 cm TWD-Dicke im Direktgewinnsystem* | ***k-Wert Lichtwand Nordfassade:*** <br> *0,7 W/m²K* |
| | ***g (diffus):*** <br> *53 %* |
| ***Verschattung:*** <br> *keine, da Kühlung mit Konvektion* | ***Heizenergieverbrauch des Gebäudes:*** <br> *ca. 5–10 kWh/m²a (photovoltaisch gedeckt)* |
| ***Baujahr TWD:*** <br> *1996* | ***Architekt:*** <br> *Dietrich Schwarz, CH-Chur* |

*Abbildung 8-**24***: Südfassade eines der beiden Nullenergiehäuser, ausgebildet als riesige Kollektorfläche

*Abbildung 8-**25***: Nordfassade bei Nacht

*Abbildung 8-**26**: Südostansicht beider Häuser*

*Abbildung 8-**27**: Innenansicht im Obergeschoß, rechts Direktgewinn, links Solarwand*

### 8.1.13 Mehrfamilienhaus WAG, A-Linz

Der Wohnblock der Wohnungsanlagen Gesellschaft (WAG) in Linz ist das erste Sanierungsprojekt, bei dem ein transparentes Wärmedämm-Verbund-System (TWD-VS) in einer Flächengröße von über 100 m² eingesetzt wurde. Das Beispiel zeigt, daß TWD auch bei Sanierungen im Gebäudebestand kostengünstig eingesetzt werden kann, ohne daß der ursprüngliche Charakter der Fassade verlorengeht.

Das Gebäude besitzt 16 Wohnungen mit einer Gesamtwohnfläche von ca. 1200 m². Die massive Außenwand besteht aus 30 cm dicken Hüttenbimsbeton-Steinen. Sie wurde mit 140 m² transparentem Wärmedämmverbundsystem und in den übrigen Flächen mit 10 cm dickem, konventionellem Wärmedämmverbundsystem gedämmt. Die Fenster erhielten eine Wärmeschutzverglasung mit k = 1,6 W/m²K.

Die TWD-Segmente werden neben den Fenstern als Gestaltungs- und Gliederungselemente eingesetzt. Durch farbig abgesetzte Putzflächen wird ein gestalterischer Zusammenhang zur Gesamtfassade geschaffen. Die jährlichen Strahlungsgewinne belaufen sich auf etwa 100 kWh/m² TWD.

**Kennwerte Mehrfamilienhaus WAG in Linz**

| | |
|---|---|
| **TWD-Fläche:**<br>140 m² an der Südost- und Südwestfassade | **Ausführungsniveau:**<br>Handwerker (Malerbetrieb) |
| **Systemtyp:**<br>Solarwand | **k-Wert Solarwand:**<br>0,46 |
| **Materialien, Konstruktion:**<br>Transparentes Wärmedämmverbundsystem mit 10 cm PC-Kapillaren | **g (diffus):**<br>0,56 |
| **Verschattung:**<br>keine | **Heizenergieverbrauch des Gebäudes**<br>50 % Energieeinsparung laut Bauherr |
| **Baujahr TWD:**<br>1995 | **Planung:**<br>WAG Linz, STO Design |

*Abbildung 8-28: Wohnblock WAG Linz, Ansicht des Gebäudes nach Sanierung. Das transparente Wärmedämmverbundsystem wurde in Teilflächenbelegung eingesetzt. Farbig abgesetzte Putzflächen ergeben ein gestalterisches Wechselspiel mit den TWD-Bereichen.*

### 8.1.14  Nullenergiehäuser, CH-Wädenswiel

Im Jahr 1990 wurde am Südufer des Zürichsees eine Gruppe von 5 Doppelhäusern gebaut, zwei davon als Null-Heizenergiehäuser, die drei anderen als Niedrigenergiehäuser. Eines der Null-Heizenergiehäuser wurde ausführlich vermessen. Das Gebäude besitzt 183 m² beheizte Fläche, verteilt auf 4 Geschosse. Auf eine Maximierung der solarexponierten Südfassade bei gleichzeitig kompakter Bauweise wurde im Entwurf geachtet. Die thermische Hülle ist weitgehend wärmebrückenfrei und sehr gut gedämmt. Im Außenwandbereich liegt die Dämmstoffdicke bei 15 cm, im Dach bei 22 cm. Unter der Bodenplatte sind 10 cm, an der Kelleraußenwand 18 cm Wärmedämmung eingesetzt. In die Fenster wurden argongefüllte Dreifachverglasungen mit einem k-Wert von 0,9 W/m²K eingebaut. Eine mechanische Be- und Entlüftung mit zwei seriell geschalteten Kreuzstromwärmetauschern und Luftvorwärmung über ein Rohrregister im Erdreich minimiert die Lüftungswärmeverluste.

An der Südfassade des Gebäudes wurden 33 m² transparent gedämmte Flachkollektoren montiert, die nach außen mit 10 cm TWD, zur Wand hin mit 5 cm Schaumglas gedämmt sind. Das im Kollektor erwärmte Wasser wird entweder direkt in die Fußbodenheizung eingespeist, oder erwärmt bei Wärmeüberschüssen den 18 m³ großen, zentralen Langzeitspeicher. Als Notheizung ist lediglich ein Holzofen vorgesehen, der bei abgekühltem Speicher in Betrieb genommen wird. Über Thermozirkulation erwärmt er den Speicher und beheizt gleichzeitig den Raum über seine Wärmeabstrahlung. Auch die Brauchwarmwasserbereitung erfolgt über den zentralen Speicher. Eventuelle sommerliche Überhitzungen des Speichers werden durch Abkühlung des heißen Wassers in einem Planschbecken vermieden. In mehrjährigen Messungen stellte sich heraus, daß die TWD-Kollektoren etwa 50 % ihrer Gewinne an den Speicher und 50 % direkt an die Fußbodenheizung abgeben. Probleme gab es in konstruktiver Hinsicht. Die innere Speicherwandabdichtung war als Elastomer-Foliensack ausgebildet und mußte nach mehreren Defekten gegen einen Stahltank ausgetauscht werden.

*Abbildung 8-29: Ansicht des Nullheizenergie-Wohnhauses mit transparent gedämmten Kollektoren an der Südfassade*

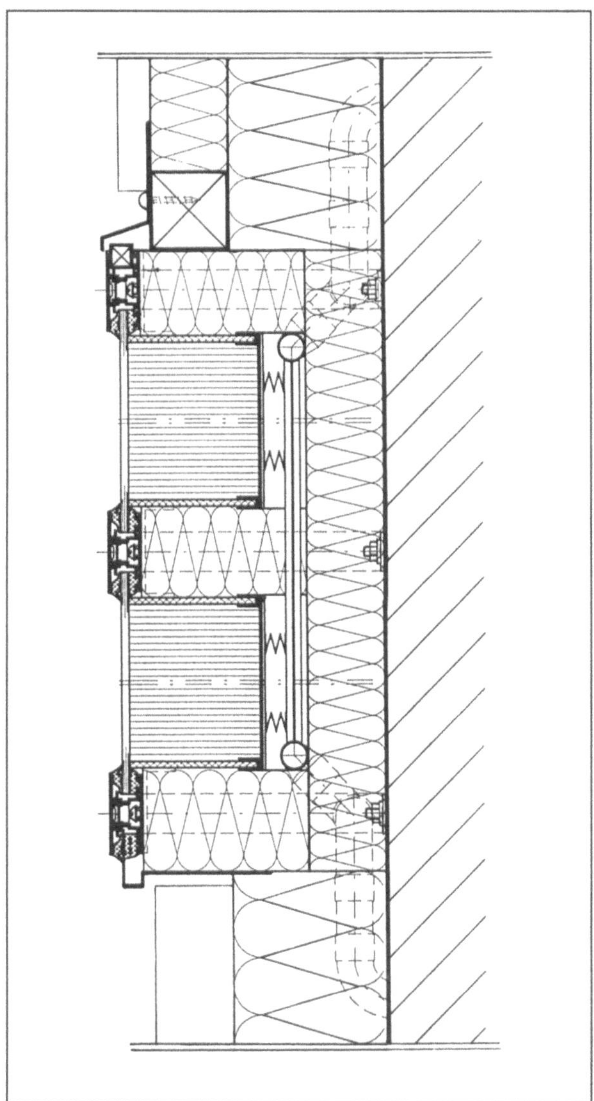

Abbildung 8-**30**: Aufbau eines TWD-Flachkollektors

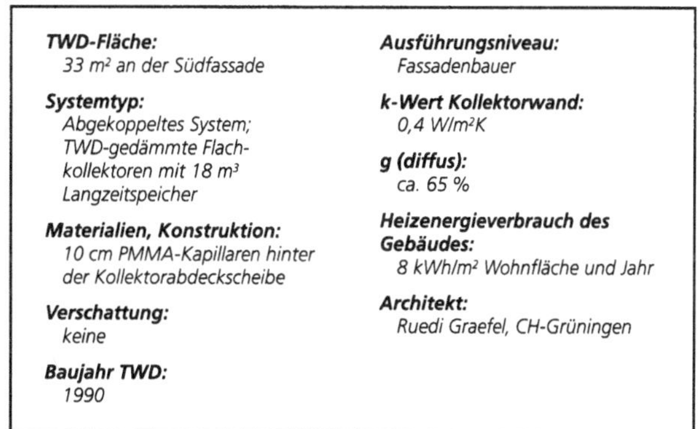

Abbildung 8-**31**: Prinzipskizze des Heizungssystems

**Kennwerte Haus Kriesi, Wädenswiel**

| | |
|---|---|
| **TWD-Fläche:**<br>33 m² an der Südfassade | **Ausführungsniveau:**<br>Fassadenbauer |
| **Systemtyp:**<br>Abgekoppeltes System;<br>TWD-gedämmte Flach-<br>kollektoren mit 18 m³<br>Langzeitspeicher | **k-Wert Kollektorwand:**<br>0,4 W/m²K<br><br>**g (diffus):**<br>ca. 65 % |
| **Materialien, Konstruktion:**<br>10 cm PMMA-Kapillaren hinter<br>der Kollektorabdeckscheibe | **Heizenergieverbrauch des<br>Gebäudes:**<br>8 kWh/m² Wohnfläche und Jahr |
| **Verschattung:**<br>keine | **Architekt:**<br>Ruedi Graefel, CH-Grüningen |
| **Baujahr TWD:**<br>1990 | |

## 8.1.15 Restaurant-Anbau, CH-Hundwiler Höhe

Das Bergrestaurant »Hundwiler Höhe« liegt im Appenzeller Land auf einer Höhe von 1300 m in einem sonnigen, teilweise rauhen Bergklima. 1994/95 wurde ein ergänzender Neubau für Wohn- und Lagerzwecke errichtet, der als Niedrigenergiegebäude konzipiert ist. Seine beheizte Fläche beträgt 165 m², die sich auf zwei Geschosse verteilen. Der Rohbau wurde fast komplett in Holzbauweise errichtet und mit 24 cm Zellulosefaserdämmung isoliert. Nur auf der Südseite befindet sich eine 25 cm dicke Kalksandsteinwand, welche als Speicherwand für die TWD-Module fungiert. Die Fenster erhielten Verglasungen mit einem k-Wert von 0,7 W/m²K. Eine mechanische Lüftung mit Wärmerückgewinnung kam aus Kostengründen nicht zum Einsatz.

Seit rund 20 Jahren erzeugen Windräder den Strom für das Bergrestaurant, zur Warmwasserbereitung dienen Solarkollektoren. Der Neubau konnte wegen seines geringen Verbrauchs an diese bestehende Versorgung mit angeschlossen werden. Der Heizenergiebedarf des neuen Gebäudes wird durch Solargewinne über Fenster und die TWD-Solarwand sowie bei Bedarf über einen holzbeheizten Kleinspeicherofen mit 1,6 kW und einen Holzkochherd gedeckt.

Wie sich gezeigt hat, sind trotz des Verzichtes auf eine Verschattung der TWD-Fassade keine Raumüberwärmungen aufgetreten. Verantwortlich dafür sind das kühle Klima, die Festverschattung durch den Dachüberstand und die Temperaturamplitudenverschiebung der Speicherwand.

*Abbildung 8-**32***: *Vertikalschnitt durch die »Solfas«-TWD-Fassade. Die Paneele besitzen einen Randverbund aus thermisch getrennten Aluminiumprofilen. Eine Faserzementplatte, die statt einer hinteren Glasscheibe eingesetzt wird, übernimmt die Absorberfunktion.*

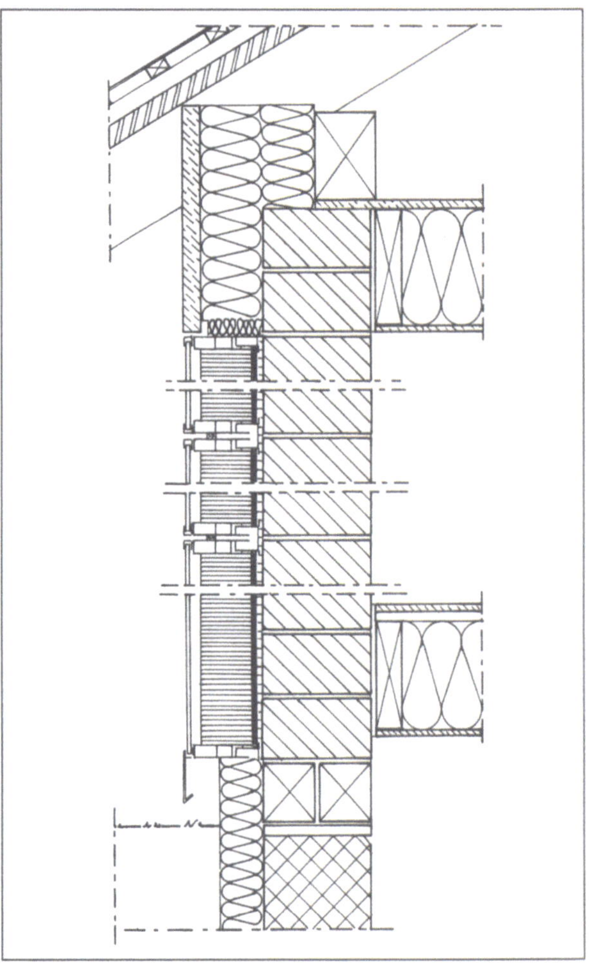

## Kennwerte Wohngebäude Hundwiler Höhe

**TWD-Fläche:**
42 m² an der Südfassade

**Systemtyp:**
Solarwand

**Materialien, Konstruktion:**
12 cm PC-Kapillaren in »Solfas«-Einhängepaneelen mit integriertem Absorber

**Verschattung:**
keine

**Baujahr TWD:**
1995

**Ausführungsniveau:**
Fassadenbauer

**k-Wert Solarwand:**
0,6 W/m²K

**g (diffus):**
ca. 65 %

**Heizenergieverbrauch des Gebäudes:**
ca. 5 kWh/m² Wohnfläche und Jahr (mit teilweise abgesenkten Innentemperaturen)
10–20 kWh/m²a für normales Komfortniveau (abgeschätzt)

**Architekt:**
P. Dransfeld, CH-Ermatingen

*Abbildung 8-**33***: *Transparent gedämmte Südfassade am Wohngebäude Hundwiler Höhe*

### 8.1.16 Ökopark Plesching, A-Linz

In Linz wurden 1995 drei Mehrfamilienhäuser mit insgesamt 24 Wohnungen und 1400 m² Wohnfläche errichtet, die mit unterschiedlichen Solarsystemen ausgestattet sind. Zwei der drei Häuser erhielten eine transparente Wärmedämmung aus Papierwaben. Der Wandaufbau hinter der Solarfassade besteht aus 30 cm Hochlochziegeln und Innenputz. Die Decke zum Dachgeschoß wurde mit 27 cm Dämmung versehen, die Kellerdeckendämmung besteht aus 3 cm Trittschalldämmung und 8 cm unterseitig aufgeklebten Polystyrolplatten. Im Bereich der opak gedämmten Außenwand wurde ein Wärmedämm-Verbundsystem mit 10 cm dicken Polystyrolplatten eingesetzt. Die Fenster sind als Wärmeschutzverglasung mit $k = 1{,}5\ \mathrm{W/m^2K}$ ausgeführt.

In zwei der drei Gebäude wird mit Fernwärme geheizt, im dritten wurde eine Erdwärmepumpe mit Grabenkollektor und 12 kW Wärmeleistung eingebaut, die von 35 m² Solarkollektoren unterstützt wird. Die Warmwasserbereitung erfolgt in einem Haus elektrisch, in den beiden anderen über die Heizanlage. Ein Wohnhaus ist außerdem mit mechanischer Belüftung und Lüftungswärme-Rückgewinnung ausgestattet.

Der Ökopark ist ein Gemeinschaftsprojekt des städtischen Linzer Energieversorgungsunternehmens ESG und des Energieinstituts Linz.

*Abbildung 8-**35**: Mit Papierwaben gedämmte Ostfassade eines Mehrfamilienhauses*

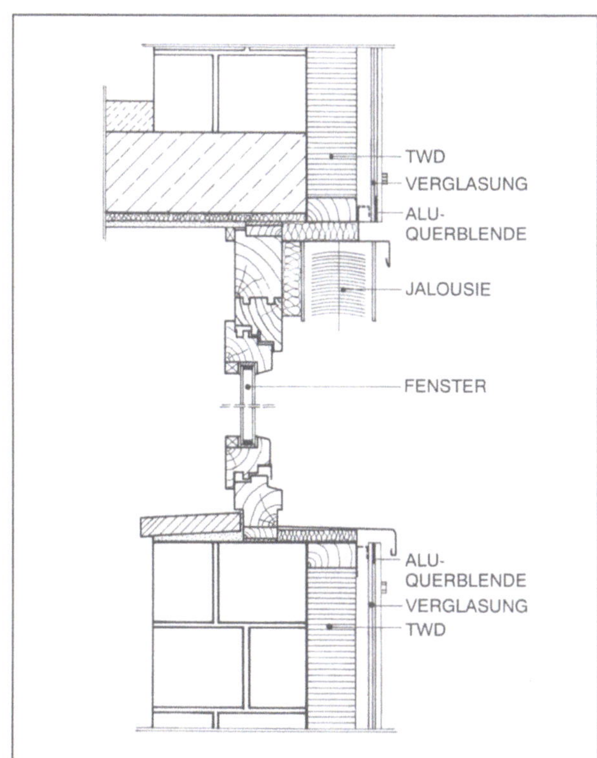



*Abbildung 8-**34**: Vertikalschnitt durch Fenster und Papierwaben-TWD-Fassade*

### Kennwerte Ökopark Plesching

| | |
|---|---|
| **TWD-Fläche:**<br>*300 m² an der Südfassade* | **k-Wert Solarwand:**<br>*1,0 W/m²K* |
| **Systemtyp:**<br>*Solarwand* | **g (diffus):**<br>*13 %* |
| **Materialien, Konstruktion:**<br>*8 cm Papierwaben -TWD in Holz-Pfosten-Riegel-Konstruktion* | **Heizenergieverbrauch des Gebäudes:**<br>*20–30 kWh/m² Wohnfläche und Jahr (berechnet)* |
| **Verschattung:**<br>*keine* | **Architekt:**<br>*Wolfgang Schweiger, A-Linz* |
| **Baujahr TWD:**<br>*1995* | |
| **Ausführungsniveau:**<br>*Fassadenbauer* | |

### 8.1.17   Austria Bank, A-Villach

Im österreichischen Villach wurde 1994 / 1995 der dreigeschossige Neubau für eine Filiale der Austria Bank errichtet. Das Gebäude umfaßt eine Nutzfläche von ca. 550 m². Es wurde auf der Südost- und Südwestseite völlig verglast und ist mit einer anspruchsvollen High-Tech-Energiegewinnfassade ausgestattet. Die Fassadenkonstruktion jedes Geschosses wurde dreigeteilt. Im Oberlichtbereich befindet sich eine Wärmeschutzverglasung mit Verschattung und Lichtlenkung durch verspiegelte Lichtlenkprofile (Okasolar). Der mittlere Sichtbereich wurde als wärmeschutzverglastes Fensterband ausgebildet. Verschattung und Lichtlenkung erfolgen hier – gestalterisch reizvoll und konstruktiv aufwendig – durch außenliegende, automatisch der Sonnenhöhe nachgeführte Lamellen mit Sonnenschutzprismen. Im Brüstungsbereich schließlich werden TWD-Direktgewinnpaneele eingesetzt. Ihre Verschattung wird, wie im Oberlichtbereich, von Lichtlenkprofilen im Scheibenzwischenraum der äußeren Doppelverglasung übernommen.

Die TWD-Fassade ist integrierter Bestandteil des energetischen Gesamtkonzeptes, das sich in der Haustechnik fortsetzt (z. B. Heizung und Kühlung über Bodenkonvektoren, die direkt an der Fassade liegen, wobei zur Kühlung das Grundwasser verwendet wird).

**Kennwerte Austria Bank Villach**

| | |
|---|---|
| ***TWD-Fläche:***<br>*128 m² an der Südost- und*<br>*Südwestfassade* | ***Ausführungsniveau:***<br>*Fassadenbauer* |
| ***Systemtyp:***<br>*Direktgewinn* | ***k-Wert Direktgewinnsystem:***<br>*0,6 W/m²K* |
| ***Materialien, Konstruktion:***<br>*Stufenfalzpaneele mit 12 cm*<br>*PMMA-Kapillaren in Aluminium-*<br>*Pfosten-Riegel-Konstruktion* | ***g (diffus):***<br>*57 % (nur Paneel, ohne*<br>*Verschattung)* |
| ***Verschattung:***<br>*fest eingebaute, verspiegelte*<br>*Lamellen »Okasolar«* | ***Heizenergieverbrauch des***<br>***Gebäudes:***<br>*keine Angaben* |
| ***Baujahr TWD:***<br>*1995* | ***Architekt:***<br>*Büro Domenig und Eisenköck,*<br>*A-Graz* |

*Abbildung 8-**36**: Ansicht der Austria-Bank-Filiale in Villach*

*Abbildung 8-**37**: Austria-Bank, Villach; Fassadendetail mit Tageslicht-Prismen vor den Fensterbändern*

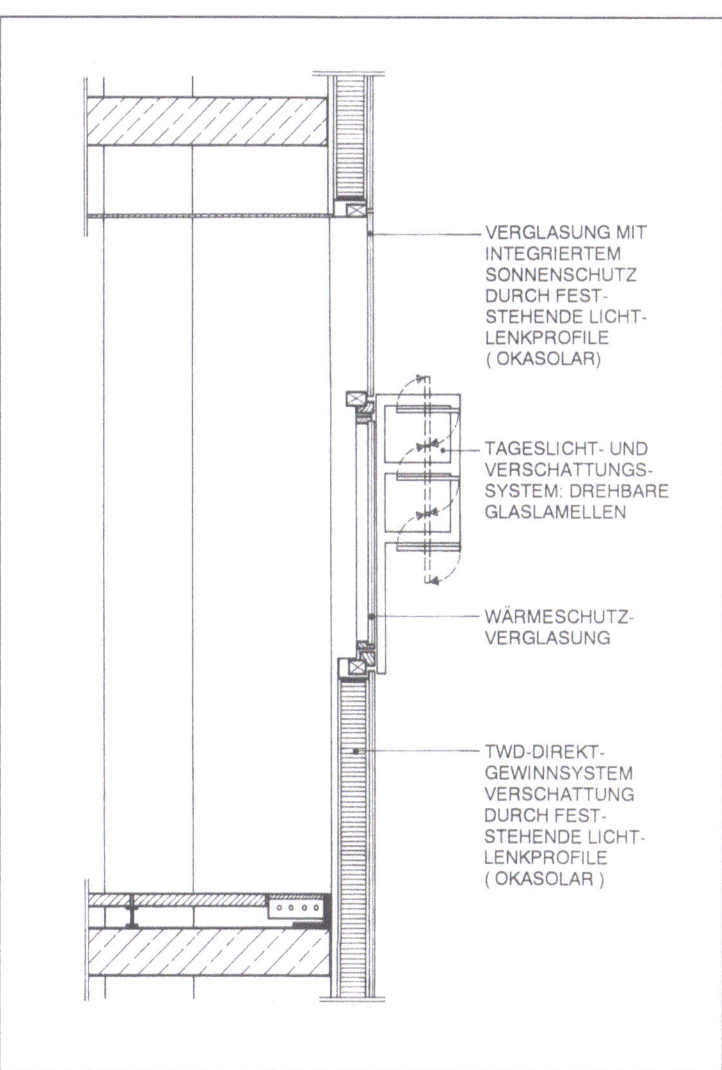


*Abbildung 8-**38**: Schemaschnitt der TWD-Fassade*

### 8.1.18  Niedrigenergiehaus Brassel, CH-Riehen, Basel

In Riehen in der Nähe von Basel wurde 1996 ein Mehrfamilienhaus mit fünf Wohnungen erstellt, das neben einem rationellen Energieeinsatz die Nutzung regenerativer Energien ermöglichen sollte. Dabei wurden auch Aspekte der Bauökologie und der Ökonomie (Verkäuflichkeit der Eigentumswohnungen) mit einbezogen.

Die ideale Lage des Grundstücks erlaubte es, die Längsfassade des Hauses genau nach Süden zu orientieren. Der Rohbau wurde in massiver Bauweise mit Kalksandsteinwänden und Betondecken erstellt. Die relativ geschlossenen Nord-, West- und Ostfassaden erhielten eine vorgehängte, hinterlüftete Fassade mit 20 cm Wärmedämmung. Die Südseite besteht zur einen Hälfte aus Fenstern für den direkten Energiegewinn, zur anderen Hälfte aus transparent gedämmten Wänden mit industriell gefertigten TWD-Elementen. Aus Gründen der einfachen Instandhaltung wurde eine integrierte Beschattung mit Lamellenblechen gewählt (siehe auch Abschnitt 6.1.2). Auf mechanische Lüftung wurde aus finanziellen Gründen

verzichtet. Den verbleibenden Restwärmebedarf deckt eine Fernwärmeheizung ab.

An der südorientierten Terrassenbrüstung im Attikageschoß konnten außerdem 20 m² Photovoltaikflächen mit einer Leistung von 2,6 kW realisiert werden.

**Kennwerte Haus Brassel, Riehen**

| | |
|---|---|
| ***TWD-Fläche:*** <br> *66 m² an der Südfassade* | ***k-Wert Solarwandsystem:*** <br> *0,6 W/m²K* |
| ***Systemtyp:*** <br> *Solarwand* | ***g (diffus):*** <br> *ca. 65 % (nur Paneel, ohne Verschattung)* |
| ***Materialien, Konstruktion:*** <br> *Solfas-Paneele mit 12 cm PC-Kapillaren in Aluminium-Einhängekonstruktion* | ***Heizenergieverbrauch des Gebäudes:*** <br> *ca. 40 kWh/m²a (Vorabschätzung)* |
| ***Verschattung:*** <br> *integrierte Verschattungsbleche* | ***Architekt:*** <br> *René Brassel, CH-9476 Fontnas-Weite* |
| ***Baujahr TWD:*** <br> *1996* | |
| ***Ausführungsniveau:*** <br> *Fassadenbauer* | |

*Abbildung 8-**39**: Ansicht des TWD-gedämmten Mehrfamilienhauses Brassel in Riehen*

## 8.2 Gesamtübersicht TWD-Projekte in Deutschland, Österreich und der Schweiz

Eine umfangreiche Recherche bei TWD-Herstellern, Fassadenbauern, die Auswertung von Literaturquellen und viele persönliche Gespräche erbrachten die erstaunliche Anzahl von 93 TWD-Anwendungen über 20 m², die bis zum Sommer 1996 ausgeführt wurden. Wie schon erwähnt, beschränkten wir uns dabei auf Deutschland, Österreich und die Schweiz, weil in anderen Ländern sehr geringe oder überhaupt keine Flächen ausgeführt wurden. Nur in Glasgow gibt es ein Studentenwohnheim mit 1000 m² TWD, das als wichtiges Projekt zu bezeichnen wäre (Abbildung 8-40).

Die gesamte realisierte TWD-Fläche beläuft sich auf 13.000 m². Würde man alle Anwendungen unter 20 m² mit dazunehmen, käme man auf knapp 14.000 m². Abbildung 8-41 zeigt, daß die realisierten Flächen bis zum Beginn der 90er Jahre um mehrere hundert Quadratmeter pro Jahr stagnierten. Erst in den letzten 5 Jahren ist ein deutlicher Aufwärtstrend erkennbar, vor allem auch wegen der zunehmenden Anzahl von Projekten in Österreich und der Schweiz. Der starke Flächenanstieg in den Jahren 1995 und 1996 muß allerdings relativiert werden: Zum Teil basiert er auf einem einzigen Projekt: der TWD-Sanierung einer Industriehalle in Salzgitter, die 1995 mit 1.500 m², 1996 mit 2.500 m² zu Buche schlägt.

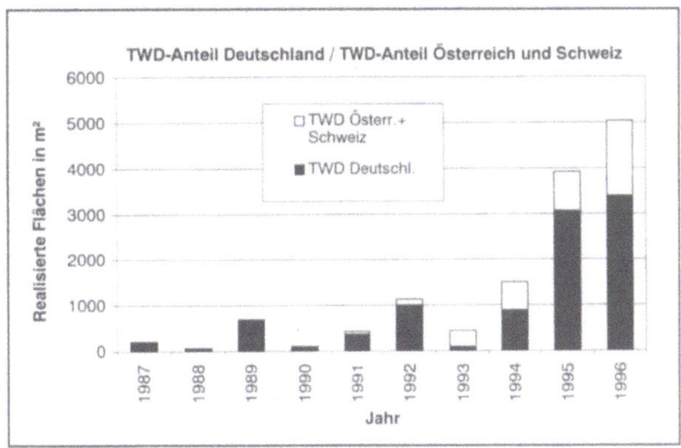


*Abbildung 8-**41**: TWD-Marktentwicklung in Deutschland und Österreich/Schweiz*

*Abbildung 8-**40**: Studentenheim der Strathclyde University in Glasgow mit insgesamt 1000 m² transparenter Wärmedämmung an drei Gebäuden (Architekt: Kennedy & Partners, Glasgow)*

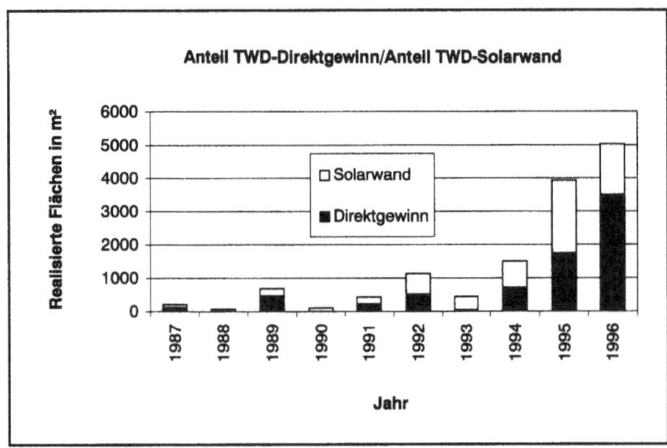

Abbildung 8-**42**: TWD-Marktentwicklung, sortiert nach
Solarwand- und Direktgewinnsystemen

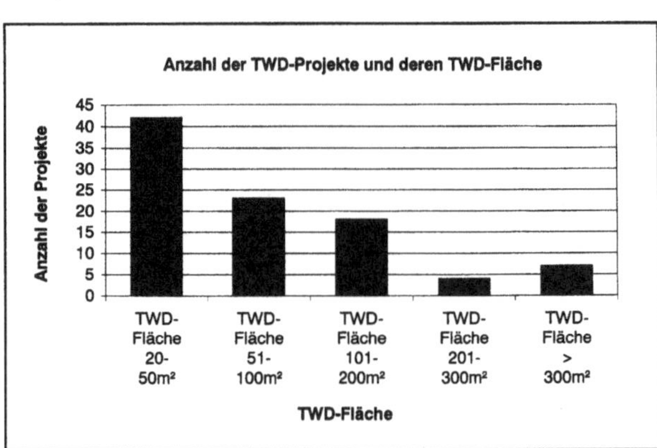

Abbildung 8-**44**: Anzahl TWD-Projekte, sortiert nach Flächengröße

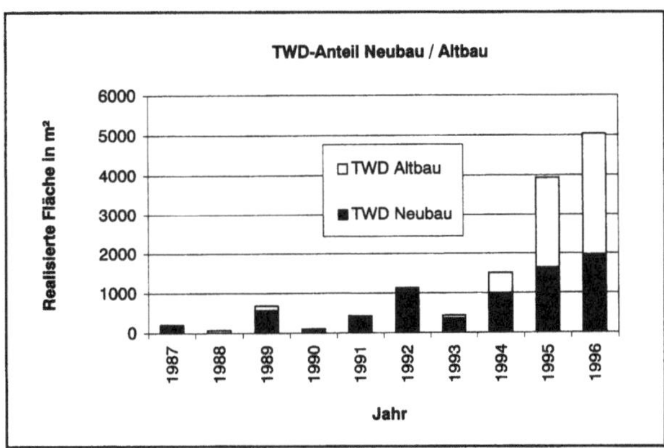

Abbildung 8-**43**: TWD-Marktentwicklung, sortiert nach Altbau-
und Neubauanwendungen

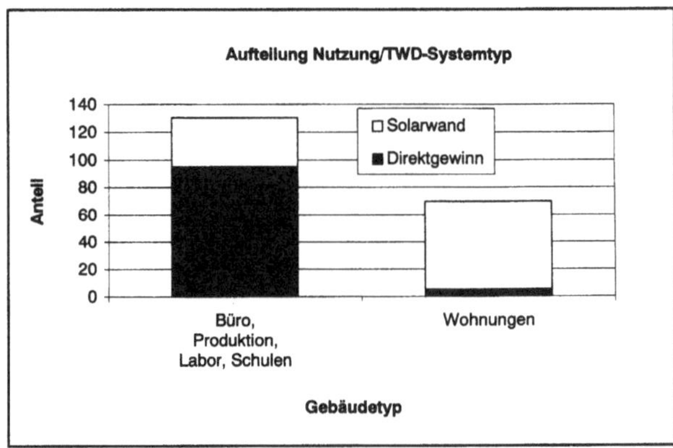

Abbildung 8-**45**: Zuordnung funktionaler TWD-Systemtyp zu
Nutzungstyp

Der Anteil von Solarwand- und Direktgewinnsystemen ist insgesamt annähernd gleich hoch, ebenso halten sich die Anwendungen im Altbau und im Neubau etwa die Waage. (Abbildung 8-42 und 8-43).

Die typische Flächengröße einer TWD-Anwendung liegt, wenn man das statistische Mittel der realisierten Flächen errechnet, bei 130 m². Betrachtet man dagegen die Anzahl der Projekte, so ist der überwiegende Teil der Anwendungen im Bereich zwischen 20 und 50 m² zu finden (Abbildung 8-44).

Interessant scheint auch der Zusammenhang von funktionalem TWD-Systemtyp und Gebäudenutzung. Während bei Wohnungen und wohnähnlichen Nichtwohnbauten fast ausschließlich Solarwandsysteme realisiert wurden, findet sich bei tagsüber genutzten Gebäuden ein deutliches Übergewicht an Direktgewinnsystemen (Abbildung 8-45). Dies deutet darauf hin, daß die Systemzusammenhänge hinsichtlich Phasenverschiebung, Tageslichtnutzung etc. von den Planern genutzt worden sind.

## 8.3 Nutzerbefragung

### 8.3.1 Konzeption und Methode

Die energetischen und konstruktiven Eigenschaften von TWD-Systemen sind zwar weitgehend bekannt, über die Akzeptanz auf Nutzerseite liegen jedoch bisher nur wenige und punktuelle Informationen vor. Durch eine Nutzerbefragung sollte deshalb der Versuch unternommen werden, Aussagen zu Behaglichkeit, Funktionssicherheit und subjektivem Empfinden der Wirksamkeit von TWD-Fassaden zu erhalten. Es wurde ein einfacher Fragebogen entwickelt und an etwa 70 in Erfahrung gebrachte Nutzeradressen verschickt. Der Rücklauf war erwartungsgemäß eher mäßig. Dennoch konnten insgesamt 20 Antworten ausgewertet werden.

### 8.3.2 Ergebnisse und Interpretation

Im Ergebnis zeigt sich eine überraschend hohe Akzeptanz auf Nutzerseite (siehe Abbildung 8-46). Der überwiegende Teil der Bewohner von TWD-Gebäuden empfindet eine höhere Behaglichkeit in den Räumen mit TWD-Außenwand. Probleme mit sommerlichen Überwärmungen treten kaum auf, auch die Verschattungssysteme scheinen in der Praxis relativ zuverlässig zu funktionieren. Die TWD-Wände werden im Winter spürbar wärmer als die übrigen Außenwandflächen, und die Heizung wird meist erst bei Außentemperaturen zwischen 0 und 10°C eingeschaltet. Hierbei muß allerdings berücksichtigt werden, daß Gebäude mit TWD-Fassaden meist auch in ihren übrigen Komponenten (Wärmeschutz, Lüftung etc.) energieeffizient konzipiert sind.

Weiterhin müssen die Ergebnisse der Umfrage dahingehend relativiert werden, daß in TWD-Gebäuden häufig auch TWD-engagierte Bauherren wohnen, die im Zweifelsfall eher positiv als negativ antworten. Dennoch: Als reine Wunschvorstellung der Beteiligten können die Ergebnisse der Umfrage nicht abgetan werden, ein enttäuschter Bauherr hätte seinem Ärger bei der Beantwortung des Fragebogens sicher Luft gemacht. Besonders überzeugend für eine positive Akzeptanz scheint die Antwort auf die letzte Frage: Alle Befragten bestätigen, daß sie wieder in eine Wohnung mit TWD-Fassade einziehen würden.

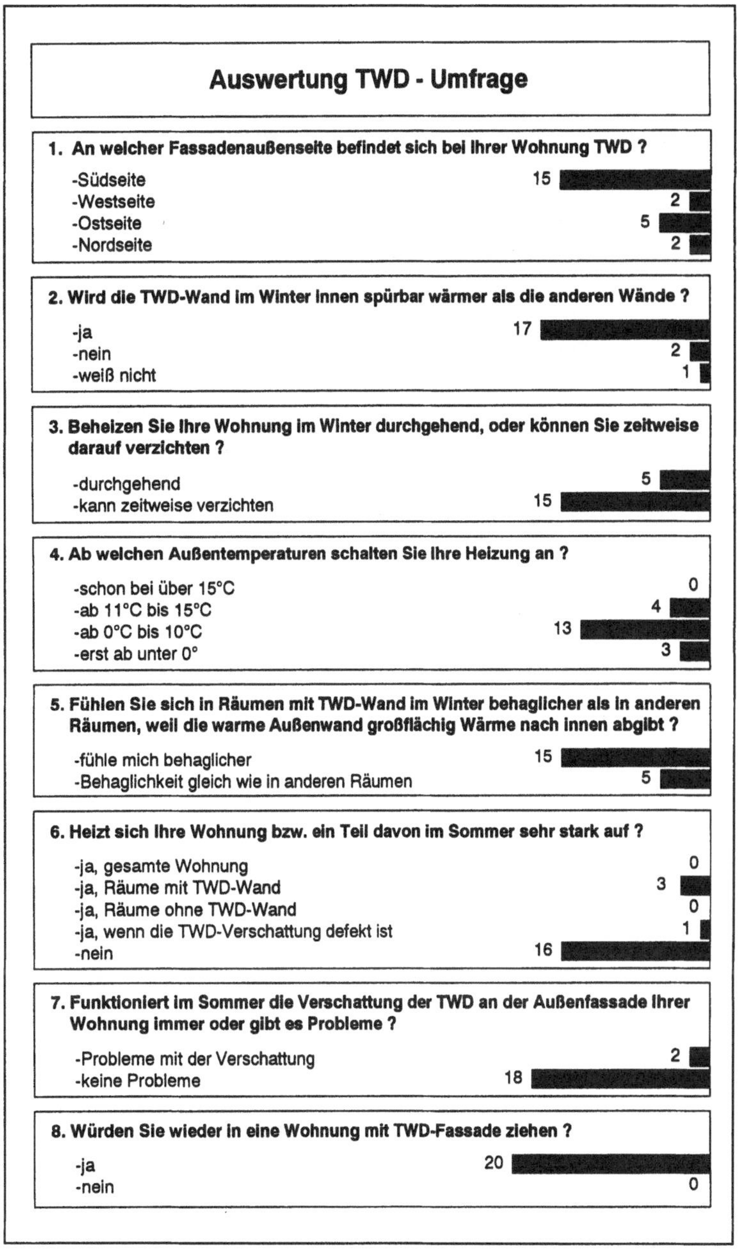

### Auswertung TWD - Umfrage

**1. An welcher Fassadenaußenseite befindet sich bei Ihrer Wohnung TWD ?**

- -Südseite — 15
- -Westseite — 2
- -Ostseite — 5
- -Nordseite — 2

**2. Wird die TWD-Wand im Winter innen spürbar wärmer als die anderen Wände ?**

- -ja — 17
- -nein — 2
- -weiß nicht — 1

**3. Beheizen Sie Ihre Wohnung im Winter durchgehend, oder können Sie zeitweise darauf verzichten ?**

- -durchgehend — 5
- -kann zeitweise verzichten — 15

**4. Ab welchen Außentemperaturen schalten Sie Ihre Heizung an ?**

- -schon bei über 15°C — 0
- -ab 11°C bis 15°C — 4
- -ab 0°C bis 10°C — 13
- -erst ab unter 0° — 3

**5. Fühlen Sie sich in Räumen mit TWD-Wand im Winter behaglicher als in anderen Räumen, weil die warme Außenwand großflächig Wärme nach innen abgibt ?**

- -fühle mich behaglicher — 15
- -Behaglichkeit gleich wie in anderen Räumen — 5

**6. Heizt sich Ihre Wohnung bzw. ein Teil davon im Sommer sehr stark auf ?**

- -ja, gesamte Wohnung — 0
- -ja, Räume mit TWD-Wand — 3
- -ja, Räume ohne TWD-Wand — 0
- -ja, wenn die TWD-Verschattung defekt ist — 1
- -nein — 16

**7. Funktioniert im Sommer die Verschattung der TWD an der Außenfassade Ihrer Wohnung immer oder gibt es Probleme ?**

- -Probleme mit der Verschattung — 2
- -keine Probleme — 18

**8. Würden Sie wieder in eine Wohnung mit TWD-Fassade ziehen ?**

- -ja — 20
- -nein — 0

*Abbildung 8-**46**: Nutzerfragebogen TWD und Auswertung*

# 9. Umweltauswirkungen beim Einsatz transparenter Dämmsysteme

### 9.1 Umweltentlastung durch TWD am Beispiel eines typischen Mehrfamilienhauses

Am Beispiel eines viergeschossigen Altbau-Mehrfamilienhauses mit 16 Wohnungen und 1400 m² Wohnfläche soll die Umweltentlastung durch den Einsatz von TWD gebäudebezogen dargestellt werden. Das Gebäude besitzt zwei Aufgänge und ist spiegelbildlich aufgebaut.

Zunächst wurde die Energieeinsparung durch eine konventionelle, wärmetechnische Sanierung des vorher ungedämmten Altbaus bestimmt. Im zweiten Schritt erhielt die Südfassade eine TWD-Belegung auf 40 % ihrer Gesamtfläche (162 m²). Die zusätzlichen Energieeinsparungen gegenüber der konventionellen Sanierung wurden errechnet. Für die Bestimmung der Wärmeverbräuche wurde das Simulationsprogramm TRNSYS benutzt.

Bei der Berechnung der Emissionseinsparungen betrachten wir drei Heizungsvarianten:
- Gasetagenheizung
- Ölzentralheizung
- Elektro-Nachtspeicherheizung

Wir gehen dabei davon aus, daß sich die entsprechende Heizung jeweils schon im unsanierten Gebäude befindet. Würde vor der Sanierung noch mit Kohleeinzelöfen geheizt, so wären die Einsparungen deutlich höher.

Die Gesamt-Emissionsfaktoren der betrachteten Heizsysteme wurden aus der GEMIS-Studie [9-1] entnommen, eine der umfassendsten Arbeiten auf dem Gebiet der Emissionsrechnungen. Für unser Beispielgebäude ergeben sich dadurch im unsanierten Zustand folgende Emissionen:

Durch die konventionelle Sanierung können etwa 68 % der Emissionen eingespart werden, gleichen Wirkungsgrad des Heizsystems vorausgesetzt, was in der Realität nicht immer der Fall ist. Die TWD-Südfassade bringt weitere 7 % an Energie- und Emissionseinsparungen. Aus Abbildung 9-2 wird deutlich, daß die Wahl des Heizenergieträgers den größten Einfluß auf die Emissionen hat. Die wärmetechnische Sanierung eines Altbaus erbringt ebenfalls weit größere Emissionseinsparungen als die zusätzliche TWD-Fassade. Hinsichtlich des Umweltschutzes sind TWD-Fassaden, wenn sie auf die optimalen Gebäudeflächen beschränkt bleiben, also keine Basismaß-

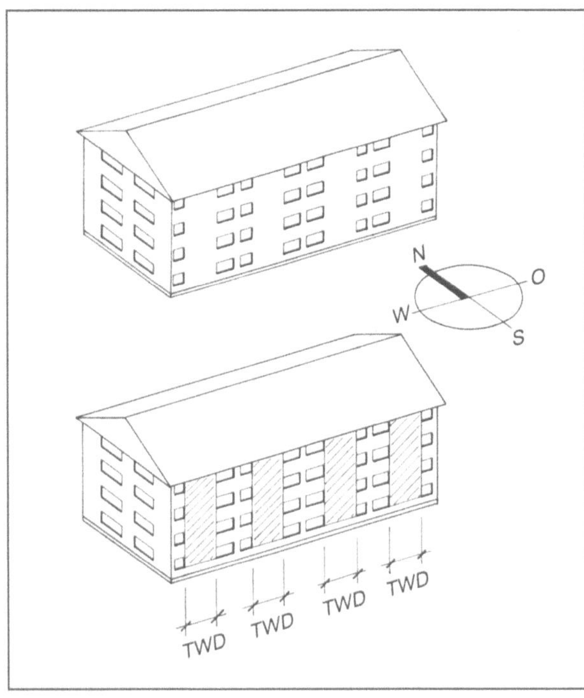


*Abbildung 9-1: Beispielgebäude; oben ohne, unten mit TWD-Fassade*

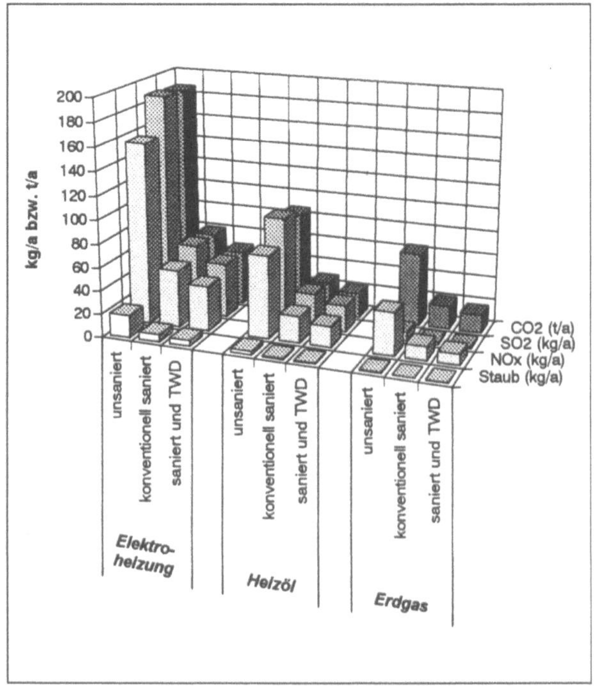


*Abbildung 9-2: Durch die Beheizung des Beispielgebäudes verursachte Schadstoffemissionen, abhängig von Energieträger und Wärmeschutzstandard*

**Tabelle 9-1: Energiekennwerte der unterschiedlichen Wärmeschutzstandards des Beispielgebäudes**

|  | Ungedämmter Altbau | Konventionell saniertes Gebäude | Saniertes Gebäude mit 160 m² TWD |
|---|---|---|---|
| k-Wert Außenwand | 1,65 W/m²K | 0,32 W/m²K | 0,32 W/m²K |
| k-Wert Dach | 0,93 W/m²K | 0,24 W/m²K | 0,24 W/m²K |
| k-Wert Kellerdecke | 1,18 W/m²K | 0,35 W/m²K | 0,35 W/m²K |
| k-Wert Fenster | 2,80 W/m²K | 1,40 W/m²K | 1,40 W/m²K |
| g-diffus-Wert Fenster | 0,75 | 0,59 | 0,59 |
| k-Wert TWD-Fassade | – | – | 0,9 W/m²K |
| g-diffus-Wert TWD-Fassade | – | – | 0,65 |
| Luftwechsel | 1,2 1/h | 0,8 1/h | 0,8 1/h |
| Nutzenergiebedarf | 232 MWh/a | 73,5 MWh/a | 58,1 MWh/a |
| Nutzenergiebedarf flächenbezogen | 166 kWh/m²a | 53 kWh/m²a | 41 kWh/m²a |

**Tabelle 9-2: Emissionen des Beispielgebäudes im unsanierten Zustand**

| Alle Angaben in kg/a | $SO_2$ | $NO_x$ | Staub | $CO_2$ |
|---|---|---|---|---|
| Emissionen bei Erdgas-Heizung | 7,0 | 37,1 | 0,9 | 63.100 |
| Emissionen bei Heizöl-Heizung | 92,8 | 71,9 | 3,3 | 85.800 |
| Emissionen bei Elektro-Heizung | 187,9 | 155,4 | 19,3 | 186.500 |

nahmen, sondern ergänzende Maßnahmen, mit denen erhöhte Energieeinsparungen und Umweltentlastungen möglich werden.

## 9.2 Volkswirtschaftliche Umweltentlastung durch TWD-Einsatz

1994 betrug der Endenergieverbrauch aller Haushalte in der Bundesrepublik 81,9 Mill. t Steinkohleeinheiten (SKE), der Sektor Kleinverbraucher einschließlich militärische Dienststellen benötigte weitere 55,0 Mill. t SKE [9-2]. Für Heizungszwecke werden im Wohnungsbau rund 75 % des Gesamtenergieverbrauchs aufgewendet, also 61,4 Mill. t SKE, bei den Kleinverbrauchern etwa 70 Prozent, also 38,5 Mill. t SKE [9-3].

Das volkswirtschaftliche Energieeinsparpotential durch konventionelle Sanierungsmaßnahmen mit Wärmeschutzverbesserung der Gebäudehülle wird in [9-4] auf 48 % eingeschätzt. Bei einer Kombination der konventionellen Wärmeschutzverbesserung mit TWD-Anwendung auf der Südfassade erhöht es sich auf 57 % (Tabelle 9-3).

Verknüpft man die Emissionsfaktoren unterschiedlicher Heizsysteme nach [9-1] mit der Beheizungsstruktur in Deutschland (Tabelle 9-4), so können mittlere Emissionsfaktoren festgelegt werden. Einschränkend ist hierbei festzustellen, daß sich die Beheizungsstruktur nur auf den Wohnungsbau bezieht und aus dem Jahr 1990 datiert. Zukünftig werden sicherlich vermehrt umweltfreundliche Brennstoffe und Heizsysteme eingesetzt, so daß die errechneten Emissionsfaktoren als obere Grenze gelten sollen, während 50 % des errechneten Wertes als untere Grenze angenommen wird (Tabelle 9-5).

Mit den gewichteten, mittleren Emissionsfaktoren lassen sich nun Schadstoff-Reduzierungspotentiale durch verbesserten Wärmeschutz und TWD-Einsatz bestimmen. Dabei werden die Emissionsfaktoren des Wohnungsbaus mangels anderer Datengrundlagen für den Sektor Kleinverbraucher mit übernommen. Das in Tabelle 9-6 dargestellte Ergebnis dürfte in seinen Größenordnungen auch bei dieser Verallgemeinerung zutreffen.

**Tabelle 9-3: Endenergieverbrauch 1994 für Beheizung, Sektoren Haushalte und Kleinverbraucher. Einsparpotentiale durch konventionelle Dämmung sowie zusätzlichen TWD-Einsatz**

| Szenario | Haushalte | Kleinverbraucher | Haushalte und Kleinverbraucher |
|---|---|---|---|
| Heizenergieverbrauch 1994 | 61,4 Mill. t SKE = 500.000 GWh | 38,5 Mill. t SKE = 310.000 GWh | 810.000 GWh |
| Einsparung durch verbesserten Dämmstandard | 240.000 GWh | 150.000 GWh | 390.000 GWh |
| Einsparung durch verbesserten Dämmstandard und TWD-Einsatz | 285.000 GWh | 180.000 GWh | 465.000 GWh |

**Tabelle 9-4: Heizungsstruktur für Deutschland (alte und neue Bundesländer, Stand 1990, nach [9-5])**

| | Anzahl Wohnungen | Prozent |
|---|---|---|
| Gesamt | 33.200.000 | 100 |
| Fernwärme Westdeutschland | 1.525.400 | 4,6 |
| Fernwärme Ostdeutschland | 1.697.400 | 5,1 |
| Öl | 12.150.000 | 36,6 |
| Gas | 8.731.700 | 26,3 |
| Steinkohle | 2.051.400 | 6,2 |
| Braunkohle | 4.650.600 | 14,0 |
| Strom | 2.366.600 | 7,1 |

**Tabelle 9-5: Nach der Beheizungsstruktur gewichtete mittlere Emissionsfaktoren für den Wohnungsbau**

| mg/kWh oder g/MWh oder kg/GWh | Untere Grenze | Obere Grenze |
|---|---|---|
| $SO_2$ | 254 | 507 |
| $NO_x$ | 170 | 340 |
| Staub | 40 | 80 |
| $CO_2$ | 207.400 | 414.800 |

**Tabelle 9-6: Durch Beheizung verursachte Emissionen in Tonnen/a (Haushalte und Kleinverbraucher) sowie Emissionseinsparpotentiale durch konventionelle Dämmung und zusätzlichen TWD-Einsatz**

| Angaben in Tonnen/a | | $SO_2$ | $NO_x$ | Staub | $CO_2$ |
|---|---|---|---|---|---|
| Emissionen bei Fortschreibung des Istzustandes 1994 | von | 206.000 | 138.000 | 32.000 | 168.000.000 |
| | bis | 411.000 | 275.000 | 65.000 | 336.000.000 |
| Einsparung durch verbesserten Dämmstandard | von | 99.000 | 66.000 | 16.000 | 81.000.000 |
| | bis | 198.000 | 133.000 | 31.000 | 162.000.000 |
| Einsparung durch verbesserten Dämmstandard und TWD-Einsatz | von | 118.000 | 79.000 | 19.000 | 96.000.000 |
| | bis | 236.000 | 158.000 | 37.000 | 193.000.000 |

## 9.3 TWD und ökologisches Bauen

Außer den Themen Heizenergieeinsparung und Umweltentlastung sollte die ökologische Bewertung von TWD-Systemen folgende Bereiche umfassen:
– Energieverbrauch bei der Herstellung
– Schadstoffemissionen bei der Herstellung, Recyclingfähigkeit

Prinzipiell wird die ökologische Qualität von TWD-Systemen dabei weniger von den eigentlichen TWD-Materialien mit ihrem geringen Raumgewicht und ihrem hohen Gehalt an Luft bestimmt, als von den übrigen Fassadenkomponenten.

### 9.3.1 Energieverbrauch bei der Herstellung

Im Rahmen eines Seminars an der Universität Stuttgart wurde der Primärenergieverbrauch und die energetische Amortisation von TWD-Systemen untersucht [9-6]. Aufbauend auf diesen Untersuchungen kann der Primärenergieinhalt (PEI) für unterschiedliche Systemausführungen nach Tabelle 9-7 bis 9-9 beziffert werden.

Verallgemeinert kann festgehalten werden, daß der Primärenergieinhalt typischer TWD-Fassaden zwischen 200 und 1000 kWh/m² liegt. Interessanterweise beansprucht das eigentliche TWD-Material nur 70 bis 90 kWh/m², der Löwenanteil des Primärenergiebedarfs geht in die Abdeckscheiben und – so vorhanden – in Aluminiumprofile und Verschattungssysteme.

Im Vergleich zu einer ungedämmten Massivwand bringen TWD-Systeme jährliche Nutzenergieeinsparungen von 100 bis 200 kWh/m²a. Die Primärenergieeinsparung beträgt je nach Heizsystem das 1,1fache (Gas-Brennwerttechnik) bis 3fache (Elektroheizung).

Die energetische Amortisation kann somit im ungünstigsten Fall, wenn 100 kWh/m²a eingespart werden, Gas-Brennwerttechnik vorhanden ist und ein Alu-Pfosten-Riegelsystem eingesetzt wird, auf 9 Jahre abgeschätzt werden. Im günstigsten Fall, der Einsparung von 200 kWh/m²a, einer (ökologisch fragwürdigen) Elektroheizung mit entsprechend hohen Umwandlungs- und Transportverlusten sowie beim Einsatz eines TWD-Wärmedämmverbundsystems beträgt sie unter einem Jahr.

Mittlere Werte der energetischen Amortisation von TWD-Systemen liegen bei 2 bis 5 Jahren.

### 9.3.2 Schadstoffemissionen bei der Herstellung, Materialrecycling

Über Schadstoffemissionen bei der Herstellung von TWD-Materialien ist wenig spezifisches bekannt. Grundsätzlich gilt für Kunststoffe, daß bei ihrer industriellen Herstellung Gase, Dämpfe und flüchtige Schwebstoffe frei werden. Auch im Brandfall können giftige Ga-

**Tabelle 9-7: Primärenergiegehalt einer typischen Holz-Modulfassade pro m² Systemfläche, ohne Speicherwand**

| Systembeschreibung | Volumen m³ | Dichte kg/m³ | PEI spez. kWh/kg | PEI ges. kWh |
|---|---|---|---|---|
| Glas, zweifach | 0,01 | 2500 | 6,07 | 151,8 |
| TWD (PMMA), d = 10 cm | 0,088 | 30 | 25,3 | 66,8 |
| Holzrahmenteile, Leisten | 0,02 | 400 | 0,29 | 2,3 |
| Aludeckleisten, Befestigung | 2 kg | 2700 | 72,45 | 146,7 |
| Verschattung Alulamellen | 3 kg | 2700 | 72,45 | 217,4 |
| Summe | | | | 585,0 |

**Tabelle 9-8: Primärenergiegehalt eines transparenten Wärmedämmverbundsystems pro m² Systemfläche, ohne Speicherwand**

| Systembeschreibung | Volumen m³ | Dichte kg/m³ | PEI spez. kWh/kg | PEI ges. kWh |
|---|---|---|---|---|
| Kunstharzputz 0,5 cm | 0,005 | 3 kg/m² | 25 | 75,0 |
| TWD (Polycarbonat), d = 10 cm | 0,10 | 30 | 29,96 | 89,9 |
| Klebe-Absorptionsschicht | 0,005 | 2000 | 1,37 | 13,7 |
| Summe | | | | 178,6 |

**Tabelle 9-9: Primärenergiegehalt einer Alu-Pfosten-Riegelkonstruktion für pro m² Systemfläche, ohne Speicherwand**

| Systembeschreibung | Volumen m³ | Dichte kg/m³ | PEI spez. kWh/kg | PEI ges. kWh |
|---|---|---|---|---|
| Glas, zweifach | 0,01 | 2500 | 6,07 | 151,8 |
| TWD (PMMA), d = 10 cm | 0,092 | 30 | 25,3 | 69,8 |
| Aluminiumprofile pausch. | 7 kg | 2700 | 72,45 | 507,2 |
| Verschattung Alulamellen | 3 kg | 2700 | 72,45 | 217,4 |
| Summe | | | | 946,2 |

se freigesetzt werden. Ein Abbau oder Zerfall auf biologischem Weg erfolgt nicht oder nur in begrenztem Maße und sehr langsam. Das Recycling von PMMA ist gut möglich, sofern das Material nicht verschmutzt ist. Polycarbonat kann dagegen, wegen seiner hohen Schlagzähigkeit und seiner Widerstandsfähigkeit gegen mechanische Zerkleinerung, nur mit hohem Aufwand recycelt werden.

Bei der großtechnischen Herstellung von Glas werden silikogener Staub, Schwefeldioxid, Kalziumchlorid und Stickoxide freigesetzt. Außerdem kann es bei entsprechender Oberflächenbehandlung (z. B. Bedampfen) zur

Emission giftiger Stoffe wie Blei und Fluor kommen. Metallbedampfte Reflexionsgläser sind in der Herstellung energie- und schadstoffintensiver als einfache Glasscheiben und wesentlich schlechter einem Recyclingprozeß zu unterziehen.

Primär-Aluminium benötigt mit 74.000 kWh/t sehr hohe Energiemengen zur Herstellung aufgrund des Elektrolyseprozesses. Weiterhin entstehen große Mengen von nicht verwertbaren Reststoffen. Für Sekundäraluminium beträgt der Energieaufwand nur noch 5 % der Erstherstellung. Zur Zeit liegt der Anteil des Recylingaluminiums im Bauwesen bei etwa 30 %. Außer der guten Recyclingfähigkeit kann Aluminiumbauteilen zugute gehalten werden, daß sie eine hohe Lebensdauer besitzen und in der Nutzungsphase nur geringe Umweltbelastungen und minimalen Pflegeaufwand verursachen.

Bauteile aus Holz benötigen mit 300 bis 1000 kWh/t sehr wenig Herstellungsenergie. Die kleintechnische Verarbeitung ist weitgehend frei von schädlichen Emissionen, allerdings entstehen in der Holzindustrie durch Verarbeitung großer Mengen giftiger Bindemittel gefährliche Gase und Stäube. Holz läßt sich nach Gebrauch direkt wiederverwenden, als Brennholz nutzen oder durch biologischen Abbau in den Naturkreislauf zurückführen. Giftige Schutz- und Bindemittel rufen dabei allerdings ökologische Schäden hervor.

Für die Recyclingfähigkeit von TWD-Systemen sind nicht nur die eingesetzten Materialien relevant, sondern auch die Verbindungs- und Fügetechniken. Während sich beispielsweise eine Pfosten-Riegelfassade mit einem hohen Anteil an geschraubten und genieteten Verbindungen leicht demontieren und fraktionieren läßt, kann ein transparentes Wärmedämmverbundsystem, bei dem die TWD-Platte sowohl mit dem Glas-Kunststoffputz als auch mit der Außenwand über vollflächige Klebungen verbunden ist, nicht sauber in seine Grundmaterialien zerlegt werden. Hier ist nur die »thermische Verwertung« möglich.

## Literatur

[9-1] Fritsche, U.; Rausch, L.; Simon, K.-H.: Umweltwirkungsanalyse von Energiesystemen: Gesamt-Emissions-Modell integrierter Systeme (GEMIS). Studie im Auftrag der Landesregierung Hessen. Wiesbaden: Hessisches Ministerium für Umwelt, Energie und Bundesangelegenheiten (Hrsg.), September 1991

[9-2] Bundesministerium für Wirtschaft: Energiedaten 95. Bonn: Bundesminister für Wirtschaft, Februar 1996

[9-3] Kerschberger, A.: Energiesparen durch Gebäudesanierung. Institut für Bauökonomie, Universität Stuttgart, 1986 (unveröffentlicht)

[9-4] Platzer, W: Transparente Wärmedämmung. Eine neue Alternative im Hochbau. In: Energiewirtschaftliche Tagesfragen. Heft 3, 1990

[9-5] Fritsche, U. und andere: Greenpeace Studie: Ein klimaverträgliches Energiekonzept für (Gesamt-)Deutschland – ohne Atomstrom –, Studie des Ökoinstituts Freiburg im Auftrag von Greenpeace e.V., Hamburg: Greenpeace e.V., November 1991

[9-6] Schäfer, W.: Primärenergieinhalt und Primärenergiebilanz von transparenten Wärmedämmungen. In: Transparente Wärmedämmung – Neue Chance für die Solararchitektur? Universität Stuttgart, Institut für Bauökonomie, Seminarbericht Sommersemester 1991 (unveröffentlicht).

# 10. Wirtschaftlichkeit von TWD-Systemen

## 10.1 Monetäre Wirtschaftlichkeit – Methodik und Randbedingungen

Für die Wirtschaftlichkeitsuntersuchung von Energiesparmaßnahmen eignet sich die sogenannte Kapitalwertmethode. Sie berücksichtigt außer den Investitionskosten und den Heizkosteneinsparungen auch die (entgangene) Kapitalverzinsung einer Investitionssumme und die Energiepreissteigerung. Das Prinzip der Kapitalwertmethode beruht darauf, sämtliche Zahlungen auf den Gegenwartswert zurückzurechnen. Die Investitionskosten werden also mit dem Gegenwartswert der Einsparungen verglichen.

Eine Maßnahme ist wirtschaftlich, wenn der Gegenwartswert der Einsparungen (KE) die Investitionskosten (KI) überwiegt, also KE > KI. Die Einsparungen KE werden dabei folgendermaßen errechnet [10-1]:

$$KE = RE \, \frac{(\frac{FE}{Q})^N - 1}{\frac{FE}{Q} - 1}$$

mit:

KE = Barwert der Energiekosteneinsparungen
RE = Energiekosteneinsparung im 1. Jahr
FE = Energiepreissteigerung (Faktor)
Q = Steuerbereinigte Kapitalverzinsung (Faktor)
N = Betrachtungszeitraum (Jahre)

In obiger Gleichung sind keine Instandhaltungskosten, Reparatur- und Ersatzkosten, externe Kosten oder Restwertbetrachtungen enthalten. Für genaue Berechnungen müssen diese Werte ebenfalls berücksichtigt werden, was auf analoge Weise geschehen kann. Durch Umformungen der Gleichung erhält man die Amortisationszeit, den äquivalenten Energiepreis oder auch die Grenzinvestitionskosten einer Maßnahme.

Bei der Wirtschaftlichkeitsbetrachtung von TWD-Systemen muß ein relativer Ansatz gewählt werden, da TWD, wenn bauphysikalisch richtig angewendet, im Rahmen eines energetischen Gesamtkonzeptes realisiert wird. Die transparente Wärmedämmung ist dann eine Investitionsalternative zur opaken Dämmung in geeigneten Fassadenflächen und das opake Dämmsystem wird zum Wirtschaftlichkeitskriterium des TWD-Systems. Folgende Kostenarten können für die Wirtschaftlichkeitsbetrachtung von TWD-Systemen relevant sein:

Auf der Einnahmenseite:
– Energiekosteneinsparungen
– Beleuchtungskosteneinsparungen
– Einsparung externe Kosten
– Restwertdifferenz zum Ende des Betrachtungszeitraums
– Verminderungen Investitionskosten bei der Heizungsanlage

Auf der Ausgabenseite:
– Investitionsmehrkosten
– Betriebsenergie-Mehrkosten
– Instandhaltungs-Mehrkosten (Wartungskosten, Instandhaltungs- und Instandsetzungskosten, Ersatzkosten)

Weiterhin wird die Wirtschaftlichkeit eines TWD-Systems stark beeinflußt von seiner Lebensdauer, von der Wahl des »opaken Vergleichsdämmsystems« sowie von den übergeordneten Randbedingungen der Wirtschaftlichkeitsrechnung:
– Kapitalverzinsung
– Energiepreis und Energiepreissteigerung
– Baupreissteigerung (für die Ermittlung von Instandsetzungs- und Ersatzkosten)

Für die Mehrzahl aller Anwendungen können typische Spannbreiten der wirtschaftlichkeitsrelevanten Faktoren angegeben werden:

Investitionskosten

Die Kosten von TWD-Systemen liegen bei 800 bis 1300 DM/m² für Holzmodulfassaden, 900 bis 1500 DM/m² für Aluminiumfassaden und 350–800 DM/m² für Einfachsysteme. Aktive Systeme führen zu Mehrkosten von 200–500 DM/m² gegenüber ihren passiven Vergleichsvarianten. Einfache, konvektiv entwärmte Systeme lassen sich zu etwa gleichen Investitionskosten wie Solarwandsysteme mit Verschattung herstellen. Je größer eine TWD-Anwendung, desto niedriger werden die Einheitspreise, weil sich ein mengenunabhängiger Fixkostenblock auf eine größere Fläche bezieht.

Heizenergie- und Heizkosteneinsparungen

Im gemäßigten, mitteleuropäischen Klima können durch TWD unter günstigen Randbedingungen etwa 90–120 kWh pro Quadratmeter TWD-Fläche und Jahr gegenüber einer 10 cm dicken, opaken Dämmung eingespart werden. Abhängig von verschiedenen Randbedingungen variieren diese Werte beträchtlich (siehe auch Abschnitt 6.2).

Unter Voraussetzung mittlerer Nutzenergiekosten von 10 Pf/kWh liegen die jährlichen Einsparungen eines TWD-Systems gegenüber einer opak gedämmten Wand in den günstigeren Fällen bei 10 bis 15 DM pro Quadratmeter TWD-Fläche und Jahr. In ungünstigen Fällen liegen die flächenspezifischen TWD-Einsparungen etwa zwischen 7 und 10 DM/m²a. Unter besonders geeigneten klimatischen Randbedingungen können Einsparungen bis über 30 DM/m²a erreicht werden. Bei niedrigen Nutzenergiekosten verringern sich die genannten Werte, bei hohen Kosten erhöhen sie sich entsprechend.

### Beleuchtungskosteneinsparungen

Beleuchtungskosteneinsparungen durch TWD können vor allem bei tagsüber genutzten Gebäuden mit großen Räumen und hohen Helligkeitsanforderungen erzielt werden (z. B. Bürogebäude, Schulen etc.). Dort lassen sich größenordnungsmäßig 50 kWh pro Quadratmeter TWD-Fläche und Jahr an Beleuchtungsstrom durch TWD-Direktgewinnsysteme einsparen. Dadurch entstehen Beleuchtungskosteneinsparungen von 18 bis 25 DM pro Quadratmeter TWD und Jahr, wenn man die Stromtarife für Gewerbe (Kleinverbraucher) zugrundelegt (35–50 Pf/kWh).

### Monetär bewertete Umweltentlastung
(vermiedene externe Kosten der fossilen Beheizung)

Durch den solaren Heizbeitrag eines transparenten Dämmsystems verringert sich der Brennstoffverbrauch für die Beheizung eines Gebäudes. Die dadurch vermiedenen Umweltschäden können monetär bewertet werden. Zieht man die Methode der Schadensvermeidungskosten heran [10-2], so ergeben sich für die Bundesrepublik heute auf Nutzwärme bezogene und nach Heizungsstruktur gewichtete, mittlere Emissionsvermeidungskosten von:
- 0,81 Pf/kWh bei niedrigen $CO_2$-Vermeidungskosten (Untergrenze)
- 2,68 Pf/kWh bei mittleren $CO_2$-Vermeidungskosten (Mittelwert)
- 4,55 Pf/kWh bei hohen $CO_2$-Vermeidungskosten (Obergrenze)

Bei elektrischer Energie, z. B. Beleuchtung kann etwa der Faktor 3 zur Wärme angesetzt werden. Um diesen Betrag dürfte sich der solare Energiepreis jeweils erhöhen, wenn man die positiven Umweltauswirkungen der emissionslosen Beheizung / Beleuchtung mit einbezieht.

### Investitionskosteneinsparung
an Gebäudehülle und Heizanlage

Abhängig von der Ausführung des opaken Dämmsystems können beim TWD-System 150–1000 DM/m² für die Einsparung der opaken Dämmung in Abzug gebracht werden. Investitionskosten-Einsparungen bei der Heizanlage sind mit 800–1000 DM pro eingespartes kW Heizleistung zu veranschlagen.

### Betriebs- und Wartungskosten

Die Betriebsenergiekosten für TWD-Verschattungen können in der Regel vernachlässigt werden. Für den Wärmetransport aktiver Systeme sollten 4–8 kWh pro Quadratmeter TWD-Fläche und Jahr angesetzt werden. Die Reinigungskosten für Außenscheiben betragen etwa 4 DM/m²a. Die Wartungskosten für Außenjalousien können mit einer Größenordnung von 2 DM/m²a angenommen werden. Bei aktiven Systemen benötigt man für die Überprüfung der aktiven Komponenten zusätzlich ca. 4 DM pro Quadratmeter TWD und Jahr.

### Lebensdauer

Die Lebensdauer mechanischer Verschattungen liegt etwa bei 20 Jahren, die Lebensdauer von TWD-Rahmensystemen beträgt 25 bis 35 Jahre. Transparente Wärmedämmverbundsysteme dürften etwa 20–25 Jahre Lebensdauer besitzen.

### Mittelwerte für Verzinsung, Baupreissteigerung und Energiepreissteigerung

Extrapolationen bisheriger, langjähriger Durchschnittswerte und Trendabschätzungen führen zu folgenden, inflationsbereinigten Mittelwerten für Verzinsung, Baupreissteigerung und Energiepreissteigerung:

| | |
|---|---|
| Baupreissteigerung | 0,8 % pro Jahr |
| FW Verzinsung Q | 1,2 % pro Jahr |
| Energiepreissteigerung FE | 2,0 % pro Jahr |

Alle diese Einflußfaktoren sind hier lediglich in ihren typischen Spannbreiten eingegrenzt worden. Selbstverständlich können die projektspezifischen Werte einer TWD-Anwendung davon abweichen.

## 10.2  Wirtschaftlichkeitsuntersuchungen im Wohnungsbau

Unter Maßgabe dieser typischen Randbedingungen wurden in [10-3] Wirtschaftlichkeitsrechnungen für typische TWD-Anwendungen durchgeführt.

**Tabelle 10-1: Untersuchte TWD-Systeme und Anwendungsfälle im Wohnungsbau**

| Wohngebäude | Anwendung 1 | Anwendung 2 | Anwendung 3 |
|---|---|---|---|
| TWD-System 1: Holzmodulfassade mit Verschattung durch Folienrollo | Bezeichnung WOMO 1 | Bezeichnung WOMO 2 | Bezeichnung WOMO 3 |
| TWD-System 2: Transparentes WDVS ohne Verschattung | Bezeichnung WOWV 1 | Bezeichnung WOWV 2 | Bezeichnung WOWV 3 |
| TWD-System 3: Einfachfassade, saisonale Verschattung | Bezeichnung WOEI 1 | Bezeichnung WOEI 2 | Bezeichnung WOEI 3 |
| TWD-System 4: Aufwendigere Einfach-fassade, saisonale Verschattung | Bezeichnung WOEI 4 | Bezeichnung WOEI 5 | Bezeichnung WOEI 6 |

Anwendung 1: Gut erhaltener Altbau, kein Fensteraustausch. Heizung nur Kesselaustausch, keine Einsparung von Heizungsinvestitions-kosten durch TWD. Außenwanddämmung durch opakes WDVS 6 cm, Isolierverglasung
Anwendung 2: Neubau oder komplett sanierter Altbau mit Fensteraustausch. Neues Heizungssystem. Außenwanddämmung durch opakes WDVS 10 cm. Wärmeschutzverglasung, k = 1,3 W/m²K
Anwendung 3: Neubau oder komplett sanierter Altbau mit Fensteraustausch. Neues Heizungssystem. Außenwanddämmung durch opake VHF 10 cm. Wärmeschutzverglasung, k = 1,3 W/m²K

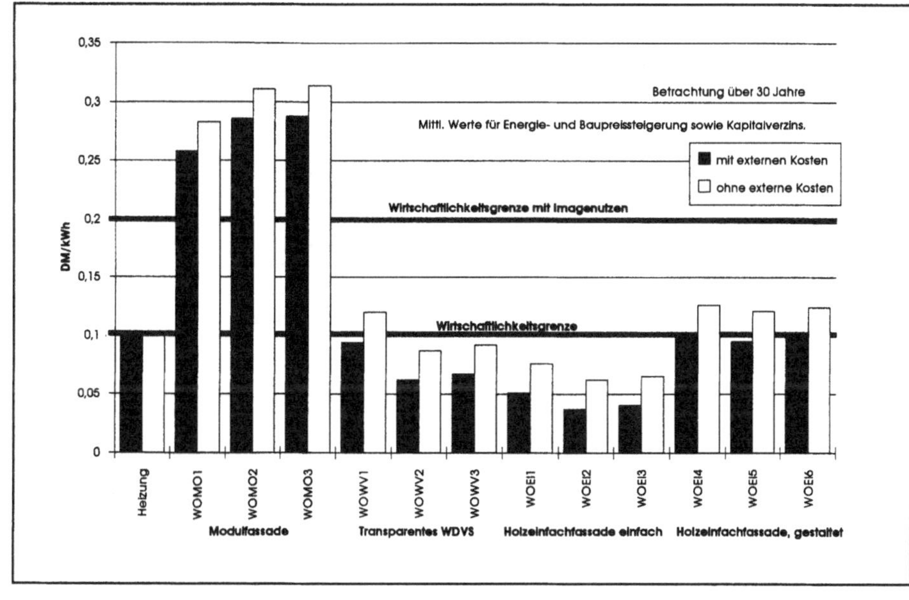


*Abbildung 10-**1**:*
*Äquivalente Energiepreise passiver TWD-Systeme für den Wohnungsbau bei einem Betrachtungszeitraum von 30 Jahren*

Im Ergebnis zeigt sich, daß in Einzelfertigung herge-stellte Fassaden mit Holzrahmenmodulen sehr unwirt-schaftlich sind. Ihre äquivalenten Energiepreise liegen bei 30 Pf/kWh. Die TWD-Investitionskosten müßten von 1200 DM/m² auf etwa 500 bis 600 DM/m² sinken, damit sie gegenüber opaken Dämmsystemen wirtschaftlich werden.

TWD-Wärmedämmverbundsysteme sind trotz ihrer vergleichsweise geringen Solargewinne fast immer wirt-schaftlich. Die guten Wirtschaftlichkeitswerte entstehen durch geringe Investitionskosten, aber auch durch mini-male Wartung und Instandsetzung während der Lebens-dauer des Systems. Allerdings besitzen diese Systeme kei-ne Verschattung.

Sehr gut schneiden auch TWD-Einfach-Holzfassaden aufgrund ihrer guten energetischen Effizienz ab, aller-dings nur in einfacher, kostengünstiger Ausführung. Selbst ohne Berücksichtigung externer Kosteneinsparun-gen sind äquivalente Energiepreise von 5 bis 7 Pf/kWh erreichbar. Wenn Mehrkosten für eine anspruchsvollere Optik berücksichtigt werden, liegen die Holzeinfachfas-saden um den Bereich der Wirtschaftlichkeitsgrenze (0,10 DM/kWh).

Die relative Wirtschaftlichkeit von TWD-Systemen ge-genüber unterschiedlich aufwendigen, opaken Dämmsy-stemen ändert sich nur wenig, obwohl z. B. vorgehängte Fassaden (VHF) wesentlich teurer sind als Wärmedämm-verbundsysteme (WDVS). Der Grund liegt in den niedri-gen Wartungs- und Instandhaltungskosten, sowie der höheren Lebensdauer der VHF gegenüber dem WDVS, welche die hohen Investitionskosten zum Großteil wett-machen.

### 10.3 Wirtschaftlichkeitsuntersuchungen bei Bürogebäuden

Für Bürogebäude wurden typische Kombinationen von TWD-System und Anwendungsfall entsprechend Tab. 10-2 untersucht.

Die Berechnungen ergeben, daß TWD-Holzmodulfassaden bei Investitionskosten von 1200 DM/m² auch gegenüber aufwendigen opaken Dämmsystemen, wie Aluminium-VHF oder Glas-Kaltfassaden nicht konkurrieren können. Ihre äquivalenten Energiepreise liegen bei 0,18 bis 0,35 DM/kWh. Die Investitionskosten müßten von 1200 auf 400 bis 900 DM/m² (je nach opaker Vergleichsvariante) sinken, damit das System wirtschaftlich konkurrenzfähig wird. Auch TWD-Alufassaden im Bürobau sind relativ unwirtschaftlich. Die äquivalenten Energiepreise bewegen sich bei 0,25 bis 0,42 DM/kWh. Die Grenzinvestitionskosten entsprechen aufgrund gleicher Energieeinsparung und etwa gleichen Wartungsaufwandes den Holzmodulfassaden und liegen bei 400 bis 900 DM/m².

Insgesamt zeigt der Vergleich hochwertiger TWD-Holz- und Aluminiumsysteme mit aufwendigen, opaken Fassadensystemen, daß nur schlechte Wirtschaftlichkeitswerte von TWD-Solarwandsystemen im Bürobau erreichbar sind, obwohl die Investitionskosten von TWD und Opak sich im Vergleich zum Wohnungsbau annähern. Die Gründe liegen in den hohen TWD-Wartungskosten für Glasreinigung und Instandhaltung sowie in der langen Lebensdauer und weitgehenden Wartungsfreiheit der opaken Vergleichsdämmsysteme.

Direktgewinnsysteme entsprechen konstruktiv den obigen Aluminiumfassaden. Trotz hoher Beleuchtungskosteneinsparungen kann sich die Direktgewinnfassade nicht gegen die Natursteinfassade behaupten, erst gegen

**Tabelle 10-2: Untersuchte TWD-Systeme und Anwendungsfälle im Bürohausbau**

| Bürogebäude | Anwendung 1 | Anwendung 2 | Anwendung 3 |
|---|---|---|---|
| TWD-Holzmodulfassade mit Verschattung durch Folienrollo | Bezeichnung BÜMO 1 | Bezeichnung BÜMO 2 | Bezeichnung BÜMO 3 |
| TWD-Aluminiumfassade mit Verschattung durch außenliegende Jalosien | Bezeichnung BÜAL 1 | Bezeichnung BÜAL 2 | Bezeichnung BÜAL 3 |
| TWD-Alu-Curtainwall als Direktgewinnsystem mit Verschattung durch außenliegende Jalousie | Für Altbau nicht relevant | Bezeichnung BÜDI 2 | Bezeichnung BÜDI 3 |

Anwendung 1: Gut erhaltener Altbau, kein Fensteraustausch. Heizung nur Kesselaustausch, keine Kosteneinsparung durch TWD. Außenwanddämmung durch Alu-VHF 6 cm, Isolierverglasung
Anwendung 2: Neubau oder komplett sanierter Altbau mit Fensteraustausch. Neues Heizungssystem. VHF mit Natursteinverkleidung 10 cm. Wärmeschutzverglasung, k = 1,3 W/m²K
Anwendung 3: Neubau oder komplett sanierter Altbau mit Fensteraustausch. Neues Heizungssystem. Glas-Kaltfassade 10 cm. Wärmeschutzverglasung, k = 1,3 W/m²K

*Abbildung 10-**2**:*
*Äquivalente Energiepreise passiver TWD-Systeme für den Büro- und Verwaltungsbau bei einem Betrachtungszeitraum von 30 Jahren*

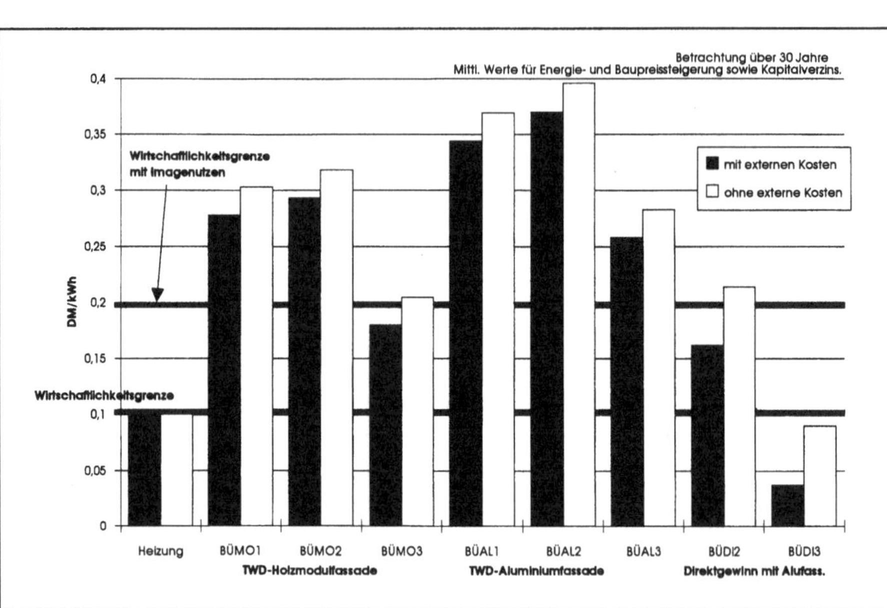

die aufwendige Glas-Kaltfassade mit Investitionskosten um 1000 DM/m² (einschl. massiver Wand) wird das TWD-Direktgewinnsystem wirtschaftlich. Die äquivalenten Heizenergiepreise liegen dann bei 0,04 bis 0,10 DM/kWh. Im Extremfall dürfte ein Direktgewinnsystem bis zu 1600 DM/m² kosten, bevor es unwirtschaftlich wird.

## 10.4 Schlußfolgerungen aus den Wirtschaftlichkeitsrechnungen

Zusammengefaßt erweist sich ein TWD-System als um so wirtschaftlicher, je einfacher es aufgebaut ist, je weniger Komponenten mit Wartungsnotwendigkeit es besitzt und je länger seine Lebensdauer ist. Die etwas geringere Energieeffizienz einfacher Systeme wird durch niedrigere Investitions- und Wartungskosten meist ausgeglichen.

Für sehr unwirtschaftliche TWD-Systeme gilt, daß Investitionseinsparungen bei der Heizungsanlage keine Wirtschaftlichkeit der TWD herstellen können. Auch dem Argument, daß bei gut gedämmten Gebäuden durch TWD-Einsatz die Heizung bis auf eine Notheizung ganz entfallen könne, muß entgegengehalten werden, daß schon mit der opaken Dämmung eine geringfügig größer dimensionierte Notheizung möglich gewesen wäre.

Die Berücksichtigung der Einsparung externer Kosten bringt Wirtschaftlichkeitsvorteile; vorher sehr unwirtschaftliche Systeme bleiben jedoch weiter (fast genauso) unwirtschaftlich. Nur wenn ein TWD-System bereits an der Schwelle zur Wirtschaftlichkeit steht, kann es durch Einbeziehen der externen Kosten in den wirtschaftlichen Bereich gebracht werden.

## 10.5 Gesamtwirtschaftlichkeitsabschätzungen

Rein monetäre Wirtschaftlichkeitsbetrachtungen beschränken sich auf den betriebswirtschaftlichen Vergleich von Einnahmen und Ausgaben, d. h. auf den Vergleich von Zahlungsströmen. Für eine Investitionsentscheidung sind jedoch häufig auch andere Kriterien maßgeblich: Ein Urlaub wird beispielsweise gebucht, weil man etwas »erleben« oder sich entspannen will. Der Kauf eines teueren Wagens erfolgt in der Regel u. a. aus Imagegründen. Spenden an gemeinnützige Organisationen erbringen ethischen Nutzen. Der Abschluß einer Unfallversicherung vermittelt Sicherheitsnutzen. Die Anschaffung eines Wäschetrockners ist mit Komfortnutzen verbunden.

Es wird deutlich, daß unterschiedliche Arten von Nutzen gegeneinander verrechenbar sind. Mit monetärem Aufwand wird in der Regel nichtmonetärer Nutzen erworben. Andersherum gilt jedoch auch, daß monetärer Nutzen durch nichtmonetären Aufwand erworben werden kann. Beispiel: Der Verzicht auf Komfort bei Tolerie-

rung geringerer Raumtemperaturen führt zu monetären Einsparungen bei den Heizkosten. Eine Investitionsentscheidung wird dann getroffen, wenn die Bilanz aller Arten von Nutzen-/Aufwandbereichen positiv ist bzw. wenn der Gesamtnutzen den Gesamtaufwand überwiegt. Die verschiedenen Arten von Nutzen und Aufwand werden dabei, abhängig von der Art der Investition und den Prioritäten eines Entscheidenden, unterschiedlich bewertet.

Für eine TWD-Anwendung sind entscheidend:
– Monetärer Aufwand/Nutzen
  Die Fragen des monetären Aufwandes und Nutzens sowie deren Bilanzierung wurden oben behandelt.
– Imagenutzen, ästhetischer Nutzen
  Der Imagenutzen einer TWD-Fassade entsteht in erster Linie durch eine gestalterisch ansprechende Erscheinungsform und die mit der TWD-Fassade verbundenen, optischen Effekte. Weiterhin kann durch eine TWD-Anwendung die bewußte Umweltverantwortlichkeit, die Fortschrittlichkeit oder ganz allgemein die technische Kompetenz einer Person bzw. eines Unternehmens zum Ausdruck gebracht werden. Nicht ohne Grund wurden ein Gutteil der bisherigen TWD-Fassaden von Architekten und Ingenieuren an ihren eigenen Wohngebäuden oder Büros realisiert.

Positiv, aber weniger relevant bei einer Investitionsentscheidung für TWD wirken sich aus:
– Komfortgewinn: zumindest temporär höhere Behaglichkeit in Räumen mit transparent gedämmter Außenwand (siehe Abschnitt 8.3, Nutzerbefragung).
– Sicherheitsnutzen: Die Abhängigkeit von fossilen Brennstoffen wird verringert.
– Ethischer Nutzen: Emissionen durch Beheizung, Umweltbelastung und damit von der Allgemeinheit zu tragende Schäden werden verringert.

Kann der Imagenutzen einer TWD-Anwendung verwertet werden, dann findet eine Investition auch bei monetärer Unwirtschaftlichkeit statt. Allerdings nur bis zu einer bestimmten Grenze der Unwirtschaftlichkeit. Niemand wird beispielsweise bereit sein, für eine imagefördernde Fassade 10.000 DM pro Quadratmeter zu bezahlen, während ein Mehrpreis von mehreren hundert DM/m² häufig akzeptiert wird. Ein sinnvoller Weg zur Abschätzung der zulässigen, monetären Unwirtschaftlichkeit von TWD-Fassaden besteht im Vergleich mit Produkten, die ein ähnliches Leistungsprofil besitzen und bereits marktgängig sind. Es bietet sich ein Vergleich mit Photovoltaikfassaden an, die wie die TWD saubere, umweltfreundliche Solarenergie gewinnen, gestalterische Qualität aufweisen und Imagenutzen bringen.

Photovoltaikfassaden sind erstmals 1991 errichtet worden. Die bisher realisierte Gesamtfläche beläuft sich auf 8000–10000 m² bei jährlichen Steigerungsraten von 20 bis 30 Prozent. Zur Zeit ist zu beobachten, daß eine größere

Anzahl von Fassadenherstellern bereits PV-Fassaden anbietet. Man kann also absehen, daß Photovoltaikfassaden in den Markt eindringen werden. Welche monetären Wirtschaftlichkeitswerte erreichen diese Systeme? Pro m² installierter Fläche ist mit Investitionskosten (einschl. Verkabelung, Regelung, Wechselrichter etc.) von ca. 2.000 DM zu rechnen. Bei unverschatteter Südorientierung und einem Gesamtwirkungsgrad von 10 Prozent erbringt eine Photovoltaikfassade ca. 85 kWh/m²a an Strom. Als Lebensdauer werden von Fachleuten etwa 25 Jahre angesetzt, Wartungs- oder Instandhaltungsarbeiten sind meist nicht notwendig.

Als Maßstab der Unwirtschaftlichkeit soll das Verhältnis von solarem Energiepreis zu konventionellem Energiepreis gelten. In der technisch orientierten Fachliteratur werden solare Strompreise von 2 DM/kWh genannt. Gegenüber den Strompreisen der Energieversorger (ca. 45 Pf/kWh im Gewerbebereich, wo Solarfassaden hauptsächlich angewendet werden) ergibt sich ein Unwirtschaftlichkeitsfaktor von 4,44.

Unterziehen wir Photovoltaikfassaden einem Wirtschaftlichkeitsvergleich analog den TWD-Anwendungen, so können die Ergebnisse aufgrund gleicher Randbedingungen und gleicher Vorgehensweise besser übertragen werden. Beim Wirtschaftlichkeitsvergleich einer Photovoltaikfassade wird als konventionelle Referenzvariante eine Glaskaltfassade angenommen, weil die ausgeführten Projekte zeigen, daß bei den meisten Gebäuden auf eine repräsentative Erscheinung Wert gelegt wurde. Für Stromkosten, Energiepreissteigerung, Kapitalverzinsung und Baupreissteigerung werden die Werte der TWD-Szenarien übernommen. Im Ergebnis resultieren solare Strompreise von 65–70 Pf/kWh, abhängig vom gewählten Szenario. Beim Vergleich mit einer Glaskaltfassade liegt der Unwirtschaftlichkeitsfaktor einer Photovoltaikfassade also nur bei ca. 1,5.

Im Rückschluß kann gefolgert werden, daß bei TWD-Fassaden vom Markt ebenfalls ein Unwirtschaftlichkeitsfaktor von 1,5, vielleicht auch von 2,0 akzeptiert wird. Ein Unwirtschaftlichkeitsfaktor von 2 bedeutet, daß die TWD-Energie doppelt soviel wie die konventionell erzeugte Heizenergie kosten darf. Wir multiplizieren deshalb die Preise konventioneller Heizenergie mit 2,0 und erhalten so eine Wirtschaftlichkeitsgrenze, die als erste Näherung für eine monetäre Bewertung des Imagenutzens gelten darf. In den Abbildungen 10-1 und 10-2 wurde diese neue Wirtschaftlichkeitsgrenze bei 20 Pf/kWh eingetragen. Es zeigt sich, daß einige Systeme, die ohne Imagenutzenbewertung noch unwirtschaftlich sind, nun in den Bereich positiver Wirtschaftlichkeit kommen. Allerdings gilt auch hier: Der Imagenutzen ist kein »Allheilmittel«. Von Fall zu Fall muß untersucht werden, welche Wirtschaftlichkeitswerte sich abhängig von den spezifischen Randbedingungen eines Projektes ergeben.

### Literatur

[10-1] Küsgen, H.: Investitionsrechnung im Bauwesen: Mit einer Einführung in die Rechnung von Energiekosten. Reihe Bauök-Papiere, Nr. 42. Stuttgart: Institut für Bauökonomie, Universität Stuttgart, 1982

[10-2] Fritsche, U.; Rausch, L.; Simon, K.-H.: Umweltwirkungsanalyse von Energiesystemen: Gesamt-Emissions-Modell integrierter Systeme (GEMIS). Studie im Auftrag der Landesregierung Hessen. Wiesbaden: Hessisches Ministerium für Umwelt, Energie und Bundesangelegenheiten (Hrsg.), September 1991

[10-3] Kerschberger, A.: Solares Bauen mit transparenter Wärmedämmung. Wiesbaden, Berlin: Bauverlag, 1996

# 11. Hinweise für die Planungs- und Baupraxis

## 11.1 Berechnung des Energiegewinns von TWD-Fassaden

### 11.1.1 Einleitung

Für die Berechnung der zeitabhängigen Temperatur- und Wärmestromfelder in Solarwänden mit TWD werden dynamische Computersimulationen benötigt. Dagegen lassen sich Gesamtenergiebilanzen von TWD-Wänden auch mit einfachen Formeln berechnen, weil bei einer Mitteilung über längere Zeiträume quasi-dynamische Verfahren angewendet werden können.

Die sonst notwendigen, komplexen Differentialgleichungen reduzieren sich dann zu relativ einfachen und mit einem Taschenrechner auswertbaren Formeln. Mit diesen Formeln können schnell einfache Berechnungen und Parameterstudien, z. B. zum Einfluß von Wandmaterial und Wanddicke oder zum Einfluß von Transmissionsverhalten und Wärmedämmverhalten der TWD gemacht werden.

Bei der Berechnung der Solargewinne muß man unterscheiden zwischen physikalischen Solargewinnen, den Energieströmen, die in das Gebäude gelangen, und nutzbaren Solargewinnen, d. h. den Solargewinnen, die effektiv zu einer Reduktion des Heizenergieverbrauchs beitragen. Nicht nutzbare Solargewinne tragen zunächst zur – durchaus gewünschten – Komfortsteigerung bei, führen aber, wenn sie weiter steigen, eher zu einer Überhitzung des Gebäudes und gelten in diesem Fall als unerwünscht.

Der physikalische Wirkungsgrad gibt die aufgrund der solaren Einstrahlung erzielbaren Wärmegewinne an und ist relativ unabhängig von der Jahreszeit. Gewisse saisonale Abhängigkeiten ergeben sich durch die Temperaturabhängigkeit der k-Werte und vor allem durch die unterschiedlichen Einstrahlungsbedingungen im Sommer und im Winter (Sommer: hochstehende Sonne, Winter: niedrigstehende Sonne). Anders verhält es sich mit dem Nutzungsgrad. In den Kernmonaten der Heizperiode können fast alle Solargewinne genutzt werden und der Nutzungsgrad liegt nahe bei 100 %. In der Übergangszeit reduziert er sich und wird immer kleiner, und im Sommer, wenn der Heizbedarf eines normalen Hauses gegen Null sinkt, trägt der Solargewinn nur zur Überhitzung und damit zu unerwünschten, nicht nutzbaren Solargewinnen bei. Der Nutzungsgrad liegt bei Null.

Wichtige Parameter für den Nutzungsgrad der TWD sind nicht nur – wie bei Fenstern – die Speicherfähigkeit des Gebäudes (schwere und leichte Bauweise), sondern auch die Speicherfähigkeit der direkt hinter der TWD befindlichen Wand.

### 11.1.2 Handrechenverfahren

Einfache Handrechenverfahren auf Jahresbasis, wie sie etwa für den Wärmeschutznachweis verwendet werden, sind für die Berechnung transparenter Wärmedämmsysteme aus mehreren Gründen problematisch, abgesehen davon, daß sie im Zeitalter der Computer anachronistisch erscheinen. Jahresverfahren beruhen auf definierten Heizperioden mit konstanten Gradtagszahlen. Die Solargewinne einer TWD-Fassade sind saisonal abhängig und dominieren in den Übergangszeiten. Die Länge der Heizsaison kann dadurch je nach Gebäudetyp, TWD-Fläche und Klima deutlich verkürzt werden. Damit ist die Voraussetzung für konstante Gradtagszahlen entfallen.

### 11.1.3 Quasidynamische Verfahren

Wesentlich genauer als ein Jahresverfahren kann ein sogenanntes Monatsbilanzverfahren sein, bei dem die Energiebilanz für einzelne Monate erstellt wird. Monatsverfahren sind quasidynamische Verfahren, weil hier die saisonalen Veränderungen explizit berücksichtigt werden.

Lange existierten für diese Rechenmodelle keine verbindlichen methodischen Vorschriften. Inzwischen gibt es jedoch sowohl eine deutsche Vornorm (DIN 4108, Teil 6) als auch einen europäischen Normentwurf (CEN / TC 89 / WG 4). Beides sind Verfahren zur monatsweisen Berechnung des Jahresheizwärmebedarfs, in denen Solargewinne über transparent gedämmte Außenwände Berücksichtigung finden. In beiden Verfahren wird der Nutzungsgrad für solare Wärmeeinträge mit Näherungsformeln angegeben. In diese Näherungsformel geht die Speicherfähigkeit des Gebäudes, jedoch nicht der Massivwand hinter der TWD ein. Der physikalische Wirkungsgrad ergibt sich aus dem g-Wert der TWD sowie dem Verhältnis der k-Werte der transparenten TWD-Vorsatzschale zum k-Wert des Gesamtaufbaus inklusive der Massivwand. Allerdings ist nicht exakt definiert, welcher g-Wert anzusetzen ist, wie er bestimmt wird, und welche k-Werte (inklusive oder exklusive Rahmenkonstruktion) für die jeweiligen Bestandteile der Energiebilanz einzusetzen sind. Aus diesem Grund weisen beide Normentwürfe zwar den richtigen Weg, sind jedoch noch nicht ausreichend, um ein eindeutiges Ergebnis zu erhalten. Selbst bei gleicher Definition der physika-

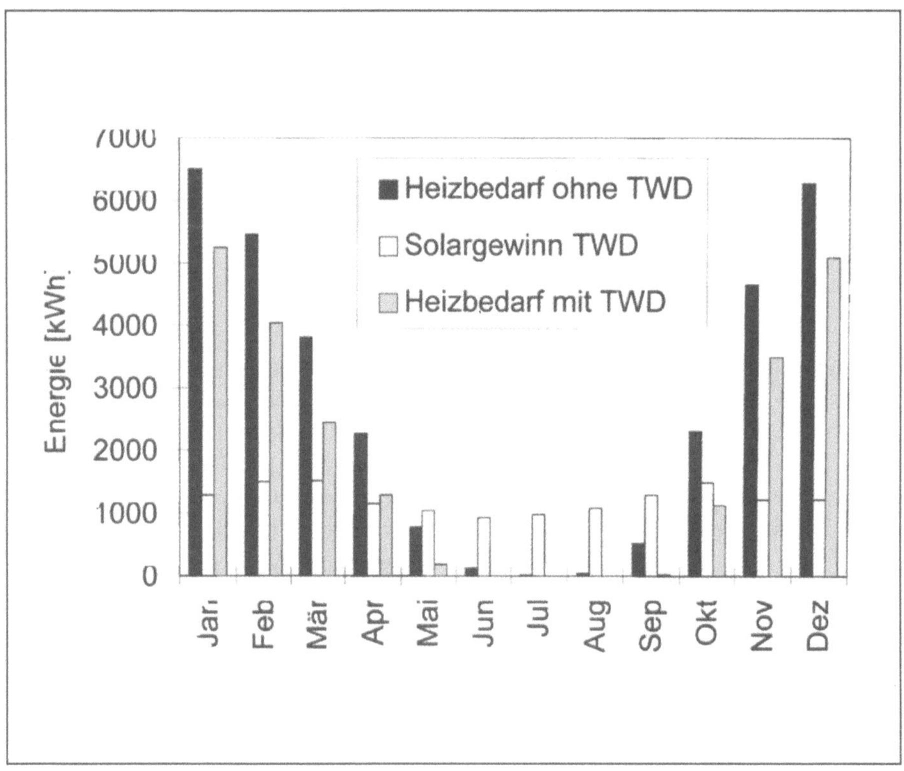

*Abbildung 11-**1**:
Typische saisonale
Abhängigkeit des monatlichen
Heizwärmebedarfs mit und
ohne TWD (Differenz
entspricht nutzbaren Solargewinnen TWD): Nutzungs-
grad im Winter nahe bei 1, im
Sommer bei 0*

lischen Gewinne unterscheiden sich die Ergebnisse beider Verfahren, im Extremfall bis zu 20–40 %, da auch die Nutzungsgrade durchaus unterschiedlich berechnet werden. Dennoch sind beide Methoden sinnvoll zu benutzen, um den Einfluß bestimmter Veränderungen einzelner Parameter zu untersuchen.

Hinsichtlich des Nutzungsgrades sollten im Bereich der Verfahrensentwicklung weitergehende Untersuchungen angestellt werden, um diesen TWD-spezifisch zu ermitteln. Im Augenblick wird eine TWD-Wand prinzipiell wie ein Fenster behandelt; die Wärmespeicherfähigkeit der dahinter liegenden Wand wird ignoriert. Diese Effekte lassen sich also weiterhin nur mit dynamischen Computersimulationen berechnen.

### 11.1.4 Dynamische Gebäudesimulation

Dynamische Gebäudesimulationen basieren auf den zeitabhängigen Differentialgleichungen für Wärmeleitung und Wärmespeicherung in massiven Bauteilen. Daher lassen sich die Temperaturen, die Energieströme innerhalb eines Gebäudes und der Energieaustausch mit der Umwelt für kurze Zeitschritte (z. B. Minuten oder Stunden) berechnen. Notwendig sind dazu die zeitabhängigen Klimadaten für Außenlufttemperatur und solare Einstrahlung (Direkt- und Diffusanteil) in ebensolchen Zeitschritten. Für jeden Zeitschritt berechnet das Simulations-

programm ausgehend vom vorhergehenden Zustand die Veränderung des Gebäudezustandes auf Grund der geänderten Randbedingungen. Programme wie TRNSYS, ESP, TAS, HELIOS, SUNCODE oder TSBI sind von Forschungseinrichtungen entwickelt worden, um derartige komplexe Rechenaufgaben durchzuführen. Einige davon werden kommerziell als PC-Versionen oder UNIX-Versionen vertrieben. [11-1]

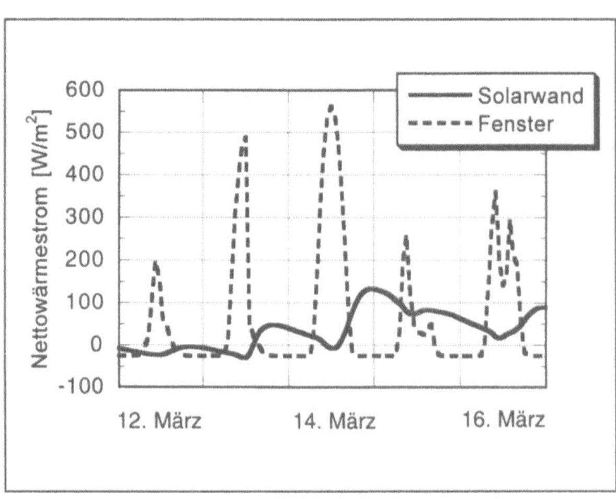

*Abbildung 11-**2**: Beispiel von Energieströmen aus einer Gebäudesimulation (indirekte, zeitverzögerte Wärmegewinne durch TWD
und direkte Gewinne durch Fenster bei einer Südwand)*

Da transparente Wärmedämmung noch nicht gängiger Standard ist, haben nur einige Gebäudesimulationsprogramme (so z. B. HELIOS, TSBI oder eine Sonderversion von TRNSYS) spezielle Module, die die Eigenschaften von TWD-Systemen berechnen können. Oft wird die TWD einfach wie ein vor die Wand gestelltes Fensterelement behandelt. Die spezielle Abhängigkeit des Gesamtenergiedurchlaßgrades von der Einstrahlungsrichtung oder die Temperaturabhängigkeit des k-Wertes werden vernachlässigt oder wie bei einer Mehrfachverglasung behandelt. Erfahrene Benutzer der jeweiligen Programme kennen im allgemeinen jedoch Möglichkeiten, die TWD und ihre Effekte angemessen zu berücksichtigen.

## 11.2 Berücksichtigung von Normen und Vorschriften

Für eine praktische Umsetzung von TWD muß, wie auch für andere Fassadenbauteile, stets die Einhaltung folgender Vorschriften nachgewiesen werden:
- Standsicherheit des Gebäudes (Tragwerksplanung)
- Einhaltung der Wärmeschutzverordnung
- Erfüllung der Brandschutzanforderungen.

### 11.2.1 Standsicherheit

Der statische Nachweis der Standsicherheit bringt bei TWD-Fassaden analoge Anforderungen wie bei konventionellen Fassadensystemen. Hier sind die Hersteller der Komplettsysteme gefragt. Sie müssen gegenüber der obersten Baubehörde nachweisen, daß ihr System den Anforderungen genügt. Je nach Aufbau ergeben sich durchaus unterschiedliche Anforderungen. So z. B. mußte für das TWDVS der Firma Sto nachgewiesen werden, daß die durch den transparenten Putz entstehenden Scherkräfte von der Kapillarlage aufgenommen werden können. Bei einem Pfosten-Riegel-System sind dagegen – objekt- und größenabhängig – andere statische Nachweise zu erbringen. Die Glasdicken der eingesetzten Paneele müssen der Windbelastung standhalten können. Die Anforderungen sind tägliches Brot der Fassadenbauer, jedoch muß berücksichtigt werden, daß die TWD-Technik auf Grund der großen Elementdicken höhere Belastungen mit sich bringt.

### 11.2.2 Wärmeschutzverordnung

Auch der Wärmeschutznachweis ist ohne große Schwierigkeiten zu erbringen. Beim Berechnen des Jahres-Heizwärmebedarfs nach WSchVO kann man sich auf die sichere Seite zurückziehen, indem man allein die Wärmedämmeigenschaften des TWD-Materials bzw. des TWD-

Paneels ohne Berücksichtigung der solaren Gewinne einsetzt. Gegebenenfalls muß für eine spezielle Konstruktion der k-Wert von einem zugelassenen Prüfinstitut ermittelt werden. Durch die Vernachlässigung der Solargewinne ergibt sich allerdings eine deutliche Unterbewertung der TWD. Sollen daher die Zielwerte der Wärmeschutzverordnung nur knapp bei minimalem Einsatz eingehalten werden, empfiehlt sich ein Sondernachweis über die dynamische Gebäudesimulation.

### 11.2.3 Brandschutz

Durch die Brandschutzanforderungen können sich erhebliche Auswirkungen auf die Planung und Ausführung der Fassade ergeben. Dabei spielt die Höhe des Gebäudes eine große Rolle. Für Gebäude mit maximal 2 Geschossen und einer Höhe bis 7 m dürfen Bauprodukte der Baustoffklasse B2 (normal entflammbar) eingesetzt werden. Diese Anforderungen erfüllen im allgemeinen sämtliche marktgängigen TWD-Materialien, sofern sie hinter Glas eingesetzt werden. Im Zweifelsfall ist die jeweilige Landesbauordnung zu Rate zu ziehen. Bei größeren und höheren Gebäuden wird die Materialauswahl aufgrund der strengeren Anforderungen erheblich eingeschränkt. Ab der Hochhausgrenze von 22 m dürfen prinzipiell nur noch unbrennbare Materialien eingesetzt werden. Außerdem kann der Gebäudetyp eine entscheidende Rolle spielen. Unterschiede bestehen z. B. zwischen Wohngebäuden und öffentlichen Gebäuden wie z. B. Schulen. Hier müssen Baumaterialien der Baustoffklasse B1 (schwer entflammbar) oder A (nicht brennbar) eingesetzt werden, so daß nur noch Materialien wie Glasröhrchen-TWD ausreichend sind oder feuerhemmende Konstruktionen speziell entwickelt werden müssen. Beispielsweise wurde bei der Paul-Robeson Schule in Leipzig ein Weg gefunden, trotz des Einsatzes von Holzrahmen-Modulen mit Polycarbonat-Kapillarplattenfüllung die brandschutzrechtlichen Bestimmungen zu erfüllen (vergleiche Abschnitt 8.1.5).

### 11.2.4 Schallschutz

Da sich die transparente Wärmedämmung vor einem massiven Wandbauteil mit meist hoher Schalldämmung befindet, kann wie bei Außenwandbekleidungen nach DIN 18 515 oder Fassadenbekleidungen nach DIN 18 516 allein das Schalldämm-Maß des Mauerwerks entsprechend der flächenbezogenen Masse nach DIN 4109, ausreichen. Ein zusätzlicher Schallschutz durch die transparente Wärmedämmung wäre separat zu prüfen. Einzelne Paneele weisen Schalldämmwerte vergleichbar mit oder besser als Mehrfach-Isolier-Verglasungen auf [11-2].

### 11.2.5  Baurechtliche Situation

Bei der Planung von Gebäuden sind – wie sonst auch – die einschlägigen Normen und anerkannten Regeln der Technik zu beachten. Die rechtlichen Grundlagen werden in Deutschland entsprechend der europäischen Rahmengesetzgebung ausgearbeitet. Sie fallen in die Kompetenz der obersten Baubehörden der Länder. Die Interessen der Landesbehörden und die Entscheidung von Sachfragen in Sachverständigenausschüssen werden vom Institut für Bautechnik, Berlin, fachlich vertreten. Nun ist TWD bisher weder ein anerkanntes geregeltes Bauprodukt, für das eine Norm existiert, noch ein ungeregeltes Bauprodukt, für das es anerkannte Regeln der Technik gibt. Zwar werden solche Regeln derzeit entwickelt, sie müssen sich jedoch noch im langen Weg durch die Instanzen bewähren.

Solange die bauaufsichtlichen Zulassungsverfahren für TWD-Produkte noch nicht abgeschlossen sind, müssen Einzelfallzulassungen nach Prüfung durch die obersten Landesbaubehörden erfolgen. Eine frühe Abstimmung mit der Baubehörde bzw. die Auswahl geeigneter Materialien für die Gebäudeklasse kann erhebliche Planungs- und Fassadenmehrkosten einsparen. Es ist zu hoffen, daß sich die baurechtliche Situation für transparente Wärmedämmsysteme in nächster Zeit grundlegend ändert und vereinfacht. Ansonsten kann sich diese Technologie sicherlich nicht im großem Maße im Markt durchsetzen, selbst wenn die Preise deutlich fallen würden. Allein die Aufwendungen für die Verhandlungen mit den Baubehörden würden häufig abschreckend wirken.

### 11.3  Planung von TWD-Fassaden

### 11.3.1  Notwendigkeit integraler Planungsverfahren

Der Einsatz einer TWD-Fassade beeinflußt in der Regel nicht nur die Entwurfs- und Ausführungsplanung des Architekten, sondern auch die statische Planung (Speicherwände, Dehnungen), Elektroplanung (Regelung und Betrieb der Verschattung), die Heizungsauslegung (Systemart, Heizleistung, Anordnung Heizflächen) sowie ggf. die Lüftungsauslegung, die Tageslicht- und die Beleuchtungsplanung. Weiterhin kommen, gegenüber konventionellen Projekten, weitere Planungsbeteiligte hinzu, wie Simulationsexperten und TWD- oder im weiteren Sinne Energie- bzw. Ökologiefachplaner. Nur wenn alle Beteiligten die – gemeinsame – Planung im intensiven und kontinuierlichen Dialog weiterentwickeln, werden optimale Ergebnisse erzielt. Dazu sollten verstärkt auch neue Kommunikationstechniken, wie gemeinsame objektorientierte Datenbanken genutzt werden, auf die alle Planungsbeteiligten über ein Projektnetzwerk Zugriff ha-

ben. Widersprüche und Probleme können so schnell erkannt und ausgeräumt werden. Zur Zeit werden erste Anstrengungen unternommen, neutrale Datenaustauschformate zu entwickeln (STEP = Standard for Exchange of Product Data), [11-3]. Förderlich für den Datenfernaustausch ist der immer stärker zu beobachtende Trend zur CAD-Planung in den Architektur- und Ingenieurbüros.

### 11.3.2  Energiekonzepte, Abstimmung der Komponenten

Zusätzlich zu den Fenstern erschließen TWD-Systeme die opaken Gebäudefassaden für die passive Nutzung der Solarenergie. Um eine gute Ausnutzung der möglichen Solargewinne zu erreichen, muß das gesamte Gebäudekonzept mit seinen energetisch relevanten Komponenten auf die passiven Solarsysteme abgestimmt sein. Dies betrifft vor allem Gebäudegliederung, Orientierung, Wärmeschutzstandard, Zusammenwirken von Fenstern und TWD-Systemen, die Heizungsauslegung und -regelung (siehe auch Abschnitt 7.1 bis 7.5).

### 11.3.3  Abrechnung erhöhten Planungsaufwandes

Die Auslegung einer TWD-Fassade und die bereits angesprochene Integration in ein energetisches Gesamtkonzept ist häufig mit deutlichem Planungsmehraufwand verbunden. In der Vergangenheit rührten die Vorbehalte vieler Architekten und Fachplaner gegenüber TWD-Systemen auch daher, daß die planerischen Mehrarbeiten sich finanziell nicht entsprechend auszahlten. Im Gegenteil: Ein kleineres und einfacheres Heizungssystem brachte beispielsweise den Haustechniker um einen Teil seines Honorars, das sich ja auf die von ihm »verplanten« Investitionskosten bezieht. In der überarbeiteten Honorarordnung für Architekten und Ingenieure (HOAI), die seit Anfang 1996 gilt, ist auf dieses Problem reagiert worden: Es wurden besondere Leistungen zur Energieeinsparung und der Nutzung erneuerbarer Energien definiert. Dadurch werden Honoraransätze für Planungsleistungen geschaffen, bei denen das ansonsten übliche Leistungsbild hinsichtlich energetischer Fragestellungen und Konzeptionen überschritten wird. Unter anderem betrifft dies:

- Anwendung passiv-solarer Baumaßnahmen in der Planung
- Verwendung von neuartigen Materialien und Bauteilen bei der Konstruktion der Außenbauteile, wenn der Energieverbrauch dadurch unter die Anforderungen der Wärmeschutzverordnung gesenkt wird.

Die besonderen Leistungen zur energetischen Optimierung beziehen sich auf die Planungsphasen 2 und 3 der HOAI (Vorplanung und Entwurfsplanung). Auch in der Haustechnik kann analoger Planungsmehraufwand definiert werden, der bis zum Einsatz eines Fachplaners für Energieeinsparung und Nutzung regenerativer Energien reicht. In den Begründungen zur HOAI-Neufassung werden explizit folgende Leistungen erwähnt:

- Überprüfen der Möglichkeiten zur passiven Energieeinsparung, z. B. durch transparente Wärmedämmung oder von Einrichtungen zur Verbesserung der Tageslichtnutzung – einschließlich der Ermittlung des geminderten Bedarfs an Leistung und Jahresarbeit,
- Überprüfung der Wirtschaftlichkeit und der Durchführbarkeit der Maßnahmen sowie Empfehlungen zur weiteren Planung und Ausführung,
- Überprüfung des dynamischen Energieverhaltens von Gebäuden durch Simulationsrechnungen,
- Überprüfung der Funktionsfähigkeit von Solarsystemen bzw. Energiekonzepten durch zusätzliche, meßtechnische Untersuchungen.

### 11.3.4 Projektsteuerung

Fast jede größere Baumaßnahme wird heute von einem Team professioneller Kostenplaner und Projektsteuerer begleitet. Dadurch werden einmal gesetzte Kosten und Termine in der Regel auch eingehalten. Ausschreibungen definieren genau und unmißverständlich die verlangten Qualitäten. Nachverhandlungen und technische Klärungsgespräche tragen mit dazu bei, technische Lösungen und Kosten zu definieren sowie das Risiko und das finanzielle Volumen von Nachtragsangeboten in Grenzen zu halten.

Demgegenüber sind bei vielen Projekten, wo es um Solarenergie oder generell um Energieeinsparung geht, Idealisten am Werk, die mit Blick auf die Sinnhaftigkeit ihres Tuns den Zwängen unseres wirtschaftlichen Systems nur geringen Wert beimessen.

Dies ist letztlich sicher mit ein Hauptgrund für qualitativ mangelhafte Ausführungen, Kostensteigerungen und Terminverzögerungen bei diesen innovativen Baumaßnahmen. Zu fordern ist für die Zukunft, Energiespar- und Solarmaßnahmen gleichrangig neben anderen Bereichen im Projektmanagement mitzubetreuen. Dies erfordert unter anderem:

- Umsetzung der konzeptionellen Vorstellungen in präzise Planungsinhalte,
- frühzeitige Erfassung der energetischen Komponenten mit den Instrumenten der Kostenplanung, Definition von Budgetobergrenzen und Selektion der umzusetzenden Maßnahmenpakete,
- optimale Auslegung und Dimensionierung aller Komponenten und Systeme,
- technisch genaue, möglichst standardisierte Ausschreibungstexte,
- fachlich versierte Prüfung der Firmenangebote, technische Klärungen, Prüfung von Alternativangeboten,

Nachverhandlungen,
- Klärung von Schnittstellen, Terminfragen, Gewährleistungen,
- Ablaufsteuerung der Planung und Bauausführung,
- Fachbauleitung, Teil- und Endabnahmen.

## 11.4 Ausführung von TWD-Fassaden

### 11.4.1 Vorfertigung

Bei den ausführenden Firmen geht die Tendenz immer mehr zur Vorfertigung von TWD-Fassaden. Der werksseitige Zusammenbau von Paneelen oder Modulen verhindert eine Verschmutzung der transparenten Wärmedämmung auf der Baustelle und erleichtert die Handhabung der fragilen Kunststoff- oder Glasstrukturen. Der Zusammenbau größerer Fassadeneinheiten in der Werkstatt ermöglicht einen präziseren Zusammenbau und die Verkürzung der Montagezeiten vor Ort. Für den Fertighausbau gibt es Ansätze, statt der bisher üblichen, raumgroßen Wandtafeln komplett vorgefertigte TWD-Wandelemente einzusetzen, bei denen sowohl die massive Speicherwand, als auch die TWD-Fassade und ihre Verschattung in eine gemeinsame Tragkonstruktion integriert sind.

### 11.4.2 Anforderungen an Gerüste

In der Bauausführung erfordern TWD-Fassaden einige Besonderheiten. Häufig sind beispielsweise breitere Gerüste als üblich notwendig, um mit den großformatigen Paneelen zu hantieren. Weiterhin ist ein größerer Abstand des Gerüstes vom Baukörper erforderlich, um die TWD-Paneele oder -Module zwischen Gerüst und Wand einbauen zu können.

### 11.4.3 Anschluß- und Abdichtungsarbeiten

Da TWD-Systeme meist nicht vollflächig eingesetzt werden, gibt es immer Anschlüsse zu benachbarten opaken Bauteilen bzw. Dämmsystemen. Bei TWD-Systemen mit Luftspalt zwischen transparenter Dämmung und Absorberoberfläche müssen die seitlichen und oberen Anschlüsse eine gute Luftdichtigkeit besitzen, damit die am Absorber erzeugte Wärme nicht entweichen kann. Deshalb sollte man bei Pfosten-Riegelfassaden und Modulfassaden am besten eine Abdichtung jedes Gefaches vorsehen, welche die Konvektion unterbindet. Durch die Abdichtung wird auch verhindert, daß sich bei höheren Solarwandsystemen die Warmluft oben sammelt und die Speicherwand ungleichmäßig erwärmt wird. Am Sockelpunkt erhielten bisherige TWD-Fassaden häufig gezielte Undichtheiten, d. h. der Luftspalt zwischen TWD und

Absorber wurde durch mehrere kleine Öffnungen mit der Außenluft verbunden, um einen Dampfdruckausgleich herzustellen und bei eventuellen Fassadenundichtigkeiten eindringendes Niederschlagswasser nach außen ableiten zu können. Eine geregelte Wasserführung in allen Schichten der Fassade unterstützt diese Sicherheitsmaßnahme.

### 11.4.4 Wärmebrückenproblematik, Tauwasser

Auch Tauwasser ist in TWD-Fassaden nicht besonders beliebt, da es einerseits die wärmedämmende Wirkung des Systems verschlechtert und andererseits zu optischen Beeinträchtigungen führt, die von Wasserlaufspuren bis zur Enstehung von Algen und Schimmelpilzen reichen können. Die Tauwasserbildung in TWD-Paneelen kann bei Kunststoff-TWD-Materialien auf der Desorption von Wasser beruhen. Sie kann auch dem Einsaugen feuchtwarmer Außenluft bei belüfteten Paneelen zuzuschreiben sein (siehe Abschnitt 7.4.6). Strategien gegen Kondensaterscheinungen in den Paneelen sind

- der Einsatz von nicht wasserbindendem TWD-Material,
- der Einsatz von luftdicht geschlossenen Paneelen (in der Regel nur bis zu 3–5 cm Scheibenabstand möglich)
- der Einsatz von Trocknungsmitteln, wie bei Verglasungen üblich (z. B. in Randverbund integriert).

Tauwasser in der Fassadenkonstruktion entsteht bei Verwendung gut wärmeleitender Profile, z. B. bei Aluminiumrahmen mit mangelhafter thermischer Trennung, und dann besonders an komplizierten Durchdringungspunkten, Ecken und Abschlüssen. In der Planung sollten derartige Problempunkte deshalb sorgfältig detailliert werden. Dennoch ist es ratsam, eine konstruktive Ableitung anfallenden Tauwassers vorzusehen. Holzfassaden sind in dieser Hinsicht weniger problematisch, da Holz mit seiner besseren Wärmedämmung kaum zur Schwitzwasserbildung neigt.

### Literatur

[11-1]   Schuler, M.: Dynamische Simulation des thermischen Verhaltens von Gebäuden. In: Thermische Nutzung der Solarenergie in Gebäuden (Hrsg. A. Marko, P. Braun). Heidelberg: Springer-Verlag, 1996
[11-2]   Dengler, J.J.; Wittwer, V.: Granular Aerogel Glazings, Final Report CEC-Contract JOUE-CT90-0057, 1993
[11-3] Philipp Holzmann AG (Hrsg.): Gebäude von morgen. Forschungsbericht. Neu-Isenburg: Philipp Holzmann AG, Mai 1996

# 12. Perspektiven

## 12.1 Physikalisch-technisches Entwicklungspotential

Die Materialentwicklung bei transparenten Wärmedämmaterialien konzentriert sich heute schwerpunktmäßig auf Kostenreduzierungen durch Vereinfachung der Herstellungstechnologie und die Verbesserung der Produktqualität.

Vor allem bei granularem Aerogel sind durch Produktionsvereinfachungen noch Kosteneinsparungen möglich. Für monolithisches Aerogel ist das Kosteneinsparpotential dagegen schwierig einzuschätzen. Grundsätzlich kann man auch davon ausgehen, daß TWD-Materialien mit steigenden Fertigungsmengen preiswerter produziert werden können. Die untere Grenze für jedes Material wird durch die Rohstoffpreise bestimmt. Hier verursachen Kunststoffmaterialien mit etwa 30–40 kg/m3 minimale Kosten von etwa 200 DM/m3. Damit lassen sich – Kapitalbindung, Arbeitskraft und Wertschöpfung miteinbezogen – noch deutliche Kostenreduktionspotentiale durch Produktionssteigerungen konstatieren.

Hinsichtlich Qualitätsverbesserung ist zum einen die ästhetische Qualität von TWD-Materialien wichtig. Die Bewertung des Erscheinungsbildes wird dabei vom Anwendungsfall abhängig sein. Die Bandbreite zwischen regelmäßigen »kristallinen« Strukturen (Helioran, Tubus Bauer) und unregelmäßigen, »amorphen« Oberflächen (Kapilux, Moniflex) deckt viele unterschiedliche Bedürfnisse ab.

Die andere Seite der Qualität betrifft die energetischen Kennwerte, die durch prozeßtechnische Optimierung der Materialherstellung noch verbessert werden können. Der Wärmedurchgangswiderstand kann noch um etwa 10 % erhöht werden. Ebenso können durch die Reduktion der optischen Verluste auch in guten Materialien 10–15 % höhere Transmissionswerte erreicht werden (Abbildung 12-1).

Die energetisch effizientesten, marktverfügbaren TWD-Materialien erreichen heute mit eisenarmen Abdeckscheiben g-diffus-Werte von 65 % bei k-Werten von 0,8 W/m²K. Weitere Verbesserungen des k-Wertes sind durch selektiv beschichtete Scheiben erreichbar, wie sie für Wärmeschutzverglasungen eingesetzt werden. Solaroptimierte, neue Beschichtungen könnten dazu verwendet werden, ohne den g-Wert entscheidend abzusenken. Neuere Entwicklungen von breitbandig entspiegelten Gläsern können die Reflexionsverluste deutlich vermindern (Abbildung 12-2). K-Wert-verbessernde Gasfüllungen erfordern geschlossene Paneele und damit relativ geringe Scheibenabstände und Limitierungen der TWD-Materialdicke, was für die konstruktive Einbindung und die Kosten positiv wäre.

Verbesserungen gegenüber obigen Werten sind auch durch neue Materialien wie z. B. monolithisches Aerogel erreichbar.

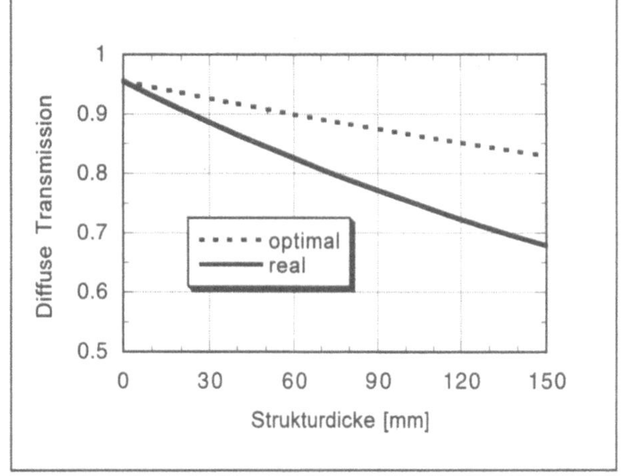

*Abbildung 12-**1**: Realer und prinzipiell möglicher dickenabhängiger Verlauf des solaren Transmissionsgrades bei Kunststoffwabenstrukturen.*

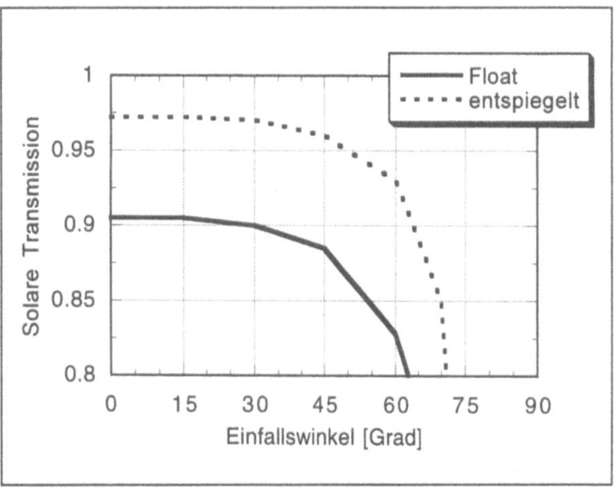

*Abbildung 12-**2**: Solare Reflexionsverluste einer entspiegelten Doppelverglasung gegenüber einer konventionellen Doppelverglasung*

Im Bereich der Komplettsysteme ist die Entwicklung teilweise abhängig von neuen Produkten im Bereich der Fassadenkonstruktion. Die kostengünstige und architektonisch akzeptierte Lösung zur sommerlichen Verschattung bzw. Entwärmung bleibt jedoch das vorherrschende Thema.

Deutliche Entwicklungspotentiale bestehen besonders bei Systemen, die auf molekularer Basis arbeiten (siehe auch Abschnitt 6.4). Besonders erfolgversprechend scheinen zur Zeit thermotrope Schichten, entweder als wasserhaltige Hydrogele zwischen zwei Glasscheiben oder als wasserfreie Polymerblends. Diese könnten beispielsweise als Folien in den Putz von transparenten Wärmedämmverbundsystemen eingebracht werden. Die Variation von Schalttemperatur, Schalthub, Einfluß der Strahlungsintensität bis hin zur aktiven Schaltung könnte dabei zu verschiedenen, auf den jeweiligen Anwendungsfall zugeschnittenen Produkten führen.

Winkelselektiv reflektierende Systeme, wie beispielsweise Hologrammfolien, können nur vom Sonnenstand abhängig Verschattungswirkungen erbringen. Dieses Prinzip ist weniger optimal als die temperaturgesteuerte Regelung, da jahreszeitliche Sonnenstandshöhen und Außentemperaturen um ein bis zwei Monate zeitversetzt sind.

Andere Regelsysteme auf molekularer Basis (elektrochrome Verglasungen, elektrochrome Absorber), von denen man sich eine Zeitlang viel versprach, scheinen nach heutigem Wissensstand nicht in Kostenregionen zu kommen, wo ein Einsatz realistisch wird. Noch unbekannt ist das Potential der katalytisch schaltenden, gasochromen Schichten, deren Einbindung in das Gesamtsystem erst noch geklärt werden muß.

Statt optischer Verschattung bietet die hinterlüftete oder konvektiv entwärmte TWD, wie sie unter anderem von Capatect angestrebt wird, große Vorteile, wenn die damit verknüpften strömungstechnischen und materialtechnischen Fragen gelöst werden können. Neben der sommerlichen Wärmeabfuhr könnte dann auch Zuluftvorwärmung oder Hybridnutzung interessant werden. Die Vermeidung von Wärmebrücken und Undichtigkeiten ist ein Schwerpunkt bei diesen Systementwicklungen.

Auch bei den passiven TWD-Systemen bleibt die Wärmebrückenproblematik ein Thema. Die nächste Novellierung der Wärmeschutzverordnung wird aller Wahrscheinlichkeit nach verstärkt auf die Problematik Wärmebrücken eingehen. Dadurch steigt der Entwicklungsdruck bei Systemen mit schlechter thermischer Trennung sicherlich an. Analog zum Bauteil Fenster ist es auch bei TWD-Modulsystemen und Pfosten-Riegelfassaden technisch möglich, die thermischen Verluste im Profilbereich erheblich zu senken.

Verschiedene Büros, Institute und Firmen versuchen, mit neuartigen funktionalen Konzepten Effizienz- und Wirtschaftlichkeitsverbesserungen zu erreichen. Das Technologiezentrum Coburg mit seinem kombinierten TWD- und Lüftungssystem wurde bereits in Abschnitt 3.6 vorgestellt. Ein anderer Planungsansatz ist die Integration von wasserführenden Absorbern (ähnlich Fußbodenheizungsmatten) in die massive Speicherwand von TWD-Solarwandsystemen [12-1]. Prinzipielle Vorteile dieses Konzeptes: Wärmegewinne können auch in nordorientierte Räume transportiert werden, die TWD-Fassade kann einen Beitrag zur sommerlichen Warmwassererwärmung liefern. Ist der Verbrauch groß genug, wird keine Verschattung benötigt, da die Speicherwand durch den Rücklauf des Wärmeträgermediums im Sommer gekühlt werden kann.

Gegenüber passiven Systemen sind Hybridsysteme zwar effizienter, aber auch störanfälliger und wartungsaufwendiger. Ferner benötigen sie ein nicht zu vernachlässigendes Maß an elektrischer Energie zum Betrieb von Umwälzpumpen, Ventilatoren etc. Über das Betriebsverhalten und die Effizienz solcher Systeme ist noch wenig bekannt. Erste Projekte werden gerade umgesetzt [12-2]. Die Betriebserfahrungen werden hilfreich sein, um Chancen und Probleme dieser aufwendigeren Systemkonfigurationen einzuschätzen.

In der Schweiz laufen Versuche, ein TWD-Direktgewinnsystem mit einer Glasbausteinwand zu kombinieren, die mit lichtdurchlässigem Latentspeichermaterial gefüllt ist [12-3]. Man erhofft sich dadurch eine Kombination von Tageslichtnutzung und zeitlich unverzögerten Wärme-Direktgewinnen mit solarwandtypischen, zeitlich verzögerten »indirekten« Wärmegewinnen.

Wichtig für den Anwender und den Planer sind bei allen Neuentwicklungen natürlich die Fragen der Ge-

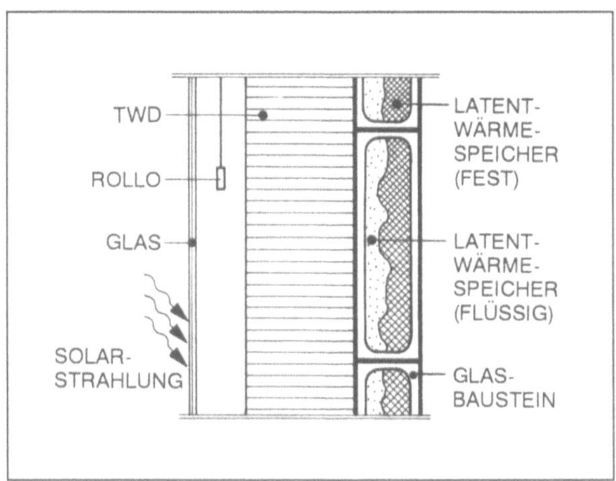


*Abbildung 12-3: Systemschnitt durch ein TWD-Direktgewinnsystem mit transluzenter Latentspeicherwand*

brauchstauglichkeit, der Beständigkeit und der Lebensdauer der Produkte. Eine Abschätzung durch beschleunigte Alterungstests kann insbesondere bei neuartigen Produkten problematisch sein. Die Belastungsfaktoren in Solarfassaden sind nicht ausreichend bekannt. Trotzdem können durch Analogieschlüsse mit vergleichbaren Produkten oft grobe Anhaltswerte ermittelt werden.

Einen wichtigen Beitrag zur verbesserten Nutzung von Solargewinnen und zur Vereinfachung der Bedienung wird der verstärkte Einsatz von Elektronik in der Steuerungstechnik bringen. Zunehmend kostengünstigere Speicherchips mit hoher Kapazität und die Verwendung von BUS-Systemen ermöglichen »intelligente« Steuerprogramme, die eine Vielzahl von Einflüssen auswerten können und unter Abwägung aller relevanten Größen und Meßwerte optimale Entscheidungen treffen. Wetterprognosen können dabei in die Steuerung integriert werden. Solche Systeme mit Vorhersagecharakter werden insbesondere dann wichtig, wenn solare Gewinne über große Flächen die Energiebilanz eines Gebäudes entscheidend beeinflussen können. Adaptive und lernfähige Software, wie sie heute schon bei guten Heizungsregelungen eingesetzt wird, kann Schaltpunkte, Regelkurven etc. selbsttätig verändern und optimieren, so daß ein Maximum an Komfort bei einem Minimum an Energieaufwand erreicht wird.

Bei TWD-Direktgewinnsystemen, die zur Blendungsvermeidung oder Überwärmungsvermeidung verschattet werden müssen, wird im Sommer die Überwärmung zur wichtigeren Führungsgröße, während im Winter alle Wärmegewinne erwünscht sind, aber trotzdem keine Blendungseffekte auftreten sollen. Die Regelung der Sonnenschutzanlagen für Fenster und TWD-Systeme läßt sich über moderne Gebäudemanagementsysteme kombinieren mit der Regelung von Heizungskomponenten sowie Be- und Entlüftungsanlagen. Dabei werden über Temperatur- und Helligkeitssensoren, Präsenzdetektoren, Fensterkontakte, $CO_2$-Sensoren und Zeitprogramme alle wichtigen Einflußgrößen erfaßt.

Grundsätzlich wird die Fassade der Zukunft immer stärker multifunktionale Züge tragen. Je nach Außenklima und Nutzerwunsch können solche optimierten Fassaden Licht, Sonne, Wärme, Feuchte und Frischluft zur Verfügung stellen. Zusätzlich können beispielsweise Photovoltaiksysteme oder Informationstechnologie integriert werden. Die Klärung der Wechselwirkungen zwischen den verschiedenen Funktionen und die optimale Abstimmung in der Planung und im Betrieb sind wichtige Aufgaben zukünftiger Forschung und Entwicklung.

## 12.2 Marktpotentiale

### 12.2.1 Marktpotential Solarwandsysteme

Eine TWD-Anwendung als Solarwand, d. h. ein TWD-System mit dahinterliegender Speicherwand, konkurriert mit anderen, opaken Fassadenausbildungen und muß sich deshalb innerhalb des Gesamtmarktes von Fassadenflächen bzw. Fassadendämmsystemen behaupten. Nach Zahlen des Fachverbandes Vorgehängte Hinterlüftete Fassade (FVHF) teilte sich dieser Gesamtmarkt 1993 folgendermaßen auf:

**Tabelle 12-1: Gesamtmarkt Fassadendämmung in Deutschland, 1993**

| | |
|---|---|
| Monolithische Wände (Leichtmauerwerk) | 29 Mio. m² |
| Vorgehängte, hinterlüftete Fassade (VHF) | 23 Mio. m² |
| Wärmedämmverbundsysteme (WDVS) | 28,5 Mio. m² |
| Sandwich-Systeme | 4,2 Mio. m² |
| Zweischaliges Mauerwerk | 5,3 Mio. m² |
| GESAMT | 90 Mio. m² |
| davon Altbau | 36 Mio. m² |
| davon Neubau | 54 Mio. m² |

Aufgrund ihres Konstruktionsaufbaus als geklebte oder vorgehängte Außendämmsysteme treten TWD-Fassaden hauptsächlich in Konkurrenz zu Wärmedämmverbundsystemen und vorgehängten, hinterlüfteten Fassaden. Diese Fassadentypen besitzen einen gemeinsamen Marktanteil von 50 Mio. m²/a. Nehmen wir aufgrund von Gebäudenutzung, Orientierung und Verschattung einen Anteil von 5 bis 10 Prozent als TWD-geeignet an, dann ergibt sich ein maximal ausschöpfbares, jährliches Gesamtpotential von 2,5 bis 5,0 Mio. m². Gehen wir weiter davon aus, daß nur 5–10 % der Investoren bereit sind, die Mehrkosten einer TWD-Fassade gegenüber üblichen Lösungen zu akzeptieren, so reduziert sich das Potential auf 125.000 bis 500.000 m² pro Jahr.

Vorteilhaft könnte sich dabei für TWD-Lösungen auswirken, daß sie bei gleicher Energieeinsparung teilweise schlankere Konstruktionen bieten als konventionelle, opake Außenwandkonstruktionen.

### 12.2.2 Marktpotential, Direktgewinnsysteme

TWD-Direktgewinnsysteme zur Heizenergie- und Beleuchtungskosteneinsparung können bei Nichtwohnungsbauten mit großen Räumen und Tageslichtbedarf mit konventionellen Fassaden oder Verglasungssystemen konkurrieren. Für eine Abschätzung des maximalen, jährlichen Marktpotentials gehen wir von folgenden Überlegungen aus: Hochwertige Nichtwohnbauten, bei denen bevorzugt auch kostenintensive TWD-Systeme eingesetzt werden, sind durch hochwertige Fassadensysteme charakterisiert. Bei diesen Gebäuden lassen sich sowohl die monetäre Wirtschaftlichkeit als auch der ästhetische Nutzen und Imagenutzen eines TWD-Direktgewinnsystems verwerten. Weiterhin ist eine Markterweiterung auf weniger repräsentative Nichtwohngebäude möglich, da TWD-Direktgewinnsysteme auch gegenüber konventionellen Verglasungssystemen mit Wärmeschutzverglasung wirtschaftlich sind, wenn die Randbedingungen stimmen. Die Obergrenze des jährlichen Marktvolumens schätzen wir über eine Fassadenfläche von ca. 20 Mio. m² ab, die etwa der jährlich realisierten VHF-Fläche entspricht (Annahme: Anwendung sonstiger Dämmsysteme im Nichtwohnungsbau und VHF-Anwendung im Wohnungsbau heben sich etwa auf).

Bei einem Anteil

- an lichtdurchlässiger Fläche im Vergleich zur opaken Wandfläche von 20–40 %,
- von Hüllflächen mit geeigneter Nutzung, Orientierung und Raumzuschnitten von 20–30 %,
- von 20–50 % Lichtflächen, wo keine klare Durchsicht notwendig ist,
- von 10–15 % der Investoren, die sich für eine neuartige Lösung wie TWD entscheiden,

ergeben sich folgende Unter- und Obergrenzen des maximal ausschöpfbaren, jährlichen Marktpotentials:

Untergrenze:

$$20.000.000 \text{ m}^2/\text{a} \times 0{,}2 \times 0{,}2 \times 0{,}2 \times 0{,}1 = 16.000 \text{ m}^2/\text{a}$$

Obergrenze:

$$20.000.000 \text{ m}^2/\text{a} \times 0{,}4 \times 0{,}3 \times 0{,}5 \times 0{,}15 = 180.000 \text{ m}^2/\text{a}$$

### 12.2.3  Marktentwicklung

In der Summe der Solarwand- und Direktgewinnsysteme ergeben sich aus heutiger Sicht ausschöpfbare Marktpotentiale von 140.000 bis 680.000 m² pro Jahr, wobei betont werden muß, daß es sich hier nur um eine wenig abgesicherte Schätzung von Größenordnungen handelt. Demgegenüber stehen zur Zeit realisierte Flächen von 4.000 bis 5.000 m² pro Jahr, also 0,5 bis 4 Prozent des ausschöpfbaren Potentials. Inwieweit das Gesamtpotential aktiviert werden kann, wird von mehreren Randbedingungen abhängen:

- Kostendegressionen bei TWD-Systemen
- Bauordnungsrechtliche Einstufungen, Zulassungen, Brandschutz
- Entwicklung der öffentlichen Förderung für umweltfreundliche Solarheizsysteme
- Entwicklung des Imagewertes von TWD-Fassaden
- Energiepreisentwicklung

Ein zukünftiger TWD-Markt wird sich vermutlich zweiteilen: Aufwendige, gestalterisch anspruchsvolle Fassadensysteme wie Pfosten-Riegel- und Modulfassaden werden bei Gebäuden wie Banken, Versicherungen und sonstigen repräsentativen Bürogebäuden eingesetzt, also überall dort, wo auch ansonsten hochwertige Konstruktionen zum Einsatz gekommen wären. Standardisierte Systeme und einfache Systeme mit weniger »Anspruch auf Wirkung« etablieren sich im Wohnungsbau. Transparente Wärmedämmverbundsysteme und Einfachsysteme wie die konvektiv hinterlüfteten Capatect-Module oder das Einhängesystem solfas der Ernst Schweizer AG finden hier ihren Markt.

### 12.3  Konkurrenzprodukte und -konzepte

TWD – Verglasungen

Häufig wird gefragt, ob die neuen Wärmeschutzverglasungen mit k-Werten bis zu 0,4 W/m²K einer TWD-Fassade nicht bereits überlegen sind. Dabei wird einerseits die Bedeutung der Randverluste von Verglasungen, andererseits die Bedeutung des g-Wertes für die Bilanz der Wärmegewinne/Wärmeverluste unterschätzt. Wenn es um den Wärmegewinn geht, sind TWD-Fassaden auch den besten Verglasungen überlegen (siehe auch Abschnitt 4.3.5). Weiterhin kann der lichtstreuende Effekt der transluzenten TWD für die Verbesserung der Raumausleuchtung genutzt werden. Hocheffiziente Verglasungen können ihre Vorteile natürlich im Fensterbereich ausspielen, wo klare Durchsichtigkeit erforderlich ist, oder in stark verschatteten oder nordorientierten Hüllflächen, wo es mehr auf den Wärmeschutz als den Transmissionsgrad ankommt. Insofern sind hocheffiziente Verglasungen zur eigentlichen TWD-Fassade keine Konkurrenz, sondern eine Ergänzung in Bereichen, wo sich TWD sowieso nicht besonders eignet. »Dünne« TWD-Paneele wie Kapilux H können in übliche Profilsysteme eingebaut werden, so daß keine Mehrkosten für aufwendigere Profilkonstruktionen entstehen. Die Mehrkosten des TWD-Paneels gegenüber der Verglasung relativieren sich bei Fenster-Gesamtpreisen von 800–1200 DM/m².

Konkurrenz zu anderen Konzepten
(Solare Nahwärmesysteme, Passivhäuser)

Es gibt mit Sicherheit unterschiedliche Möglichkeiten, Gebäude mit niedrigem oder minimalem Heizenergieverbrauch zu errichten. Besonders in den letzten Jahren haben sich zwei interessante Ansätze herauskristallisiert, die hier kurz angesprochen werden sollen:

Das Konzept solarer Nahwärmesysteme sieht vor, die Sonnenwärme über große und dementsprechend kostengünstige Kollektorflächen einzusammeln und sie zur Wärmeversorgung mit heranzuziehen. Besonders interessant wird dieses Prinzip, wenn man es mit einem saisonalen Wärmespeicher, z. B. einem großen Wassertank verknüpft, weil so die hohe sommerliche Einstrahlung für winterliche Heizzwecke genutzt werden kann. Die Befürworter solarer Nahwärmesysteme schätzen recht günstige Wirtschaftlichkeitswerte ab und errechnen sogar, daß sich ab einem bestimmten Wärmeschutzstandard die Investition in ein solares Nahwärmesystem eher rechnet als weitere Verbesserungen der Wärmedämmung [12-4].

Eine starke Einschränkung dieser Konzeption betrifft dennoch die Umsetzungsmöglichkeiten. Sinn macht ein solares Nahwärmesystem eigentlich nur dort, wo eine Nahwärmeversorgung in Frage kommt oder bereits vorhanden ist. Außerdem sollte die Realisierung eines preisgünstigen, saisonalen Großspeichers im entsprechenden Baugebiet möglich sein. Die bisherigen Projekte umfaßten stets den Neubau ganzer Wohnsiedlungen, wobei solare Öffnungsflächen, Wärmespeicher, Wärmeerzeugung etc. optimal angeordnet werden konnten. TWD dagegen kann sehr dezentral umgesetzt werden. Es muß nicht gleich eine ganze Siedlung errichtet werden. Jeder Bauherr oder Hausbesitzer kann für sich entscheiden, ob er das System einsetzen will oder nicht.

Sogenannte »Passivhäuser« erreichen ihre günstigen Verbrauchswerte durch einen extremen Wärmeschutz mit Dämmpaketen bis zu 40 cm Dicke. Die Lüftungswärmeverluste werden durch Wärmerückgewinnungsanlagen, ggf. in Kombination mit Kleinstwärmepumpen minimiert. Bei der Planung muß auf Leitungsführung und Querschnitte der Lüftungskanäle geachtet werden. Die absolute Dichtheit der Gebäudehülle und eine maximale Wärmebrückenfreiheit sind entscheidend für dieses Konzept. In solchen Gebäuden mit Heizwärmeverbräuchen von 15–20 kWh/m² Wohnfläche und Jahr macht der Einsatz von TWD-Systemen sicherlich nicht mehr viel Sinn.

Allerdings sind diese niedrigen Energieverbräuche nur zu verwirklichen, wenn die Nutzer sich sehr diszipliniert verhalten: Kein Fensteröffnen im Winter, keine überhöhten oder – anders gesehen – wohlig warmen Innentemperaturen. Das Haus wird von der Umwelt abgekoppelt, der Einfluß des Außenklimas wird soweit wie möglich reduziert. Bei Gebäuden mit TWD oder – ganz allgemein – passiven Solarsystemen, können höhere Solargewinne dagegen auch für einen höheren Raumkomfort genutzt werden. Die Nutzerumfrage in Abschnitt 8.3 bestätigte die Behaglichkeitsverbesserung in den Räumen mit TWD-Fassade. Insgesamt ermöglichen (und erfordern) TWD-gedämmte Gebäude ein Leben mit der Natur, statt sich von ihr zu isolieren. Auf Lüftungswärmerückgewin-

nung und extreme Dichtheit kann in einem TWD-Gebäude verzichtet werden. Vor- und Nachteile des Passivhaus-Konzeptes gegenüber dem Passiv-Solar-Konzept sind sicherlich von Fall zu Fall zu diskutieren. Dabei können (und dürfen) persönliche Vorlieben eine wesentliche Rolle spielen. Ein extrem niedriger Heizenergieverbrauch ist mit beiden Konzepten zu erreichen, wenn auch mit unterschiedlichen Maßnahmen. Allerdings sollten die Unterschiede nicht überbetont werden, da viele Komponenten wie z. B. hochwertiger Wärmeschutz, Vermeidung von Wärmebrücken etc. in beiden Konzepten ihren Platz finden.

## 12.4 Schlußbetrachtung

Grundsätzlich ist in der Architektur ein Trend zu einer neuen »Natürlichkeit« spürbar. Mechanische Lüftungssysteme werden kritisch hinterfragt, natürliche Baustoffe, Fassaden- und Dachbegrünungen favorisiert.

Gerade im ökologischen Bauen wird die transparente Wärmedämmung deshalb Zukunftschancen haben. Verzichtet ein Bauherr auf energiesparende, aufwendige Haustechnik wie die mechanische Be- und Entlüftung mit Lüftungswärmerückgewinnung oder großdimensionierte Kollektorsysteme mit Pufferspeichern, dann kann der Heizenergieverbrauch nur durch passive Solarmaßnahmen wie TWD-Fassaden minimiert werden. Fassadenbegrünungen können dabei als natürlich funktionierende, saisonale Verschattung eingesetzt werden und bringen den ökologischen Charakter eines Gebäudes zur Geltung.

Für die Zukunft wird es darauf ankommen, daß die unterschiedlichen Lager der Energiespar-Planer und Experten nicht weiter ihr Kerngebiet als die einzige Wahrheit sehen und propagieren. Man muß lernen, in Gesamtkonzepten zu denken. Es muß eine Synthese zwischen Dämm- und Solararchitektur entstehen. In den meisten Fällen wird das Ziel eines niedrigen Heizenergieverbrauchs auf unterschiedlichen Wegen zu erreichen sein. Dies hat mehrere Vorteile:

– Ein niedriger Heizenergieverbrauch kann angestrebt werden, ohne Kompromisse auf anderen Gebieten, z. B. der Tageslichtnutzung, einzugehen.

– Der Planer erhält mehr Freiheiten, auf die persönlichen Wünsche seines Bauherrn einzugehen und seine eigenen, architektonischen Vorstellungen zu verwirklichen.

Die Risiken sind allerdings bekannt: Trampelpfade zum Glück existieren nicht, und Planungsfehler wirken sich unter Umständen viel direkter auf den Komfort und die Zufriedenheit der Benutzer aus, als wenn eine konventionelle »Energieschleuder« gebaut worden wäre.

**Literatur**

[12-1] Janßen, S.; Claußen, Th.; Jahn, K.; Klein, H.: Transparent wärmegedämmte Hybridfassade. 6. Symposium thermische Solarenergie, 8. – 10. Mai 1996. S. 368–372. Regensburg: Ostbayerisches Technologie Transfer Institut (OTTI) 1996

[12-2] Hoffmann, R.: Das »Rosenheimer Haus«. Domo, Heft 10, 1996

[12-3] S.W.: Lichtdurchlässige und wärmespeichernde Außenwand. Glasforum, Heft 2, 1996

[12-4] Nolte, M.: Solare Nahwärmekonzepte BINE Projekt Info-Service Nr. 13, November 1994. Bonn: BINE Informationsdienst, 1994

# Anhang 1: Checklisten zur Beurteilung der TWD-Eignung von Neu- und Altbauten

**1. Checkliste zur TWD-Eignung von Neubau- oder Sanierungsvorhaben nach Standortkriterien**

| Pro TWD-Anwendung | Contra TWD-Anwendung |
| --- | --- |
| Kalte, strahlungsreiche Winter | Milde, neblige Winter |
| Hohe Tag-Nacht-Temperaturdifferenzen im Winter | Geringe Tag-Nacht-Temperaturdifferenzen im Winter |
| Klare Atmosphäre | Verschmutzte Atmosphäre |
| Geringe Fremdverschattung des Standortes in der Heizperiode (durch Bäume, Nachbargebäude o. a.) | Starke Fremdverschattung des Standortes in der Heizperiode (durch Bäume, Nachbargebäude o. a.) |
| Südhanglage | Nordhanglage |
| Windschutz durch Bäume oder Gebäude im nördlichen Bereich des Gebäudes | Freistehende, exponierte Lage mit großen Windangriffsflächen |

**2. Checkliste zur TWD-Eignung von Sanierungsvorhaben**

| Pro TWD-Anwendung | Contra TWD-Anwendung |
| --- | --- |
| Räume mit hohem Temperaturniveau sind nach Süden orientiert, Nebenräume sind nach Norden orientiert | Räume mit hohem Temperaturniveau sind nach Norden orientiert, Nebenräume sind nach Süden orientiert, Nutzungszuordnung ist nur schwer zu ändern |
| Maximal 30 Grad Abweichung der geplanten TWD-Fassade von der reinen Südorientierung | Mehr als 45 Grad Abweichung der geplanten TWD-Fassade von der reinen Südorientierung |
| Große Gebäudeoberfläche nach Süden, kleine Gebäudeoberfläche nach Norden | Große Gebäudeoberfläche nach Norden, kleine Gebäudeoberfläche nach Süden |
| Offener Grundriß und Aufriß: Solargewinne können auch in nordorientierten Räumen genutzt werden | Geschlossener Grundriß und Aufriß: Solargewinne können nur mit hohem Aufwand in Räume ohne Sonneneinstrahlung transportiert werden. |
| Schlechter Wärmeschutzstandard des vorhandenen Gebäudes, gute Ausnutzbarkeit von Solargewinnen | Guter Wärmeschutzstandard des vorhandenen Gebäudes, schlechte Ausnutzbarkeit von Solargewinnen |
| Gebäudegeometrie und -konstruktion erlaubt einfache Verbesserungsmöglichkeiten | Gebäudegeometrie und -konstruktion erschwert die wärmetechnische Verbesserung |
| Schwere Bauweise – Gebäudekonstruktion hat einen hohen Anteil an speicherfähigem Material | Leichte Bauweise – Gebäudekonstruktion hat einen geringen Anteil an speicherfähigem Material |
| Vorhandene Außenwand in monolithischer Konstruktion mit schlechtem k-Wert | Vorhandene Außenwand als Mehrschichtbauteil mit Wärmedämmung und gutem k-Wert |
| Hoher Wärmebedarf, geringe interne Wärmequellen | Niedriger Wärmebedarf, hohe interne Wärmequellen, Kühllast im Sommer |

**2. Checkliste zur TWD-Eignung von Sanierungsvorhaben**
(Fortsetzung)

| Pro TWD-Anwendung | Contra TWD-Anwendung |
|---|---|
| Nutzung erlaubt relativ starke Temperaturschwankungen | Nutzung erlaubt nur geringe oder überhaupt keine Temperaturschwankungen |
| Schnell reagierendes Heizsystem (z. B. Luftheizung) | Träges Heizsystem (z. B. Fußbodenheizung) |
| Leistungs- und Steuerungsanpassung der Heizung ist einfach möglich | Leistungs- und Steuerungsanpassung der Heizung ist nur mit hohem Aufwand möglich |
| Nutzer mit Interesse an Solarenergienutzung | Nutzer ohne Interesse an Solarenergienutzung |
| Gebäudehülle muß instand gesetzt werden. TWD-Anwendung läßt sich mit der sowieso notwendigen Bauschadensanierung verknüpfen | Gebäudehülle ist in Ordnung. Sämtliche Investitionskosten müssen dem TWD-System zugeordnet werden. |
| Vorhandene Fassade ohne architektonische Qualität mit hohem Verbesserungspotential | Vorhandene Fassade mit hoher architektonischer Qualität und geringem Verbesserungspotential |
| Feststehende, horizontale Verschattungselemente vorhanden (Balkon, Dachüberstand auf der Südseite) | Keine oder ungünstig orientierte Verschattungselemente vorhanden |

**3. Checkliste zur TWD-Eignung von Neubauvorhaben**

| Pro TWD-Anwendung | Contra TWD-Anwendung |
|---|---|
| Grundriß- und Aufrißdisposition im Zwiebelschalenprinzip: Räume mit höchstem Wärmebedarf nach Süden orientiert und von schwächer temperierten Räumen umgeben | Keine thermische Zonung in Grund- und Aufriß |
| Maximal 30 Grad Abweichung der geplanten TWD-Fassade von der reinen Südorientierung | Mehr als 45 Grad Abweichung der geplanten TWD-Fassade von der reinen Südorientierung |
| Große Gebäudeoberfläche nach Süden, kleine Gebäudeoberfläche nach Norden Gebäude »wendet sich der Sonne zu« | Große Gebäudeoberfläche nach Norden, kleine Gebäudeoberfläche nach Süden, Gebäude »wendet sich von der Sonne ab« |
| Offener Grundriß und Aufriß: Solargewinne können auch in nordorientierten Räumen genutzt werden | Geschlossener Grundriß und Aufriß: Solargewinne können nur mit hohem Aufwand in Räume ohne Sonneneinstrahlung transportiert werden. |
| Konventioneller bis guter Wärmeschutzstandard des vorhandenen Gebäudes, gute Ausnutzbarkeit von Solargewinnen | Extrem guter Wärmeschutzstandard des Gebäudes mit zusätzlicher Lüftungswärmerückgewinnung, schlechte Ausnutzbarkeit von Solargewinnen |
| Schwere Bauweise – Gebäudekonstruktion hat einen hohen Anteil an speicherfähigem Material | Leichte Bauweise – Gebäudekonstruktion hat einen geringen Anteil an speicherfähigem Material |

**3. Checkliste zur TWD-Eignung von Neubauvorhaben**
(Fortsetzung)

| Pro TWD-Anwendung | Contra TWD-Anwendung |
|---|---|
| Tragschale der Außenwand im Bereich der TWD-Fassade in speicherfähiger, gut wärmeleitender Bauweise (z. B. Kalksandstein, Beton) | Tragschale der Außenwand im Bereich der TWD-Fassade in wenig speicherfähiger, gut wärmedämmender Bauweise (z. B. Hochlochziegel, Porenbeton) |
| Hoher Wärmebedarf, geringe interne Wärmequellen | Niedriger Wärmebedarf, hohe interne Wärmequellen, Kühllast im Sommer |
| Nutzung erlaubt relativ starke Temperaturschwankungen | Nutzung erlaubt nur geringe oder überhaupt keine Temperaturschwankungen |
| Schnell reagierendes Heizsystem (z. B. Luftheizung) | Träges Heizsystem (z. B. Fußbodenheizung) |
| Gute, architektonische Integrationsmöglichkeit der TWD-Fassade in die Fassadengestaltung | Gestalterische Widersprüche zwischen TWD-Fassade und Gesamtentwurf |
| Feststehende, horizontale Verschattungselemente geplant (Balkon, Dachüberstand auf der Südseite) | Keine oder ungünstig orientierte Verschattungselemente geplant |
| Möglichkeit der Anordnung von Hohldecken, Hypokaustenwänden etc. zum Wärmetransport oder zur Wärmespeicherung | Festlegung auf konventionelle Baukonstruktion |
| Verwertbarkeit des Imagenutzens einer TWD-Fassade durch Eigentümer oder Mieter (bei Firmen wichtig) | Nutzen der TWD-Anwendung beschränkt sich auf Heizkosteneinsparung |
| Nutzer mit Interesse an Solarenergienutzung | Nutzer ohne Interesse an Solarenergienutzung |

## Anhang 2: Adressenliste TWD-Hersteller, Fassadenbauer, Beratung, Planung, Simulation

**Auswahl ohne Anspruch auf Vollständigkeit, Stand: 02/97**

**1. Herstellung und Vertrieb transparenter Wärmedämmaterialien**

| Firma, Ansprechpartner | Adresse | Typ |
|---|---|---|
| Airglass AB<br>Dr. Petermann | Byggaregränd 1<br>S-27500 Sjöbo<br>Tel.: +46-46-256083<br>Fax: +46-46-256920 | Aerogelplatten |
| AREL Energy Ltd.<br>Mr. Klier | Savyon 56530<br>P.O. B. 22 00/Israel<br>Tel.: +972-3-340605<br>Fax: +972-3-5351782 | Wabenmaterial |
| Infra-Consult<br>Dr. Mühletaler<br>Dr. Perincioli | Biziusstr. 40<br>CH-3006 Bern<br>Tel.: +41-31-3512525 | Glaskapillaren |
| Okalux-Kapillarglas GmbH<br>Dr. Link | D-97828 Marktheiden-<br>feld / Altfeld<br>Tel.: 09391-900-0<br>Fax: 09391-900-100 | Kapillar-Strukturen<br>aus PC/PMMA |
| Schott Rohrglas<br>Hr. Schünzel | Postfach 1180<br>D-95660 Mitterteich<br>Tel.: 09633-80-415<br>Fax: 09633-80-214 | Glaskapillaren |
| Isoflex AB<br>Mr. Sandström | Tunavägen 165<br>S-78172 Borlänge<br>Tel.: +46-243-841 50<br>Fax: +46-243-229200 | Wellfolienplatten aus<br>Zelluloseacetat |
| L.E.S. GmbH<br>Hr. Sandner | Ziegelstr. 23-25<br>D-91126 Rednitzhembach<br>Tel.: 09122-9756-0<br>Fax: 09122-9756-40 | PC-Wabenstrukturen |
| Tubus Bauer GmbH<br>Hr. Schwaighofer | Stöckackerstr. 1<br>D-79193 Bad Säckingen<br>Tel.: 07761-6600<br>Fax: 07661-6611 | PC-Röhrchen-<br>strukturen |
| Colt International GmbH | Briener Str. 186<br>D-47533 Kleve<br>Tel.: 02821-9900<br>Fax: 02821-990204 | Wellfolienplatten aus<br>Zelluloseacetat |
| EST Ltd.<br>Hr. Klingler | Kreuzstr. 34<br>40210 Düsseldorf<br>Tel.: 0211-320896<br>Fax: 0211-132582 | PC-Wabenstrukturen |

| **2. Herstellung und Vertrieb von TWD-Fassaden- und Lichtelementen** | **Firma, Ansprechpartner** | **Adresse** | **Typ** |
|---|---|---|---|
| | Esser Fassadenbau<br>Hr. Esser | Leyendecker Str. 4<br>D-50825 Köln<br>Tel.: 0221-9544120<br>Fax: 0221-95461492 | Alufassadensysteme |
| | Frerichs Glas GmbH | Siemensstr. 17<br>D-27283 Verden<br>Tel.: 04231-102-0<br>Fax: 04231-102-10 | L.E.S.-Paneele |
| | Josef Held Fensterwerk KG<br>Hr. Held | Kunzenweg 32<br>D-79117 Freiburg<br>Tel.: 0761-63061<br>Fax: 0761-63126 | Holz-Modulfassaden |
| | P.+J. Herzle Glasbau GmbH | Am Brand 8<br>D-90602 Pyrbaum-<br>Seligenporten<br>Tel.: 09180-9402-0<br>Fax: 09180-9402-22 | L.E.S.-Paneele |
| | HLB-Holzleichtbauelemente GmbH<br>Hr. Haberhausen | Zschortauer Str. 57/59<br>D-04129 Leipzig<br>Tel.: 0341-5622-0<br>Fax: 0341-5622-204 | Holz-Modulfassaden |
| | OKALUX-Kapillarglas GmbH<br>Dr. Link | D-97828 Marktheiden-<br>feld / Altfeld<br>Tel.: 09391-900-1<br>Fax: 09391-900-100 | KAPILUX-H<br>Paneele |
| | SANCO Glas Zwickau GmbH | Rothenkirchener Str.<br>D-08107 Hartmannsdorf<br>Tel.: 037462-640-0<br>Fax: 037462-640-20 | L.E.S.-Paneele |
| | Glaserei Schmidt GmbH<br>Hr. Schmidt | Nägeleseestraße 10<br>D-79102 Freiburg<br>Tel.: 0761-7087-40<br>Fax: 0761-71762 | Holz-Modulfassaden |
| | Gebr. Schneider GmbH&Co.KG<br>Hr. Ebert, Hr. Klein | Rechenbergerstraße 7-9<br>D-74597 Stimpfach<br>Tel.: 07967-151-220<br>Fax: 07967-151-137 | Holzfassaden<br>Alufassaden |
| | L.E.S. GmbH<br>Hr. Sandner | Ziegelstr. 23-25<br>D-91126 Rednitzhembach<br>Tel.: 09122-9756-0<br>Fax: 09122-9756-40 | L.E.S.-Paneele<br>Holzfassaden<br>Alufassaden |
| | Ernst Schweizer AG<br>Hr. Haller<br>Hr. Sick | CH-8908 Hedingen<br>Tel.: +41-1-763-6380<br>Fax: +41-1-763-6431 | Holzfassaden<br>Alufassaden<br>Solfas-System<br>Profilglasfassade<br>mit TWD-Füllung |

| 2. Herstellung und Vertrieb von TWD-Fassaden- und Lichtelementen (Fortsetzung) | Firma, Ansprechpartner | Adresse | Typ |
|---|---|---|---|
| | Sto AG<br>Hr. Stauder<br>Hr. Kammerer | Ehrenbachstr. 1<br>D-79780 Stühlingen-Weizen<br>Tel.: 07744-57-1382<br>Fax: 07744-57-2382 | Transparentes Wärmedämm-verbundsystem TWDVS |
| | Capatect GmbH&Co<br>Hr. Indetzki | Roßdörfer Str. 50<br>D-64369 Ober-Ramstadt<br>Tel.: 06154-71-0<br>Fax: 06154-716 05 | Konvektiv entwärmtes Modulsystem |
| | Lamberts Glasfabrik<br>Hr. Lamberts | Postfach 560<br>D-95624 Wunsiedel-Holenbrunn<br>Tel.: 09232-605-0<br>Fax: 09232-605 33 | Profilglasfassade mit TWD-Füllung |
| | Schott Rohrglas<br>Hr. Schünzel | Postfach 1180<br>D-95660 Mitterteich<br>Tel.: 09633-80-415<br>Fax: 09633-80-214 | Helioran-Paneele |
| | Colt International GmbH | Briener Str. 186<br>D-47533 Kleve<br>Tel.: 02821-9900<br>Fax: 02821-990204 | Moniflex-Paneele |
| | Hunsrücker Glasveredelung Wagener GmbH & Co KG | Dr.-Fritz-Ries-Str.<br>55481 Kirchberg<br>Tel.: 06763-93050<br>Fax: 06763-9305210 | Lizenzherstellung und Vertrieb der Produkte der Ernst Schweizer AG |
| | Energie Systeme Aschauer | Unterdörfl 49<br>A-4362 Bad Kreuzen<br>Tel.: +43-7266-6683<br>Fax: +43-7266-6683 | Papierwabenfassade |

| 3. Herstellung von Regelungsanlagen | Firma, Ansprechpartner | Adresse | Typ |
|---|---|---|---|
| | Sauter Cumulus GmbH<br>Hr. Brückner | Im Surinam 55<br>CH-4016 Basel<br>Tel.: +41-61-6955555<br>Fax: +41-61-6955510 | |

| 4. Herstellung und Vertrieb von Verglasungen | Firma, Ansprechpartner | Adresse | Typ |
|---|---|---|---|
| | Geilinger AG Abt. HIT | Postfach 1130<br>D-73761 Neuhausen / Stuttgart<br>Tel.: 07158-180 80 | Fenster mit innenliegenden Wärmeschutzfolien |
| | Interpane GmbH & Co. KG | Sohnreystr. 21<br>D-37697 Lauenförde<br>Tel.: 05273-809 414 | Superverglasungen mit Xenonfüllung |
| | Vegla-Climalit Partner | Viktoriaallee 3-5<br>D-52066 Aachen<br>Tel.: 0241-51 62 754 | Superverglasungen mit Kryptonfüllung |

| 5. Beratung, Planung, Simulation | Firma, Ansprechpartner | Adresse | Typ |
|---|---|---|---|
| | ASSMANN Beraten+Planen<br>Herr Weidlich | Baroper Str.237<br>D-44227 Dortmund<br>Tel.: 0231-754 45-0<br>Fax: 0231-756 010 | Forschung, Planung,<br>Beratung,<br>Projektsteuerung |
| | Fraunhofer-Institut für Solare Energiesysteme<br>Dr. Platzer, Dr. Voss | Oltmannsstr. 5<br>D-79100 Freiburg<br>Tel.: 0761-4588-131<br>Fax.: 0761-4588-132 | Entwicklung, Beratung,<br>Planung, Simulation,<br>wissenschaftliche<br>Begleitung |
| | R+K<br>Dr. Kerschberger | Boslerstr. 9<br>D-70188 Stuttgart<br>Tel.: 0711-285 16 13<br>Fax: 0711-285 99 90 | Forschung, Planung,<br>Beratung,<br>Projektsteuerung |
| | SUNNA<br>Dr. Stahl | Christaweg 42<br>D-79114 Freiburg<br>Tel.: 0761-476 2300<br>Fax: 0761-476 2362 | Beratung, Planung,<br>Simulation |
| | TRANSSOLAR GmbH<br>Hr. Schuler | Nobelstr. 15<br>D-70569 Stuttgart<br>Tel.: 0711-6771200<br>Fax: 0711-6771201 | Simulation, Beratung |
| | F.E.Z. Coburg<br>Prof. Dingeldein | Friedrich-Rückert-Str. 81<br>D-96450 Coburg<br>Tel.: 09561-869-181<br>Fax: 09561-869-189 | Beratung, Planung,<br>Simulation |
| | Architekturbüro Disch<br>Hr. Disch | Wiesentalstr. 19<br>D-79115 Freiburg<br>Tel.: 0761-45 94 40 | Planung |

| **5. Beratung, Planung, Simulation**<br>(Fortsetzung) | **Firma, Ansprechpartner** | **Adresse** | **Typ** |
|---|---|---|---|
| | Architekturbüro Prof. Herzog<br>Prof. Dr. Herzog | Imhofstr. 3a<br>D-80805 München<br>Tel.: 089-361 25 45 | Planung |
| | Kilian und Hagmann<br>Architekten<br>Prof. Kilian | Johannesstr. 23<br>D-70176 Stuttgart<br>Tel.: 0711-66608-0<br>Fax: 0711-66608-91 | Planung |
| | Architekturbüro Lichtblau<br>Hr. Lichtblau | Soeltlstr. 14<br>D-81545 München<br>Tel.: 089-642 78 740 | Planung |
| | Büro für energiegerechtes<br>Bauen<br>Hr. Lohr | Meerfeldstr. 1a<br>D-50737 Köln<br>Tel.: 0221-59 94 787 | Beratung, Planung |
| | Artevetro architekten ag<br>Hr. Knobel | Grammetstr.14<br>CH-4410 Liestal<br>Tel.: +41-61-927 55 22<br>Fax: +41-61-927 55 23 | Planung |
| | Architekturbüro Maier<br>Hr. Maier | Am Wald 1<br>D-76297 Stutensee-Blankenloch<br>Tel.: 07244-73 45-0<br>Fax: 07244-73 45 67 | Planung |
| | sol-id-ar<br>Dr. Ludewig, Dr. Löhnert | Kolonnenstr. 26<br>D-10829 Berlin<br>Tel.: 030-782 65 53<br>Fax: 030-784 19 10 | Planung |

| **6. Förderung innovativer Versuchs- und Demonstrationsprojekte** | **Firma, Ansprechpartner** | **Adresse** | **Typ** |
|---|---|---|---|
| | Deutsche Bundesstiftung<br>Umwelt | Im Nahner Feld 1<br>D-49082 Osnabrück<br>Tel.: 0541-95220 | Dr. Digel |
| | Projektträger Biologie, Energie,<br>Ökologie (BEO) des Bundes-<br>ministeriums für Bildung,<br>Wissenschaft, Forschung u.<br>Technologie, Forschungs-<br>zentrum Jülich GmbH | Postfach 1913<br>D-52428 Jülich<br>Tel.: 02461-61-48 73 | Dr. Bertram |
| | Kommission der europäischen<br>Gemeinschaften, General-<br>direktion Energie, THERMIE | Avenue de Tervuren 226-236<br>B-1150 Brüssel<br>Fax: B-32-2-295 05 77 | Hr. Folkertsma |

# Anhang 3:     Förderung der thermischen Solarenergie

Quellen:
Baden-Württemberg:
Stuttgarter Nachrichten.

Berlin: Senator für Bau-
und Wohnungswesen

Alle übrigen: Deutscher
Fachverband Solarenergie
e.V., Christaweg 42,
79114 Freiburg,
Tel. 0761 / 476 32 13

**Landesförderung, Stand 1996/97**

| Land | Solarwärme-Förderung | Informationen/Antragstelle |
|---|---|---|
| **Baden-Württemberg** | Seit 1. 9. 1996 Förderung neu aufgelegt: verbilligte Darlehen mit Zinsen bis zu 4 % unter Marktzins: das bedeutet für ein EFH: ca.1.600 DM; Für Wärmepumpen, Solar- o. Wärmerückgewinnungsanlagen bis zu 500 DM/a; Für Niedrigenergiehäuser: Förderung bei Unterschreitung des Heizenergieverbrauchs gegenüber WSchVO um $\geq 25$ % | Wirtschaftsministerium Baden-Württemberg Theodor-Heuss-Straße 4 70174 Stuttgart Tel. 0711 / 123-0 Fax. 0711 / 123-2126 |
| **Bayern** | EFH:          1.500 DM  sonst:          250 DM/m²  maximal 25.000 DM | Bayerisches Staatsministerium für Wirtschaft und Verkehr Prinzregentenstraße 28 80538 München Tel. 089 / 2162-2697 |
| **Berlin** | Voraussichtlich Förderung bis zu 30 % ab 1997 | Investitionsbank Berlin Bundesallee 210 10702 Berlin Tel. 030 / 21250 Weitere Fördeungsmöglichkeiten über BEWAG, Berlin |
| **Brandenburg** | max. 30 % | Ministerium für Wirtschaft, Mittelstand und Technologie Abt. Energie Heinrich-Mann-Allee 107 14460 Potsdam Tel. 0331 / 866-1701 |
| **Bremen** | Kollektorfläche bis 10 m²: 3.600 DM 11-20 m² : zusätzl. 340 DM/m² 21-50 m² : zusätzl. 300 DM/m² 51-100m²: zusätzl. 260 DM/m² Anlagen >10m²: maximal 30 % | Senat für Umweltschutz Energieleitstelle Hanseatenhof 5 28195 Bremen Tel. 0421 / 361-10854 |
| **Hamburg** | 3.000 DM für EFH, Doppelhaushälften und Reihenhäuser 2.500 DM für zentral versorgte Doppel- und Reihenhäuser 1.000 DM weniger bei bestehendem Warmwasserspeicher | Wohnungsbau-Kreditanstalt Besenbinderhof 31 20097 Hamburg Tel. 040 / 248460 |

| Land | Solarwärme-Förderung | Informationen/Antragstelle |
| --- | --- | --- |
| **Hessen** | Wohngebäude: 30 %<br>EFH: max. 3.000 DM<br>MFH: max. 1.500 DM / Whg.<br>gewerbliche, kommunale und<br>sonstige Gebäude und<br>Einrichtungen: 30 % | *Wohngebäude:*<br>Kreisausschuß, bei Städten<br>über 50.000 EW: Magistrat<br>*Sonstige Gebäude:*<br>Hessisches Umwelt-<br>ministerium,<br>Mainzer Straße 80<br>65189 Wiesbaden<br>Tel. 0611 / 815-0 |
| **Mecklenburg-Vorpommern** | 20 %, max. 3.000 DM<br>Anlagengröße<br>mind. 4 m² Vakuumkollektoren<br>oder 6 m² Flachkollektoren | Wirtschaftsministerium M.-V.<br>Johannes-Stelling-Straße 14<br>19048 Schwerin<br>Tel. 0385 / 588-5420 |
| **Niedersachsen** | Derzeit keine Förderung | Ministerium für Wirtschaft<br>Friedrichswall 1,<br>30159 Hannover<br>Tel. 0511 / 120-6478 |
| **Nordrhein-Westfalen** | Derzeit Haushaltsstopp, sonst:<br>1.200 DM + 250 pro m²<br>wirksame Kollektorfläche;<br>Absorber-, Speicher- und<br>Luftkollektoren: 15 % | Landesinstitut für Bauwesen<br>Goebenstraße 25<br>44135 Dortmund<br>Tel. 0231 / 5410-246 |
| **Rheinland-Pfalz** | 3-10 m²: 2.500 DM<br>> 10 m²: 250 DM für jeden<br>weiteren m²<br>Absorberanlagen bis 15 % | Ministerium für Wirtschaft<br>Stiftstraße 9<br>55116 Mainz<br>Tel. 06131 / 162110 |
| **Saarland** | EFH / ZFH: bis 50 %<br>max. 3.000 DM<br>MFH: 40 %<br>max. 10.000 DM | ARGE-Solar<br>Altenkesselerstraße 17<br>66115 Saarbrücken<br>Tel. 0681 / 9762470 |
| **Sachsen** | Flachkollektoren bis 20 m²:<br>300 DM / m²; jeder weitere:<br>150 DM / m²<br>Vakuumröhrenkoll. bis 10 m²:<br>450 DM / m²; jeder weitere:<br>225 DM / m²<br>maximal 50.000 DM | Forschungszentrum<br>Rossendorf, Projektträger<br>Energie und Umwelt<br>Postfach 510119<br>01314 Dresden<br>Tel. 0351 / 260-3471 |
| **Sachsen-Anhalt** | 30 %<br>EFH / ZFH:<br>max. 6.000 DM<br>MFH oder sonstige größere<br>Anlagen:<br>max. 60.000 DM | Ministerium für Wirtschaft<br>Postfach 3480<br>39043 Magdeburg<br>Tel. 0391 / 567-3436<br>Anträge an die<br>Regierungspräsidien |
| **Schleswig-Holstein** | Derzeit keine Förderung | Minister für Soziales,<br>Gesundheit und Energie,<br>Kronshagenweg 130a<br>24116 Kiel<br>Tel. 0431 / 1695-0 |

| Land | Solarwärme-Förderung | Informationen/Antragstelle |
|---|---|---|
| **Thüringen** | bis 10 m²:    400 DM / m²<br>jeder weitere: 300 DM / m²<br>maximal 50.000 DM | Thüringer Aufbaubank<br>Postfach 129<br>99003 Erfurt<br>Tel. 0361 / 5678140 |

### Bundesförderung, Stand 1996/97

| | | |
|---|---|---|
| **Bundesweit durch das Bundeswirtschaftsministerium** | EFH: 1.500 DM<br>sonst: 250 DM / m²<br>maximal 50.000 DM | Bundesamt für Wirtschaft (BAW)<br>Frankfurter Straße 29-31<br>65760 Eschborm<br>Tel. 06196 / 4040 |
| **Bundesweit innerhalb der Wohneigentumsförderung** | Für selbstgenutzte Neu- und Ausbauten oder Erweiterungen (Erwerb bis zum Ende des 2. Jahres nach Fertigstellung): 2 %, maximal 500 DM für acht Jahre (16 % gesamt) Antrag im ersten Jahr an das Finanzamt. Auszahlung der Ökozulage nach Prüfung; automatische Überweisung in den folgenden sieben Jahren zum 15. März. | zuständige Finanzämter |
| **Neue Bundesländer** | Abschreibungsmöglichkeit von Solaranlagen nach §7 Fördergebietsgesetz | zuständige Finanzämter |

## Abbildungsnachweis

**Allen Personen und Firmen, die mit ihren Fotos und Bildmaterialien zum Gelingen dieses Buches beigetragen haben, danken wir sehr herzlich.**

**Kapitel 1**
1-1: Assmann

**Kapitel 2**
2-1, 2-2, 2-3, 2-4: Assmann

**Kapitel 3**
3-1, 3-2, 3-4: Kilian, Stuttgart
3-3: Assmann
3-5: Kilian, Stuttgart
3-6: ISE
3-7: Hausladen, Kirchheim
3-8, 3-10, 3-12: Schuster, Stuttgart; Assmann
3-9, 3-11, 3-13: Assmann
3-14: Hausladen, Kirchheim
3-15: STO AG, Stühlingen
3-16, 3-18: Assmann
3-17: ISE
3-19, 3-20, 3-21, 3-22: Hölzenbein, Donaueschingen
3-23, 3-24: Assmann
3-25: Hölzenbein, Donaueschingen
3-26, 3-29, 3-30: Mahler, Gumpp, Günster, Fuchs, Stuttgart
3-27, 3-28, 3-31, 3-32, 3-33: Assmann
3-34: Schott Rohrglas, Bayreuth
3-35, 3-36: Assmann
3-37: F.E.Z. Coburg
3-38: Schott Rohrglas, Bayreuth
3-39: Hoffmann, Wuppertal
3-40: 3-41, 3-42: Brodmann, Braunschweig
3-43: DLR, Köln-Porz
3-44, 3-45, 3-46, 3-47, 3-48, 3-49: Assmann

**Kapitel 4**
4-1 bis 4-15: ISE, außer
4-6: Schott Rohrglas, Bayreuth
4-13: Gebr. Schneider, Stimpfach

Paneele:
Ipawall: Assmann
Kapilux: Assmann; Okalux, Marktheidenfeld
Kapilux-H: Assmann; Okalux
L.E.S.: Assmann
Moniflex: Assmann; Colt, Kleve
Helioran: Assmann; Schott, Bayreuth

Komplettsysteme:
Alu-Pfosten-Riegelkonstruktion: Assmann
Holz-Pfosten-Riegelkonstruktion: Assmann

Alu-Modulfassade: Assmann
Holz-Modulfassade: Assmann, ISE
TWDVS: STO AG, Stühlingen
Solfas: Ernst Schweizer Metallbau AG, CH-Hedingen
Profilglasfassade: Assmann; Ernst Schweizer Metallbau AG, Hedingen
Konvektiv entwärmtes System: Capatect, Ober-Ramstadt
Papierwaben: Assmann, Energieinstitut, A-Linz

**Kapitel 5**
Alle Bilder: ISE

**Kapitel 6**
Alle Bilder: ISE

**Kapitel 7**
7-1, 7-2, 7-3: Assmann
7-4: ISE
7-5, 7-6, 7-7, 7-8: Assmann
7-9: ISE
7-10: Assmann
7-11: Capatect GmbH, Ober-Ramstadt
7-12: Gebr. Schneider, Stimpfach
7-13, 7-14: Assmann
7-15, 7-16, 7-17, 7-18: ISE
7-19: Assmann
7-20, 7-21, 7-22: ISE

**Kapitel 8**
8-1, 8-2, 8-3: Assmann
8-4, 8-5: STO AG, Stühlingen; Maier, Stutensee
8-6: Roßgoderer, Glaser, Überacker
8-7, 8-8: Assmann
8-9: ISE
8-10: Assmann
8-11, 8-12: Gebr. Schneider, Stimpfach
8-13: Assmann
8-14: Wittke, Köln; Büro für energiegerechtes Bauen, Köln
8-15: Assmann
8-16: Solidar, Löhnert und Ludewig, Berlin
8-17: Assmann
8-18: Wagner, Karlsruhe
8-19: Assmann
8-20: ISE
8-21: Lamberts, Wunsiedel-Holenbrunn
8-22: Artevetro, CH-Liestal
8-23: Assmann
8-24, 8-25, 8-26, 8-27: Schwarz, CH-Chur

8-28: STO AG, Stühlingen

8-29, 8-30: Ernst Schweizer AG, CH-Hedingen

8-31: Assmann

8-33: Ernst Schweizer AG, CH-Hedingen; Dransfeld, CH-Ermatingen

8-32: Assmann

8-35: Energieinstitut, A-Linz

8-34: Assmann

8-36: Okalux, Marktheidenfeld

8-37: Domenig und Eisenköck, A-Graz

8-38: Assmann

8-39: Brassel, CH-Fontnas-Weite

8-40: Wagner, Karlsruhe

8-41 bis 8-46: Assmann

**Kapitel 9**
Alle Bilder: Assmann

**Kapitel 10**
Alle Bilder: Assmann

**Kapitel 11**
Alle Bilder: ISE

**Kapitel 12**
12-1, 12-2: ISE
12-3: Assmann

**Die Grundrisse, konstruktiven Schnitte und Details in den Kapiteln 3, 4, 7 und 8 wurden zum Großteil nach Originalunterlagen der jeweiligen Firmen bzw. Architekten gezeichnet. Die Autoren erheben auf diese Zeichnungen kein Urheberrecht und danken für die Zurverfügungstellung der Originalpläne.**

# StoTherm Solar – Wärmegewinn statt Wärmeverlust

Nach jahrelanger Forschung und Anwendung ist es der Sto AG gelungen, erstmals die Solarenergienutzung mit Wärmedämm-Verbundsystemen zu verknüpfen. In Zusammenarbeit mit den Frauenhoferinstituten für Bauphysik in Stuttgart und für Solare Energiesysteme in Freiburg wurden dafür die Grundlagen geschaffen.

**Das neue transparente Wärmedämm-Verbundsystem StoTherm Solar reduziert nicht nur den Energieverbrauch, es bewirkt sogar einen Energiegewinn.**

Der Effekt: StoTherm Solar senkt die Heizkosten deutlich. Die völlig schadstofffreie Sonnenenergie ersetzt außerdem wertvolle Rohstoffe wie Erdöl oder Erdgas.

StoTherm Solar reduziert die Belastung des Klimakillers $CO_2$ mit ca. 30 kg pro Quadratmeter und Jahr erheblich.

Die Funktion: Das neue transparente Wärmedämm-Verbundsystem StoTherm Solar wandelt Sonnenlicht in Wärme um. Die Sonnenstrahlen durchdringen die transparente Wärmedämmschicht und werden an der dunkel gefärbten Wandoberfläche absorbiert. Das massive Mauerwerk speichert diese Wärme und gibt sie nach sechs bis acht Stunden in den Innenraum ab.

StoTherm Solar arbeitet selektiv: Im Winter ist der Wirkungsgrad am höchsten, im Sommer am geringsten. Wenn im Winter die Sonne tief steht, ergibt sich durch den flacheren Einstrahlwinkel eine deutlich höhere Strahlungsintensität gegenüber den Sommermonaten, in denen die steil auftreffenden Sonnenstrahlen zu fast 100 Prozent von der Systemoberfläche reflektiert werden. Dadurch kommt es im Sommer nicht zu unangenehm hohen Temperaturen – auf teure Abschattungsanlagen kann verzichtet werden.

Wohnanlage „Heimat",
Villach-Landskron,
Architekt: Horst Aichernig,
Villach

**Sto AG**
Postfach
D-79778 Stühlingen
Tel.: (0 77 44) 57-0
Fax: (0 77 44) 57-21 78

Bewußt bauen.

# Transparente Wärmedämmung mit LINIT-PROFILBAUGLAS

Die GLASFABRIK LAMBERTS GmbH&Co KG hat in Zusammenarbeit mit verschiedenen Industriepartnern dasZielverfolgt, eine kostengünstige technische Möglichkeit zu entwickeln, die in erheblichem Maße zur Deckung des Gesamtenergiebedarfs von Gebäuden beitragen kann. Im Rahmen eines Förderprogramms des Bundesministeriums für Bildung und Forschung (BMBF), Bonn, sowie der wissenschaftlichen Begleitung durch das Fraunhofer Institut für Solare Energiesysteme (FhG-ISE), Freiburg, wurde dieses Konzept erstmals großflächig bei der Sanierung einer Industriehalle in Salzgitter, Deutsch-land umgesetzt, die als Beispiel für viele andere Industrie-hallen Deutschlands, Österreichs und der Schweiz angesehen werden kann.

Die Überlegung, daß insbesondere bei Unternehmen mit Ein- und Zweischicht-Betrieb die solare Energie im Gegensatz zu anderen Speichervarianten ohne zeitliche Verzögerung in das Innere des Gebäudes dringen sollte, führte zum Einsatz eines Direktgewinnsystems: Zwischen zwei LINIT-Profilbauglas-Schalen ( Gußglas in U-Form ) wird das TWD-Material eingelegt und befestigt. Thermisch getrennte Rahmenprofile mit einer Bautiefe von 83 mm runden das Einbaukonzept ab. Die bekannte Technik der Profilverglasung kann für diese neue Konstruktion zum größten Teil beibehalten werden. Folgende Wirkweisen können dabei erzielt werden:

- Die Solarstrahlung kann in hohem Maße in das Gebäude eindringen, wo sie von den Bauteilen absorbiert und in Wärme umgewandelt wird ( diffuse g-Werte bis zu 62%).
- Der zweite Effekt dieser Glasfassade besteht darin, daß die auf diese Weise gewonnene Wärme aufgrund der optimalen Wärmedämmeigenschaften der Profilglaswand in geringerem Maße entweichen kann (k-Werte von 1,5 $W/m^2K$ und darunter ). Eine Absenkung des Heizenergieverbrauchs und somit der Beheizungskosten ist die Folge.
- Beide Wirkungen führen zu einer verbesserten Gesamtenergiebilanz ($K_{eq}$-Werte von 0 $W/m^2K$ und darunter sind möglich).
- Durch die Kapillareinlage läßt sich zusätzlich eine verbesserte Raumausleuchtung sowie eine gleichmäßige Ausleuchtung des Raumes mit geringerer Schattenbildung erreichen. Diese erhöhte Tageslichtnutzung senkt Beleuchtungskosten und schafft gleichzeitig ein angenehmeres Raumklima und damit günstigere Arbeitsbedingungen, insbesondere bei filigranen Arbeitsabläufen.
- Die hohe statische Belastbarkeit von Profilbauglas ermöglicht eine Verglasung ohne Quersprossen bis zu einer Höhe von 7 m. Der im Vergleich zu anderen Verglasungssystemen geringere Aluminiumrahmenanteil eröffnet interessante Kostenvorteile.

Ein großes Hemmnis bei der Verbreitung von TWD als innovativer und zukunftsträchtiger bautechnischer Lösung war bis dato der Preis. Das in Salzgitter erprobte TWD-Glassystem weist bei Kosten von ca. 250 DM/m$^2$ eine äußerst attraktive Kosten-Nutzen-Relation auf.

Dieses neue Konzept der Transparenten Wärmedämmung stellt die jüngste Produktinnovation der Glasfabrik LAMBERTS dar, die sich als letztes konzernungebundenes, privates Flachglasunternehmen Europas seit nunmehr 110 Jahren mit der Herstellung von Gußglas aller Art befaßt und in ihren Produktbereichen (Ornamentglas, Drahtglas, Solarglas, LINIT-Profilbauglas sowie LINIT-Aluminiumeinbausysteme) immer wieder mit Verbesserungen bzw. neuen Produkten aufwarten kann.

Gerade im Zusammenhang mit TWD dürfte in Zukunft auch der Einsatz von Profilbauglas als Klarglas aufgrund seiner optimalen Lichttransmission und seines höheren g-Wertes besonders interessant werden.

Darauf abgestimmt ergänzen, insbesondere im thermisch getrennten Bereich, neuentwickelte Aluminiumrahmenprofile und hochwertige Aluminiumflügel aller Art das Profilbauglas zu einem kompletten und variablen Einbaukonzept.

Die Abbildung zeigt das Grundschema der TWD mit LINIT-PROFILBAUGLAS:

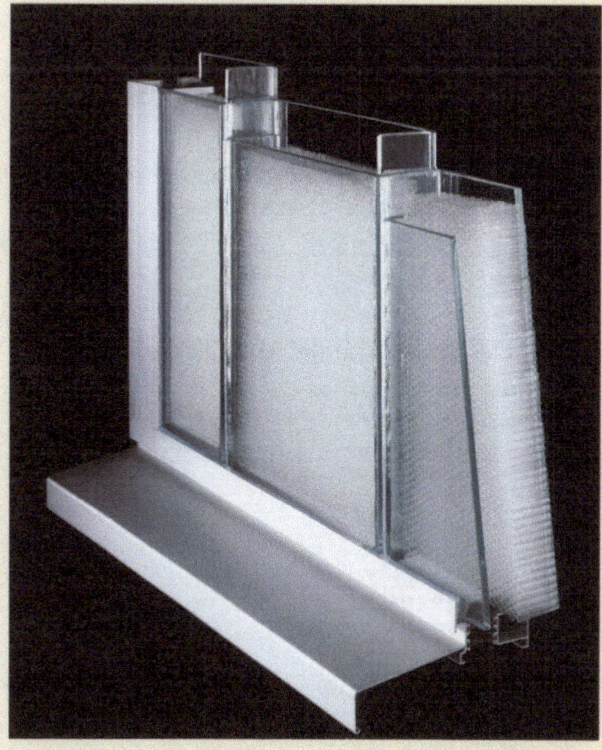

Glasfabrik LAMBERTS GmbH&Co KG
TEL 09232 - 605-0 • FAX 09232 - 605 33
Postfach 560
D 95624 Wunsiedel-Holenbrunn

Licht- und Energie-Optimierungssysteme GmbH

# Lichtlenkung + Sonnenschutz + Energiegewinn

Das L.E.S.® TDW-System bietet einen hohen Reflexionsanteil bei steil stehender Sonne. Ferner erfolgt die Umwandlung der direkten Strahlung in diffuse Strahlung. Geringer Wärmeeintrag im Sommer führt zu einer Reduzierung der Kühllasten.

**Sonnenschutz im Sommer,
Wärmegewinn im Winter.**

L.E.S.® ist ein idealer und wirtschaftlicher Baustoff für die Anforderungen Lichtlenkung und Lichtstreuung. Die guten Wärmedämmeigenschaften erlauben ein breites Einsatzspektrum vor allem in der Energiespar-Architektur.

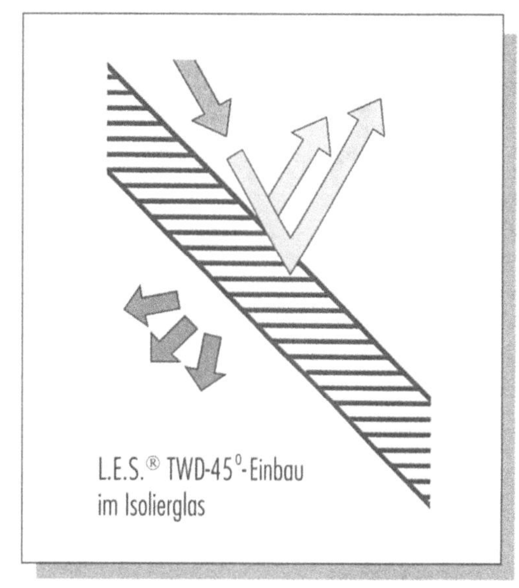

L.E.S.® TWD-45°-Einbau
im Isolierglas

**Interessiert? Wir beraten Sie gern individuell.**

TWD-Hotline:　(0 91 22) 97 56-90

(0 42 31) 1 02-32